权威·前沿·原创

皮书系列为
“十二五”“十三五”国家重点图书出版规划项目

海洋文化蓝皮书

BLUE BOOK OF
CHINA'S MARITIME CULTURE

福州大学智库研究成果

中国海洋文化发展报告（2019）

REPORT ON THE DEVELOPMENT OF
CHINA'S MARITIME CULTURE(2019)

自然资源部宣传教育中心
福州大学
福建省海洋文化研究中心
主　编／苏文菁　李　航

社会科学文献出版社
SOCIAL SCIENCES ACADEMIC PRESS (CHINA)

图书在版编目（CIP）数据

中国海洋文化发展报告．2019 / 苏文菁，李航主编．--北京：社会科学文献出版社，2019.10
（海洋文化蓝皮书）
ISBN 978-7-5201-5579-3

Ⅰ．①中…　Ⅱ．①苏…②李…　Ⅲ．①海洋-文化-研究报告-中国-2019　Ⅳ．①P72

中国版本图书馆CIP数据核字（2019）第202055号

海洋文化蓝皮书
中国海洋文化发展报告（2019）

主　　编 / 苏文菁　李　航

出 版 人 / 谢寿光
组稿编辑 / 陈凤玲
责任编辑 / 宋淑洁

出　　版 / 社会科学文献出版社·经济与管理分社（010）59367226
地址：北京市北三环中路甲29号院华龙大厦　邮编：100029
网址：www.ssap.com.cn
发　　行 / 市场营销中心（010）59367081　59367083
印　　装 / 天津千鹤文化传播有限公司

规　　格 / 开　本：787mm×1092mm　1/16
印　张：16.5　字　数：247千字
版　　次 / 2019年10月第1版　2019年10月第1次印刷
书　　号 / ISBN 978-7-5201-5579-3
定　　价 / 158.00元

中国海洋文化发展报告（2019）
编委会

序　言

夏　俊*

中国是富有海洋文化传统的国家，名闻世界的“海上丝绸之路”就是最早由中国人开辟的联通东西方的海洋大通道。

改革开放以来，沿海区域开发不断推动我国海洋文化的发展。2012 年，党的十八大报告中首次提出“海洋强国”“陆海统筹”的执政理念；2013 年 10 月，习近平总书记提出建设“21 世纪海上丝绸之路”的倡议，标志着中国海洋文化建设进入了一个新阶段，社会各界研究海洋文化的热情空前高涨。2016 年，原国家海洋局、教育部、文化部、国家新闻出版广电总局、国家文物局共同印发了《提升海洋强国软实力——全民海洋意识宣传教育和文化建设“十三五”规划》，明确指出要“传承繁荣中华海洋传统文化，充分发挥公共文化服务体系在提升全民海洋意识中的重要作用，促进海洋特色文化产业快速发展。”十九大报告指出要“坚定文化自信，弘扬中华民族优秀文化”。正是在这样的形势下，由自然资源部宣教中心、福州大学共同发起，全国涉海的高校、科研院所、博物馆和档案馆等相关单位积极参与编撰了“中国海洋文化蓝皮书”。本书的宗旨就是落实中央建设“海洋强国”的号召，弘扬中华民族优秀海洋文化传统，提升全民族的海洋意识，进一步激发关心海洋、认识海洋、经略海洋的社会认同，为中国海洋文化的建设和发展搭建新的交流平台和联系纽带。

具体而言，“中国海洋文化蓝皮书”的出版具有以下三个方面的重要意义。

首先，总结中国海洋文化建设的阶段性发展经验，构建中国海洋文化理

* 夏俊，自然资源部宣传教育中心主任。

论体系。本书致力于对当代中国海洋文化发展情况进行连续性的跟踪研究及总结，为中国特色海洋文化理论建设做好基础性工作。

其次，记录当代中国海洋文化发展成就，为时代立传。本书收录内容包括年度海洋文化研究、海洋文化产业、海洋历史、海洋考古、海洋非物质文化遗产、海洋博物馆、海洋环境保护等方面的总结性文章，以报告、专题、案例三种形式，较全面地呈现当代中国海洋文化的发展进程和相关领域，为后代保存和积累中国海洋文化建设的科学资料，以发挥存史育人及文化传承的积极作用。

最后，不断探索和拓展中国海洋文化发展的空间和领域。海洋文化涉及面宽广，通过“海洋文化蓝皮书”的编撰出版形式，发挥启迪思考和引领实践的积极作用。今后可以进一步容纳大陆和港澳台区域的相关海洋文化内容，在文化类型上也可以逐步开拓，以全面反映当代中国海洋文化的伟大进步。

总之，我们欣喜地看到，经过专家学者们的努力，在不长的时间里，“中国海洋文化蓝皮书”就能付诸出版，值得祝贺！作为参与者，我们荣幸地生活在中国海洋事业大发展的时代，我们期望在全国更多同志的共同努力下，让这项事业能够与中国的海洋强国梦共同成长，共享成功！

摘　要

本年度的蓝皮书在2018年的海洋文化建设中选取了五大板块12篇文章，较为完整地反映了本年度的海洋文化发展情况。

作为自然资源部宣教中心与福州大学福建省海洋文化研究中心联合编辑的首本《海洋文化蓝皮书》，第一板块总报告部分首先对海洋文化的内涵与中国海洋文化的基本特质进行了梳理。其次，通过对中国海洋文化建设的回顾与思考，对中国海洋文化的建设做一个学术史的回顾。

第二板块由“中国海洋文化研究分析与未来展望”和“中国滨海旅游产业发展报告”构成。2018年，海洋文化相关研究成果呈现“井喷式”局面。研究热点突出表现在以“海上丝绸之路”为关键词的相关海洋文化的关注和研究；同时，在海洋生态文明、海洋文化动力、海洋旅游、海洋文化产业等领域也出现了新视野之下的探索。

第三板块由四个专题报告组成。“海上丝绸之路考古专题报告”“中国海洋史研究专题报告”“中国传统海洋文化之海神妈祖的传承与发展”与“中外海事博物馆交流展览报告”。井喷式的研究热潮也衍生一系列问题。即研究文献的数量虽然蔚为壮观，但不少文献应景味较浓，泛泛而谈，只是换种方式和话语重复“一带一路”倡议的意义；有的甚至有搭便车嫌疑，趁社会各界对“一带一路”“海上丝绸之路”格外关注之际“借题发挥”。

本书的第四个板块由两个案例组成。海南热带海洋学院的“南海文化博物馆”建设和起源于海南的“蓝丝带海洋保护协会”，两个案例记录了中国不同层面的社会组织在建设海洋强国时代的发展与壮大。

作为本书附录的第五板块由“中国海洋文化发展大事记”“中国涉海博物馆与世界主要海事博物馆统计”和“沿海地区海洋文化产业季度统计报

告”构成。

同时，我们也遗憾地看到，对于中国历史上曾经存在的对海洋的保守政策以及与其相关的文化遗产尚未得到必要的审视与批评；这种“文化遗产”深刻影响了建设与时代相适应的新时代的中国海洋文化。

关键词：海洋文化　海洋文化产业　海上丝绸之路　海事博物馆

目 录

Ⅰ 总报告

Ⅱ 分报告

Ⅲ 专题篇

Ⅳ　案例篇

Ⅴ　附录

皮书数据库阅读**使用指南**

总 报 告

General Report

B.1
2019年中国海洋文化发展报告

苏文菁*

摘 要： 近年来，海洋文化不仅成为中国沿海区域重要的经济社会增长动力，同时，也是当代中国社会重要的话语体系。其表现主要有以下三个方面：第一，海洋文化成为沿海地区社会与经济发展的重要推动力，涉海节庆、涉海会展、涉海旅游等已成为滨海区域新的社会经济增长点；第二，以海洋文化为主题的国际合作已成为对外合作的一种新的趋势；第三，学科建设上，各种学科都主动在原有学科框架之中寻找海洋文化的因素，或是增加了“海洋文化视角”的层面，海洋成为扩展诸多学科的动力。另外，诸多传统学科因“海洋文化”而联通、结盟，因而形成新的学科集群与学术研究方向。同

* 苏文菁，北京师范大学博士，福州大学教授，闽商文化研究院院长，福建省海洋文化研究中心主任、首席专家，研究领域：海洋文化理论、区域文化与经济。

时，我们也看到全民海洋意识的提升与海洋文化的繁荣是一个漫长且艰辛的过程，不仅需要制度的架构、传播的力度与知识体系的更迭的协同发力，更需要对传统海禁思维与相关遗产的清理与审视。本报告总结了我国海洋文化建设的发展历程，分析了2019年以前中国海洋文化发展的总体情况，从中可见海洋文化研究成果丰厚，海洋文化产业（滨海旅游）蓬勃发展，海洋史研究深入广泛，海神妈祖文化传承活动广泛举行，海上丝绸之路考古越来越深入，涉海博物馆建设发展迅速，海洋保护活动开展得如火如荼。本文最后分析了海洋文化研究存在的误区，提出相关的政策建议，并对2020年海洋文化发展情况进行了展望。

关键词： 海洋文化　涉海节庆　涉海会展　涉海旅游

一　海洋文化的内涵与中国海洋文化的基本特质

“海洋文化”是个古老的人类活动系统，也是一个晚近的学术术语，“海洋”作为一个与陆域相对应而出现的概念，其文化有独特性吗？还是仅仅作为陆域文化在海洋空间的简单重复？如果“海洋文化”有其独特性，这种独特的内涵是什么？在世界文明序列中，中国海洋文化的民族的独特性具体表现有哪些？本报告立志于总结中国海洋文化建设的阶段性发展经验，并对迄今为止当代中国海洋文化发展情况进行连续性的总结，同时，记录当代中国海洋文化发展状态与当代人的努力，为此，本报告就“海洋文化”的概念以及中国海洋文化的基本特质提出最基础的判断与界定。

我们认为必须梳理空间、时间以及方法论等四个层面的关系。

第一，海洋文化所涉及的空间、海洋与陆域的关系。海洋与陆域相关，没有陆地及其产品，人类就无法在海上生存。今天，保持与陆地的关系对于海上生活依然是必备的前提条件。我们甚至把陆域上弥漫着大海的声音与气息的空间都“划入”了海洋本体。这些地方包括了海岛、潮间带、海滩、海岬、江河的入海口以及港口等。这或许也是我们理解将“国家海洋局”“划入”自然资源部的空间原因。但是，海洋文化不是陆域文化的简单重复或翻版。海洋文化是人类将生产、生存空间从陆域拓展到海洋以及滨海区域之后产生的独特的物质、制度与精神的新的文化体系。

第二，海洋文化发展的时间。从长时间段的视角观察海洋文化，不同的阶段都产生了不同特质的海洋文化。人类与海洋的互动，经历了一个长时间的发展历程，从近海到远洋、从梯度航线到驶向大洋。滨海族群从近海出发，随着航海工具与技术的不断改进，人们从海到洋，最终在太平洋上汇聚。由此，对于不同时代不同的海洋文化研究者需要一种历史的发展观。

第三，将不同的时间与空间结合起来的方法论。不同地区的海洋产生了不同的海洋文化。尽管海洋生活与陆域生活大相径庭，然而，事实表明，在不同的海洋环境中，海洋生活并非千篇一律，海洋文化不尽相同。早期在北大西洋活动的维京人与在地中海区域活动的古希腊人、古埃及人以及在中国东南沿海活动的南岛语族所创造的海洋文化有很大的差异性。早在15世纪，从葡萄牙人开始，欧洲人为了获得不同于地中海的航海知识，探索了近一个世纪。今天，铁甲船与现代导航技术不仅打破了木质帆船时代对季风洋流航行的依赖，同时，也掩盖了不同海洋区域的人民在更长的历史阶段中所拥有的不同的文化形态。

第四，全球化、综合性、跨文化的海洋文化研究视野。海洋的流动性与开放性使得任何一个区域性的海域都是全球海洋的一个部分。在南中国海某一个海沟遇险的船只牵动的可能是阿姆斯特丹股市的行情。同时，海洋社会的立体结构以及航海技术的不断精进，使得任何单一的学科很难能够很好地理解构成海洋文化的方方面面。海洋文化的关照不仅需要各人文学科的通力合作，而且需要文、理、工的知识与能力，更需要全球化的视野。海洋文化与游牧文化本质上是相通的：或利涉大川，或逐水草而居，其流动性与开放性迫使研究者的角度是全球化与跨文化的。

我们认为，海洋文化具有以下三个层面的内涵。第一，海洋文化是沿海族群进行海洋生产行为等直接的生存生产活动，并由此创造出与之相适应的简单的生产工具。在此，“渔猎”无疑是人类较早出现的海洋文化行为，“渔猎”当指人类与海洋互动的一切“渔盐之利”活动。同时，滨海族群逐步发明了与之相适应的生产工具，甚至进一步发展了对海洋生物的“驯化”。从远古的独木舟、羊皮筏到今天的游轮、潜水艇，本质上都是人类的生活空间从陆域迁往海洋而出现的工具。同样，从传统的渔盐之利到今天的海洋养殖、深海捕捞等“经济”行为都是海洋文化的核心内涵。如果我们将占地球总面积70%的海洋考量在内，那么，滨海族群自然享受着“舟楫之便”，以海洋为通道，迁徙、货物交换、移民就是常态了。

第二，海洋族群独特的家庭结构、社会组织，鼓励人们从事海洋活动的生活习俗、生产习俗、审美习惯，等等。海洋的生产、生活必然催生出与陆域农耕生活截然不同的家庭结构、社会组织。无视海洋族群生活与生产的独特性，以农耕的视野“裁剪”式地审视海洋社会几乎是中国学术界的一大误区。海洋族群依海为生的生存方式造就了他们不同于农耕社会的家庭结构：男性或随鱼汛颠簸在海上，或随季风贩货在异邦，从而确定了以女性为“主体”的家庭组织。女性既要“主内”也要“主外”，海洋社会组织中，女性就有了很特别的地位。海洋族群的社会组织中协作、互助的成分更多，“同舟同济”不仅是出海人的行为准则，也是海洋社会的主旨方式。在航海、捕鱼这种以男性为绝对主体的行当中，行业神、保护神多为女神。

第三，融开放、多元、共享、包容与拓展、竞争、强势、掠夺为一体的海洋文化。从长时间段、全球视野来看，海洋生存所孕育的海洋文化是一把双刃剑，“和平发展的海洋”与“掠夺扩张的海洋”相辅相成；在不同的时代，从不同的视角观察有着截然不同的意义。我们认为，中国海洋文化的特质只能从中国海洋族群独特的生活、生产状态和社会结构中去寻找，就中国的海洋社会及其所孕育的海洋文化来分析，女性的海洋神灵与女性在海洋社会中的独特地位的确是中国海洋文化区别于其他民族海洋文化的显著特征。中国自宋代以后被广泛信奉的海神妈祖原名林默，是一个曾在中国东南沿海真实存在的精通海洋气候与水文的奇女子，年方 28 岁即离世。“妈祖”是东南沿海族群对婆婆、奶奶等女性长辈的称呼，东南沿海至今依然有不少地方昵称“妈祖”为“阿婆”。一个年方 28 岁的年轻女子变成“阿婆”“妈祖”，说明中国东南沿海的海洋族群已经把中国海洋文化的个性嵌入其中，在一体化的海洋文化中，共享、包容的成分作为其主轴。

二　中国海洋文化建设的回顾与思考

中国海洋文化建设的发展历程可以大致分为三个阶段。

（一）第一阶段：1949年以前

中国的海洋族群早在远古时期就开始了海洋活动。从远古神话中的记载与当代考古的发现中，我们得以了解，中华文明包含海洋文明在内，有着多元化的特征。汉代典籍已记载了开拓陆地丝绸之路与南海海上交通的史实。虽然海商的活动语焉不详，但是僧人西去“求法”与东来“弘法”的文献记载中，依然可以看到中国海商成规模、有规律的海洋贸易活动。唐代市舶使的设立，标志着中国的经济文化重心开始向东南沿海转移，汉语文献中出现了较多与海洋活动、海洋贸易相关的文献。宋元两朝均奉行开洋裕国的政策，对外贸易重心由陆向海转变。由于重商意识和商品经济的发展，伴随着海洋意识、海洋进取精神的提升和海洋知识的积累，唐宋元时期迎来中国海洋文化的第一个高峰期。关于海洋活动的文献主要有两大类：其一，官方修编的史书、档案和地方志；其二，私人撰写的杂史笔记。这两类文献中海商专论虽不多见，但有关海商的国家管理制度、机构设置，海洋贸易所带来中国人活动空间的扩大、活动方式的多样已在汉语文献与知识体系中得到体现。如东晋法显的《佛国记》、唐朝义净的《南海寄归内法传》、杜环的《经行记》、宋朝赵汝适的《诸蕃志》、周去非的《岭外代答》、元朝周达观的《真腊风土记》、汪大渊的《岛夷志略》等。

明清时代是中国海洋活动极为复杂、曲折的年代。明朝实行的是有限度地允许官方朝贡贸易与禁止私人海洋贸易并存、开放与封闭共举、以封闭为主导的对外政策。清初，清廷实施“迁界”政策，东南沿海的村庄居民全部内迁50里。乾隆时期，清廷开始实行全面防范洋人、隔绝中外的闭关锁国政策，仅余广州一口通商。在海洋上，与唐宋元时期中国海商的对手为阿拉伯人不同，欧洲人开始了寻找东方财富的“大航海时代”。这一时期，中国海商的生态环境产生了巨大的变化：一方面面对的是本国政府的海禁；另一方面是欧洲人将“全球化”推到了自家的门口。在种种不利条件下，中国的私人海商代表中国共同参与了世界贸易网络的构建，环中国海以及周边海域成为海洋贸易与交通的最重要的平台。在中国主流文化的文献记载中，东南沿海的海商活动转入地下，或以污名化的方式被记载。这一时期的主要相关著作有明代马欢的《瀛涯胜览》、费信的《星槎胜览》、张燮的《东西洋考》、巩珍的《西洋番国志》，清代陈伦炯的《海国闻见录》、王大海的《海岛逸志》、谢清高的《海录》、邵大纬的《薄海番域录》、黄可垂的《吕宋纪略》等，仍以见闻笔记为主。

鸦片战争之后，出于对国家存亡和民族安危的担忧，对海洋相关问题，主要是中国与海外各国的交往历史的研究开始得到重视。最早的先驱者有魏源（《海国图志》）、徐继畬（《瀛寰志略》）、梁廷枏（《粤海关志》《海国四说》）等。他们可以说是中国最早“开眼看世界”的一批人。民国时期，“中西交通史”作为一个新学科开始成形，海洋文化研究随之也大大拓宽了范围。以张星烺《中西交通史料汇编》（1930年）、向达《中西交通史》（1934年）、冯承钧《中国南洋交通史》（1936年）为代表，越来越多的学者开始投入这一领域。另外值得一提的是，冯承钧对中国重要海洋典籍进行了整理研究，陆续出版了《〈瀛涯胜览〉校注》（1935年）等书，并对欧洲汉学界的研究成果进行了译介，汇编成为《西域南海史地考证译丛》。另外，两本流向海外的民间海商针路簿，即明朝的《顺风相送》和清朝的《指南正法》，也在这一时期由向达从欧洲带回中国。

（二）第二阶段：1949～2012年

中华人民共和国成立之后，受环境影响和历次运动的干扰，中国大陆地区的海洋文化研究发展较为缓慢。当代意义上的中国海洋文化建设起步于20世纪八九十年代。随着1978年中国大陆进入了改革开放的新阶段，海洋文化研究飞速发展，成果激增。1979年4月，中国海外交通史研究会在泉州成立；1981年5月，中国中外关系史学会在厦门大学成立。两个学会成立之后，出版了大量的学术成果，如《海交史研究》杂志、《中外关系史论丛》等。值得注意的是，早期的“中西交通史”一词在80年代逐渐被“中外关系史”取代，“海上丝绸之路”这一重要概念也于此时由日本引入中国学术界。这一时期在台湾地区也出现了“海洋热”。20世纪80年代，台湾中研院将“海洋发展史”确定为重要研究方向，举办了一系列海洋发展史学术会议，并于1984年出版了《中国海洋发展史论文集》（第1辑），至今已有10辑。

有的观点认为中国只有黄土文明，没有海洋文明，这种观点夸大了历史上陆地和海洋的二元对立，一方面在中国特别是海洋文化领域中造成了欧洲文化优越论和中华文明一元论的认知，另一方面也刺激了大批学者对中华文明中的海洋文化进行研究和探索。1990年至1991年，联合国教科文组织发起“海上丝绸之路”考察，途中抵达中国广州、泉州两地，并在泉州召开了以“中国与海上丝绸之路”为题的国际学术讨论会，标志着中国海洋文化研究与国际接轨。这一期间发生的海洋大事还有1994年《联合国海洋法公约》正式生效、1996年“世界海洋和平大会”在北京举行、1998年联合国“国际海洋年”等，我国在此期间也发布了《中国海洋事业的发展》白皮书和《中国海洋21世纪议程》等一系列与海洋相关文件。持续的“海洋热”越发升温，从国家到沿海地方政府对海洋文化建设的重视不断提升，沿海各省形成了海洋文化研究的学术中心。

进入21世纪以来，中国海洋文化建设在2005年——郑和下西洋600周年前后——迎来了又一个小高潮。2003年起，国家海洋局牵头连续三年举办以纪念郑和下西洋600周年为主题的海洋知识竞赛、讲座和夏令营活动；2005年举办了郑和下西洋600周年纪念大会、“云帆万里照重洋”郑和下西洋600周年纪念展览、郑和航海暨国际海洋博览会等一系列纪念活动。2005年4月25日，国务院批准每年的7月11日为中国“航海日”。2005年，首届中国海洋文化节在浙江岱山举行。据不完全统计，各地海洋文化相关机构先后召开了17次有关学术交流活动，举办包括知识讲座、文艺演出、史迹展览在内的各类文化活动数十项，修缮和新建了一批与郑和相关的遗迹和纪念馆，大大推动了中国海洋文化建设。2006年，国家海洋局开始进行全国性海洋文化研究和建设发展的现状调研，并于2010年成立了宣传教育中心，主要从事海洋意识的普及教育，组织开展海洋公众宣传工作。

这一阶段涌现的较有代表性的海洋文化研究团队如下。

（1）以杨国桢为代表的厦门大学学术团队

20世纪90年代，厦门大学杨国桢率先呼吁国内学界关注海洋问题，倡导建立海洋社会经济史学科，并提出“海洋本位”和“科际整合”的研究方向与路径。2004年，他在《海洋世纪与海洋史学》中将“海洋史学”定位为“海洋视野下一切与海洋相关的自然、社会、人文的历史研究……它与原有涉海的各种专门史不同之处，在于它是以海洋为本位的整体史研究，在于它以海洋活动群体为历史的主角，并从海洋看陆地，探讨人与海的互动关系，海洋世界与农耕世界、游牧世界的互动关系”。先后出版了“海洋与中国丛书”8卷（1996～1999）、“海洋中国与世界丛书”12卷（2003～2006）、《瀛海方程：中国海洋发展理论和历史文化》（2008）、《中国海洋文明专题研究》10卷（2016）等。

（2）以曲金良为代表的中国海洋大学海洋发展研究院

1996年，中国海洋大学提出了研究海洋文化、建立海洋文化学科的工作计划，并于次年成立了海洋文化研究所，作为海洋文化学术研究和人才培养的专门机构。1998年，在全国高校首先开设了“海洋文化概论”课程。曲金良长期致力于中国海洋文化理论的建设与研究。2003年在《海洋文化与社会》一书中，他认为海洋文化“就是有关海洋的文化；就是人类源于海洋而生成的精神的、行为的、社会的和物质的文明化生活内涵”，并论证了海洋文化是一门具有很强的实用价值的基础理论学科。先后推出了《中国海洋文化研究》论文集刊（1999～2005）、《中国海洋文化史长编》的5卷丛书（2013）、《中国海洋文化基础理论研究》（2014）、《中国海洋文化发展报告》（2013～2015）等学术成果。

（3）以苏文菁为代表的福州大学闽商文化研究院

海商是海洋文化的重要载体。伴随着各地经济的快速发展，21世纪以来全球性的华商大会陆续召开，如2004年起的世界闽商大会等。以此为契机，福州大学在地方政府的支持下于2008年成立了闽商文化研究院，从区域性的海洋商帮切入，对海洋文化进行全球化、跨学科的研究。主要成果有《闽商文化研究文库·学者文丛》8卷（2010）、《闽商发展史》15卷（2013～2016）、“海上丝绸之路与中国海洋强国战略丛书”13卷（2016）。

（4）以李庆新为代表的广东省社会科学院广东海洋史研究中心

广东海洋史研究中心依托广东省社科院历史与孙中山研究所，于2009年正式设立，是国内第一家海洋史专门研究机构。广东海洋史研究中心继承了历史与孙中山研究所在涉海区域史和海洋社会经济史研究领域的研究基础，立足历史、面向现实，在区域史、海洋与世界前沿视野下开展海洋史理论探索与学科建设。主办的《海洋史研究》集刊已出版10辑（2010～2017）。

此外，在中国海洋文化资料收集与研究上有较大成就的学术团队还有浙江海洋学院海洋文化研究所、广东海洋大学海洋文化研究所、上海海事大学海洋文化研究所、大连海洋大学海洋文化研究所、大连海事大学航海历史文化研究中心等。

在海洋文化遗产保护方面，中国考古界早在20世纪70年代就开展了少量海洋沉船考古工作，如1973年8月福建省泉州市东南郊后渚港发现的宋代远洋木帆船。受技术和资金的限制，直到80年代后期，我国的海洋考古事业正式开始发展。1987年3月，经国务院批准，由国家文物局牵头，成立了“国家水下考古协调小组”，委托中国历史博物馆（现中国国家博物馆）承担开展水下考古工作。1987 年 9 月，中国历史博物馆设立了当时中国唯一的水下考古专业机构——水下考古学研究室。1989 年国家文物局委托澳大利亚阿德莱德大学举办了首届水下考古专业人员培训班，培训出了我国第一支水下考古专业队伍。主动的大规模沉船考古工作开始于 20 世纪 90 年代，相继在福建连江定海、广东台山川山岛、辽宁绥中三道岗等海域调查发掘出一批宋、元、明时期的重要沉船资料。2009 年 9 月，文化部、国家文物局依托中国文化遗产研究院，设立了“国家文物局水下文化遗产保护中心”，负责统筹全国水下文化遗产保护业务工作，并从 2010 年起陆续在宁波、青岛、武汉、福建成立了水下文化遗产保护地方基地。2010 年，广东省南澳县水域的“南澳Ⅰ号”沉船遗址发掘出水下各类文物一万余件，其水下发掘和保护方案成为我国海洋水下考古的一个标志性和规范性项目。

（三）第三阶段：2012年至今

2012 年“海洋强国”和 2013 年“21 世纪海上丝绸之路”的提出，标志着海洋发展提升到国家战略层面。2016 年，国家海洋局办公室印发《全国海洋文化发展纲要》，从国家层面提出了将全面推进海洋文化建设作为发展目标。在国家顶层设计的指导下，中国海洋文化建设进入高速发展阶段。

这一时期，海洋文化研究进一步打破区域限制，分散在全国各省市和海外的专家学者紧密合作，海洋文化研究发展迅猛、成果丰硕，中国海洋文化的整体性理论呼之欲出。2012 年 11 月，中国海洋文化理论体系研究项目获得国家社科基金重大项目立项，由中国海洋文化学科理论研究、中国海洋文化本体理论研究、中国海洋文化价值理论研究、中国海洋文化发展理论研究 4 个子课题构成。该项目是我国海洋文化研究领域首个国家最高级别的重大理论研究项目，标志着我国的海洋文化理论研究已经上升到国家人文社会科学重大规划建设的高度。2014 年 12 月，项目成果《中国海洋文化基础理论研究》由海洋出版社出版发行，为海洋文化理论发展与学科发展提供了重要基石。2015 年，“海上丝绸之路与中国海洋强国战略丛书”列入中宣部、国家新闻出版广电总局“2015 年主题出版重点出版物”。首批成果 13 本图书由来自中国、新加坡、马来西亚和新西兰4个国家10所高校的学者队伍完成，于2016年12月由社会科学文献出版社出版发行。2016年，国家海洋局牵头组织全国200余位专家学者，编撰完成中国海洋文化系列丛书。该丛书按照我国沿海省市地区分为14卷，通过对文献资料的收集和当地海洋文化的田野调查，系统梳理了我国沿海地区的传统海洋文化资源，为海洋文化的保护和发展提供了依据。

文化产业是文化传播与传承的重要平台。2014年3月27日习近平同志在巴黎联合国教科文组织总部发表演讲时提出："让收藏在博物馆里的文物、陈列在广阔大地上的遗产、书写在古籍里的文字都活起来，让中华文明同世界各国人民创造的丰富多彩的文明一道，为人类提供正确的精神指引和强大的精神动力。"发展中国海洋文化产业，活化中国海洋文化资源，是一次对中国传统海洋文化的价值再发现，在创造了经济价值的同时，也使得多元、共享、开放、拼搏的中国海洋精神在潜移默化中得到更为广泛和有效的传播。

海洋文化产业作为特色文化产业之一，发展越发受到重视。2012年9月，国务院印发《全国海洋经济发展"十二五"规划》，其中"海洋文化产业"单独列为一节。2014年8月，文化部、财政部联合印发的《关于推动特色文化产业发展的指导意见》提出，海洋文化产业到2020年，应基本建成海洋特色鲜明、重点突出、布局合理、链条完整、效益显著的海洋文化产业发展格局，形成若干在全国有重要影响力的海洋文化产业带，建设一批典型的、带动作用明显的海洋文化产业示范区（乡镇）和示范基地，培育一大批充满活力的海洋文化市场主体，形成一批具有核心竞争力的海洋文化企业、产品和品牌。2015年起，国家海洋局宣传教育中心先后评选了三批次20个全国海洋文化产业示范基地。全国海洋文化产业示范基地涵盖海洋民俗、海洋运动、海洋旅游、出版传播、非物质文化遗产等行业和领域，均为长期从事海洋文化产品生产和海洋文化资源转化的企业和机构，有着较强的示范作用，有助于带动地方海洋文化产业的整体发展。

滨海旅游业作为主要海洋文化产业之一，通过与创作表演服务、娱乐服务、休闲观光游览服务等结合，形成了海洋文化体验、海洋主题旅游等新业态，从单纯的自然观光向海洋文化内容填充的方向发展，《印象普陀》《印象海南岛》《梦幻北部湾》《丝海梦寻》《梦海情韵》等表演项目广受欢迎、长演不休。在广播影视节目制作行业，陆续出现了《广东沿海行》《霞浦·千里海疆行》等海洋题材纪录片，也有《红海行动》《深海利剑》《四海鲸骑》等成熟的商业作品。空间集聚是文化产业发展的显著特点，有助于企业降低成本、提高效率、刺激创新、加剧竞争。一批海洋文化创意产业园区顺势而起，目前知名度较高的项目有普陀海洋文化创意产业园、福建平潭海洋文化中心、大连圣亚海洋文化产业园区、上海金山嘴海洋文化创意园、宁波市象山县星光影视小镇等。

在积极组织海洋文化宣传活动、提高全民海洋意识方面同样取得了大量成果。2011 年以来，全国各地由国家海洋局宣传教育中心授牌，陆续成立了数十家“海洋意识宣传教育基地”；根据《全民海洋意识宣传教育和文化建设“十三五”规划》，计划到“十三五”末期建成基地 200 处。在课程建设上，2014 年先后出台的《关于提升全民海洋意识宣传教育工作方案》《关于提高海洋意识加强海权教育的工作方案》等文件，明确提出“加快推进海洋知识进学校、进教材、进课堂”。国家海洋局宣传教育中心委托中国海洋大学出版社组织编写“中小学海洋意识教育系列教材”《我们的海洋》，该教材于 2014 年正式出版发行。2015 年，《我们的海洋》在海南省的教材招标中入选，成为海南 70 余万名中小学生的必修课程。高等学校根据近年来精品课程数字化的发展趋势，在全国各高校陆续开展了海洋文化相关在线课程的建设。其中，福州大学“海洋与人类文明的生产”、中国海洋大学“海洋的前世今生”这两门课程，一门是关于海洋人文知识体系的，另一门是关于海洋自然科学的，它们分别于 2017 年、2018 年被评为“国家精品在线开放课程”。为了加强海洋意识宣传教育工作的针对性，2016 年起，国家海洋局宣传教育中心委托北京大学海洋研究院发布当年《国民海洋意识发展指数（MAI）研究报告》，通过互联网大数据和线下调查数据的结合，全面反映年度全国国民海洋意识的发展情况。

在海洋文化遗产保护方面，随着我国水下考古实力的不断增强，研究从传统的水下沉船向港口、码头、海防、船坞等逐步延伸，在空间上由中国沿海向海上丝绸之路沿线区域扩展。2014 年 6 月，国家文物局水下文化遗产保护中心独立建制，我国国家级水下文化遗产保护专门机构正式组建完成。2014 年 9 月，“中国考古 01”专用船在“丹东一号”沉船水下考古实现首航。这是中国自行设计建造的首条考古专用船，标志着我国水下考古工作水平跻身世界前列。2017 年“一带一路”国家沿线水下考古培训班，除培训国内学员 15 人外，培训沙特、伊朗、泰国、柬埔寨学员 6 人，系我国首次举办海上丝绸之路沿线国家的水下考古方面的国际培训，进一步加深了我国海洋文化事业与海上丝绸之路沿线国家的合作与交流。

三 2018年中国海洋文化发展总体情况

2018 年 1 月 21 ~22 日，全国海洋工作会议在北京召开，对于学习领会新时代中国特色社会主义思想，全面贯彻落实党的十九大精神意义重大。国家海洋局王宏局长代表局党组做的工作报告，对十八大以来的海洋工作进行了全面系统的总结；在学习领会党的十九大做出的一系列重大论断和重要部署的基础上，进一步明确了新时代我国海洋工作的总体思路，同时，就做好 2018 年度工作提出了具体要求。就加大新闻宣传力度促进海洋文化繁荣发展方面，提出以下要求：一是提升海洋新闻信息传播能力。二是加强海洋意识宣传体系建设。三是大力推动海洋文化发展。设立专项基金，支持海洋出版工作“专业化、精品化、国际化”发展战略。继续组织好“6·8 海洋日”、海洋知识“进课本、进课堂、进校园”和“进内陆”活动，加强海洋科普教育。

（一）海洋文化研究成果丰厚

2018 年，海洋文化相关研究成果呈现“井喷式”局面，代表性的学术专刊质量不断提高，一系列丛书不断出现。研究热点突出表现在以“海上丝绸之路”为关键词的对相关海洋文化的关注和研究；同时，在海洋生态文明、海洋文化动力、海洋旅游、海洋文化产业等领域也出现了新视野之下的探索。

2018年海洋文化研究不仅在理论上得到进一步延伸，而且在实践层面日趋深入。在理论方面，由过去主要关注于宏观研究开始向中观、微观层面迁移，而且由本位研究逐步进入比较研究视野。由此丰富了对海洋文化更加全面的认识，驱使海洋文化研究由表及里，并逐步进入叩问海洋文化发展的本质问题。在实践层面，日益突破“纸上谈兵”式的理论畅想格局，诸多学者开始尝试主动融合实践、学以致用的实践自觉。主要有三个表现：一是海洋文化的区域特色提炼与应用日益受到重视；二是海洋文化研究由主要服务宏观政策转向问题导向；三是海洋文化研究对象日趋贴近日常生产生活。

2018年国内或国际性海洋文化相关学术研讨会和交流活动甚多，学界影响不断扩大，为提升海洋文化研究水平，创新海洋文化研究方向，构建海洋文化学科体系提供了可喜的发力点。广东海洋史研究中心、《海洋史研究》编辑部于12月主办“海洋史研究青年学者论坛”，被列为“2018年度中国十大学术热点”代表性重要学术会议。12月广东海洋大学承办，以“海洋文化的共通性”为主题的第六届东亚岛屿与海洋文化论坛举行，有利于进一步促进中国、韩国和日本等东亚国家乃至整个亚洲海洋文化的交流和发展。

另外，2018年9月18日，海洋文化教育联盟在国家海洋局宣教中心、中国海洋报社指导下成立，这是国内首家以海洋文化教育为主旨的集海洋文化教育、文化传播与实践研究为一体的学术联盟。

（二）海洋文化产业（滨海旅游）蓬勃发展

在我国，海洋文化产业是文化产业中的一个特殊领域。融合了海洋文化的内涵与文化产业的载体。海洋文化产业指为满足社会公众的精神、物质需求，以海洋文化资源为原料，从事涉海文化产品生产和提供涉海文化服务的产业；包括了滨海旅游业、涉海休闲渔业、涉海休闲体育业、涉海会展业、涉海历史文化和民俗文化业、涉海工艺品业、涉海新闻出版业、涉海艺术业、涉海影视业等。由于经济数据公布时间的滞后性，本书着重分析2017年中国海洋文化产业（滨海旅游）发展状况。

滨海旅游业在2017年发展规模持续扩大，海洋旅游新业态潜能进一步释放，全年实现增加值14636亿元，比上年增长16.5%。2017年，滨海54个城市（实际为53个城市，缺少三沙市数据）2017年接待游客327783万人次，占我国接待游客总人数（513948万人次）的63.70%；我国滨海城市旅游收入达42737亿元，占我国旅游总收入（53991亿元）的79.16%。从统计数据可以看出，2017年滨海旅游业的发展在我国旅游业发展中占有举足轻重的地位，是中国旅游影响世界旅游发展格局的关键因素。但滨海旅游产品结构不合理、滨海旅游资源开发与保护矛盾突出、旅游管理体制不健全、滨海旅游文化缺乏深度挖掘以及自然环境因素对滨海旅游发展等制约的因素明显。借鉴国外成熟区域滨海旅游发展经验，提出构建富有特色的滨海高端旅游产品体系，积极促进滨海旅游发展与金融资本的有效对接，加强滨海旅游管理服务改革创新，实现滨海旅游可持续发展等建议。

（三）海洋史研究深入广泛

2018年，中国海洋史研究方面出版发表的相关中文论著（含学位论文）约400篇（部）。既有对海洋政策、海外贸易、航海造船、海盗海防等传统领域的考察，也有对海洋环境、海洋文化等新领域的探索。这些专题研究成绩斐然，内容更加细化深入。同时，本年度中国海洋史研究注重多角度、多学科相结合，在全球史、整体史视野下不断开拓创新，无论是旧话题或新领域，都涌现出一大批有新意、有分量的论文和专著，议题新颖，见解精到，既有史学前沿领域的宏观考量和理论探讨，也有多角度、多学科相结合的地区性、专题性微观思考和实证佳构。本年度，海上丝绸之路作为海洋史的热点专题，成果尤多，并为国家“一带一路”倡议提供有益的历史启示和决策参考。可喜的是，一批经过正规专业训练、基础扎实、视野开阔、具有国际学术交流与对话能力的青年学人，茁壮成长，与前辈学者一起，进入中国海洋史研究队伍的骨干行列。

（四）海神妈祖文化传承活动广泛举行

“妈祖”自宋代成为“顺济夫人”“中国航海保护神”以来，不仅是国家海事活动与海洋征战的保护神；更是中国海商群体的守护神，“妈祖”与中国海商一道迁播四海，成为中华文明与世界不同文明融通的显性符号。2009 年，“妈祖信俗”被列为“世界人类非物质文化遗产代表作名录”，这是我国首个信俗类世界遗产。妈祖文化的研究也开始了一个系统化与学术性的过程。

自 2015 年，由国家海洋局、中国社会科学院、福建省人民政府等单位联合主办“世界妈祖文化论坛”以来，妈祖文化传播与研究进入了一个新的阶段。2018 年度妈祖文化的传承与发展，包括了祭祀典礼与巡安、宫庙修建、民俗文化、学术研究、文创活动与慈善事业等，呈现多领域中妈祖文化的特色。但是，妈祖文化的研究不仅需要在弥合官方与民间、宫庙与学术之间的分野上下功夫，同时，更应该重视历史上妈祖文化传播的主体力E 量——中国海商的研究。

（五）海上丝绸之路考古越来越深入

我国的水下考古开始于 20 世纪 80 年代后期，主要是通过“中澳合作海洋考古学培训项目”而初步建立起来的。1989 ~ 1990 年，该项目在中国福建闽江入海口区域的定海湾进行的水下考古既是中国水下考古的重要实践，也是中国水下考古科学的开始。2018 年 11 月，国家水下考古中心与福建省连江县人民政府邀请当年的亲历者，举办了“纪念定海湾水下考古 30 周年”学术活动。2018 年在“一带一路”的背景之下，海洋考古的指向性更为明确。2018 年 11 月 6 日，国家文物局水下文化遗产保护中心北海基地正式启用。水下考古的工作进展大多需要历时数年。本年度，既有老项目的新进展，也有新项目的新发现，这些多以遗址、实物、发现等方式，或改写或补充或验证人类的多样化文明。

（六）涉海博物馆建设发展迅速

涉海博物馆是以展示一个国家或一个地方海洋贸易、航海造船技术、港口变迁、船民传统习俗、海战等一系列与海洋相关联的活动状况为主的专题性博物馆。随着中国对海洋文化的研究日益加深，涉海博物馆开始受到重视。2018 年是中国海事博物馆建设重要的一年，海事博物馆逐渐受到地方政府的重视，走进民众的视野。2018 年 4 月 26 日，位于海南省琼海潭门的中国（海南）南海博物馆正式开馆。2018 年也是中外海事博物馆合作丰收的一年，主要交流合作项目包括与英国国家海事博物馆合作的“海上丝绸之路——南海 I 号”文物特展项目、与英国皇家格林尼治博物馆合作“舢板女孩的微笑”展览及“十九世纪中国晚清海军战旗”研究项目等。多家博物馆在 2018 年以“一带一路”为主题出境展览，这些展览策划精致、展品精美且数量众多，向西方观众展示了中西方海上贸易和交往历史，诠释中国“一带一路”倡议的重要意义。

海南热带海洋学院是一所相对年轻的高等学校，值得关注的是学院设立之初就开始建设“南海文化博物馆”。这种不同于一般高等学校建设博物馆的节奏是国家建设海洋强国战略的需求。“南海文化博物馆”边建设边展出，充分体现了南海海洋文化独特的魅力。

（七）海洋保护活动开展得如火如荼

起源于海南的“蓝丝带海洋保护协会”至今已经走过 11 个年头了，回顾“蓝丝带”的发展历程，正是中国社会与海洋的关系发生微妙变化的过程，也是民间社会组织不断发育成长的过程。在海南三亚，蓝丝带海洋保护协会的成立顺应了产业经济、旅游业发展到一定阶段后，对环境形成巨大压力的需求。协会最早由离退休人员为主体力量到现在发展成在中国沿海城市有多个分支机构、人员切入各大中小学的保护海洋的传播网络，从最早的“净滩”到参与滨海社会的政策咨询。由此，我们记录了中国不同层面的社会组织在建设海洋强国时代的发展与壮大。

四　海洋文化究存在的误区以及政策建议

海洋文化的建设、发展与繁荣是一个漫长且艰辛的过程，不仅需要制度的架构、传播的力度与知识体系的更迭的协同发力；更需要对传统海禁思维与相关遗产的清理与审视。首先，我们必须对当代所诉求的海洋文化做一个属性的确定。在人类的思想发展史上，对待海洋的态度从来就是保守与开放并存，在某些历史阶段，或是保守或是开放占据着主流意识形态的地位。当代中国无疑需要开放的海洋，在此认知的基础上，海洋文化的发展就是定位在“开放”的海洋文化之发展而不是保守的、海禁的海洋文化之发展。中国东南沿海的海洋族群沿着 3.2 万公里的海岸线以及毗邻海域创造了辉煌灿烂的海洋文明，其与陆地上的农耕文明、游牧文明共同构成了中国传统文化。中国历代王朝经略海洋有张有弛，民间向海洋的发展此起彼伏，海洋中国始终是中华民族生存与发展的重要空间。

同时，我们也应该清醒地认识到，明清以降，中国主流文化从海上退缩了，沿海区域海洋族群的海洋实践沉入历史地表，其经略海洋、捍卫海疆的事实极少进入以汉语文字记载的主流文化传承之中，偶有记载，亦以被“污名化”的形象出现。这段历史造成了今天中国主流知识体系中“开放的海洋”的缺失与“保守的海洋”的显现。在海洋文化研究中有两个典型的误区。

第一，国家外事活动的“郑和下西洋”不具备经略海洋之精神。目前，在中国的主流知识体系中，明初的“郑和下西洋”一直被视为“海上丝绸之路”和中国海洋文化发展的“巅峰”，也成为境外学术界知晓中国“海洋文化”最为典型的事件。但是，今天必须认识到，“郑和下西洋”只是一次与典型的海洋文化关联性不大的政府外交行为。这种行为不具备开拓海疆、经略海洋的海洋精神。而正是“郑和崇拜”导致中国海洋文化长达 3000 年的历史被郑和仅仅不到 30 年的航海行为所覆盖，这完全是农耕社会视野下，“保守的中国海洋”将中国海洋族群边缘化、污名化的结果。

建设开放的当代中国海洋文化需要对历史的“误读”进行拨乱反正。多元、共享、开放、拼搏是蕴含在千百年来中华文明中的、通过海洋活动而展现出来的中国海洋文化的核心思想理念，中国的海洋英雄应是这一海洋精神的凝聚。明末清初，郑氏集团的领袖郑芝龙整合军官、海盗、商人三重身份，以他为代表的中国海上力量与西方海上扩张势力时而合作、时而博弈。1633 年，郑芝龙所领导的厦门料罗湾海战，首开东方国家在海战中击败西方殖民国家之先例，代表了历代中国海商对海疆的捍卫。郑成功驱荷复台是中国海洋族群捍卫海权的最好表达。唐宋元以来，不断开辟新航线的中国东南沿海海洋族群“成就”了明初的郑和下西洋。明清以来，冒着海禁危险将中华物产与文明传播到世界的闽商是中国海洋文明的践行者。20 世纪初，带领乡亲移居海外、建设当地的黄乃裳，承载了中国海洋族群把中国的技术、物产和文化带到世界各地落地生根的使命，无疑将成为中国“走出去”、践行“一带一路”建设的时代新典范。

第二，明代遗留的海防遗产是典型的“保守的海洋文化”。明代初年，朱元璋为了防御来自退守到海上的陈友谅、张士诚等余部的反抗，对海洋采取了禁与守的保守政策。除了一系列海禁政策之外，与之相配套的就是在中国漫长的海岸线上建立起了 5000 余个执行海禁政策的兵寨卫所；而这些据点都是木质帆船梯度航线时代重要的港口与航船停靠点。近年来，在振兴乡村、滨海旅游的热潮中，这些兵寨卫所都在毫无审视的状态下进入了大众的视野。

今天的中国要重新构建中国海洋文明的空间，并在此基础上寻找新的建设新时代的海洋文化资源。

从空间上分析，中国海洋文明的空间分布可分为三个圈层。

第一个圈层为中国东南沿海地区。中国主流文化中缺失的海洋基因，其实一直存在于中国东南沿海地区的海洋族群中。但自明朝以来，伴随着国家主流的海禁政策的实施是一系列对于中国海洋族群的“污名化”的文化措施，中国东南沿海的海洋族群长期生活在自我身份的缺失与不被认同的状态中。基于此，我们必须从东南沿海“寻找”中华民族悠久而庞大的海洋族群及文化基因。

第二个圈层为环中国海文化圈。以中国的东南地区为策源地，形成了一个繁荣发达的环中国海海洋文化圈，该文化圈包括东亚、东南亚半岛上的一些地带及相邻的海域。这一圈层是中国历史与民族文化的一个重要而特殊的环节，其不仅是先秦两汉时期沿海原住民“善于用舟”的空间，又是唐宋元明以来东南沿海海洋族群主导的航海活动的核心区域。

第三个圈层就是跨太平洋圈层。“海上丝绸之路”主要沿着亚欧大陆的海岸线展开，这是中国现阶段的国际发展着力点。然而，从中国发展的长期目标来看，跨越太平洋与美洲对话是必然的。在 16 世纪全球化初期，福建漳州月港已经与横跨太平洋的新航海贸易网络相联系，代表中国经济融入全球化格局中。当代中国海洋文化的“空间”绝不能仅仅停留在太平洋的西岸，而应该具有全球化的站位与布局。

建构当代中国海洋文明体系，可以围绕以上分析的三个圈层，从四个方向寻找新的海洋文化资源。

一是海洋族群的非官方话语。由于长期以来中国主流的农耕文明对海洋的忽视和打压，中国海洋族群经略海洋、捍卫海疆的事实极少进入以文字记载的主流文化传承之中，大多在东南沿海地区民间流传。通过对中国东南沿海海洋族群的日常生活和文化习俗的记录、收集、整理，我们才能提炼出最鲜活的中国海洋文化基因。

二是中国海洋文化的“海外飞地”。中国海洋文明的种子通过海洋族群的迁徙、移民与贸易活动传播到海上丝绸之路沿线各国，在当地落户生根，结出累累硕果。2000 年，琉球古遗址被列为世界文化遗产；2008 年，马六甲城、槟城乔治市共同被列为世界文化遗产。这些都是带着浓重福建元素的中国海洋文化在海外的重要“飞地”。

三是流往海外的馆藏资料。沿着海上丝绸之路，不少珍贵的中国海洋文化相关资料随着中国海洋族群的商贸活动被带往海外。15 世纪之后，欧洲人远渡重洋来到东亚地区，对中国主流知识体系中被边缘化的海洋知识格外重视，也将相关资源带回了本国。近年来，陆续有重要文献和地图在欧洲各国图书馆、博物馆等地被发现，填补了中国海洋文化知识体系的许多空白。

四是其他国家文化经典的中国海洋元素。中国的自我想象与中国的世界想象，将在很大程度上决定中国与世界的关系和中国未来的命运。由于海洋文明以及相关的商业文化在中国主流话语中的长期边缘状态，跳出“大陆”、借助域外汉学的视野，无疑为中国的自我认识提供了一个全新的角度。

五　2020年海洋文化发展展望

随着岁月的流逝、国家加快建设海洋强国的国策不断落实到位，开放的海洋文化的建设即将获得更大的话语空间。从发展的视野看，2020 年，我国的海洋文化研究将有以下发展趋势。

第一，2019 年的热点依旧走热，突出表现在对“一带一路”“海上丝绸之路”的关注和研究。学者们继续关注传统海洋文化、历史与 21 世纪海上丝绸之路的关系。在成果上，将大量出版宏观政策方面高屋建瓴的卓论，立足战略层面对“一带一路”“海上丝绸之路”的分析和阐释，同时，结合地方经济建设、区域社会发展和行业转型开展的因地制宜的具体个案研究也将是研究的热点。

第二，实践性、务实性的研究将继续走强。我们知道海洋文化既是个理论空间，更是个实践空间；海洋旅游以海洋文化为内涵的研究已是长期热点，随着振兴乡村国策的落实，2020 年热度依旧。此外，以海洋为背景的其他文创产业，如影视、艺术、出版物等将有一个较大的热潮。

第三，全球视野上的海洋史将有更大的突破。一方面是国际性的涉海会议、国际联合的涉海展览，跨国合作的水下考古研究、多国与地区合作的海洋气候与环境课题将有较大发展；另一方面，以海洋的流动性、开放性为视点进行的“全景”海洋文化，或海洋史研究巨著有望在 2020 年有所突破。

第四，探索海洋文化的基础理论将再次引人注目。与海洋文化热不成比例的是：海洋文化理论研究鲜有新的突破。海洋文化的定义、起源、研究对象、研究内容、研究方法等依然存在争议，与历史学、民俗学、社会学、人类学、人文地理学等依然有待确定相对研究边界。大量理论空白需要探索和突破，如海洋文化学科的独特性是什么，学科的边界在哪里，中国海洋文化的特质是什么，中国海洋文化的历史阶段如何划分以及各个时期的特点又是什么，等等，期待在2020年学者们新的探索。

我们知道文化建设、知识更迭是远比制度建设要艰难与缓慢的工程。随着社会经济发展，陆地可供开发的资源越来越少，世界各海洋大国之间在海洋经济、科技、资源、海权等方面的竞争将日益激烈。然而，种种激烈竞争的背后，实质上是海洋文化的竞争。国家海洋局原局长孙志辉早在2009年就提出：不同的海洋思维、海洋意识、海洋观念等海洋文化因素，决定着竞争的格局和态势，决定着竞争的成败。为此，海洋文化蓝皮书在这个需要开放的中国海洋文化的时代必须坚守立场，紧跟加快建设海洋强国的步伐，不断参与并记录我们这一代人的努力。

分 报 告

Sub-reports

B.2
中国海洋文化研究分析与未来展望

宁波　郭靖*

摘　要： 2018年，“一带一路”“海上丝绸之路”成为海洋文化领域备受瞩目的热点，相关研究成果呈现“井喷式”局面。海洋文化研究不仅在理论上得到进一步延伸，而且在实践层面日趋深入。在理论方面，由过去主要关注宏观研究开始向中观、微观层面迁移，而且由本位研究逐步进入比较研究视野。由此丰富了对海洋文化更加全面的认识，驱使海洋文化研究由表及里，叩问海洋文化方面的本质问题。对海洋生态文化的研究，尤其成果喜人。在实践层面表现得更加乐观，由过去旨在呼吁社会各界重视和加强海洋文化研究，转入结合实践因地制宜探讨具体地方的具体实践问题。如着眼海洋文化资源与产业的融合以

* 宁波，上海海洋大学副研究员、海洋文化研究中心副主任，研究领域：文化经济学、海洋社会学、海洋文化等；郭靖，上海海洋大学硕士研究生，研究领域：渔业经济管理。

及如何创造性转化，如何转化为海洋文化文创产品，以及如何加强海洋文化教育等现实问题。这些理论和实践层面的探索，为提升海洋文化研究水平，创新海洋文化研究方向，构建海洋文化学科体系提供了可喜的生长点和发力点。

关键词： “一带一路” 海上丝绸之路 海洋文化 海洋生态文化

2018 年 1 月 21 ~22 日，全国海洋工作会议在北京召开。这是党的十九大召开之后的首次全国海洋工作会议。会议提出加大新闻宣传力度，促进海洋文化繁荣发展：一是提升海洋新闻信息传播能力；二是加强海洋意识宣传体系建设；三是大力推动海洋文化发展。[①] 海洋文化研究如履春潮，意气风发。

一 海洋文化研究概况与趋势

（一）发展概况

2018 年是全面贯彻党的十九大精神的开局之年。党的十九大报告提出：“坚持陆海统筹，加快建设海洋强国。”随之，海洋文化研究在 2018 年呈现喷薄发展态势，尤其是有关“一带一路”的研究呈井喷之状。由表 1 可见，2018 年有关“一带一路”的文献数达到 11609 篇，几乎占到 1979 ~2018 年相关文献数 40075 篇的 29%；海洋文化有关文献数达到 12053 篇，占 1979 ~2018 年相关文献数 46950 篇的 25.67%。这表明 2018 年海洋文化依然是学界热门研究领域。

---

① 《太平洋学报》编辑部：《2018 年全国海洋工作会议要点回顾》，《太平洋学报》2018 年第 3 期。

表1 中国知网全部期刊海洋文化相关关键词检索文献数情况

单位：篇

序号	关键词	1979～2018年文献数	2018年文献数
1	一带一路	40075	11609
2	海上丝绸之路/海上丝路	1307 （879/428）	184 （127/57）
3	海洋法	1075	49
4	郑和	951	7
5	海洋文化	909	59
6	妈祖	679	16
7	海权	579	15
8	海洋意识	574	33
9	海洋生态文明	234	37
10	航海文化	161	11
11	海洋教育	102	13
12	海洋文学	102	7
13	海岛文化	33	2
14	海商文化	32	0
15	海洋精神	30	1
16	海洋民俗	29	4
17	海洋史	27	0
18	海洋信仰	13	0
19	海外交流	12	1
20	海洋生态文化	11	3
21	海洋遗产	5	0
22	海洋音乐	4	1
23	海洋建筑	4	0
24	海洋文化传播	1	1
25	海防文化	1	0
26	海洋艺术	0	0
合计		46950	12053

注：本表提炼了与海洋文化有关的26个主题词作为关键词（疏有遗漏，但亦能反映基本面），检索截至2019年1月29日。郑和、妈祖是海洋文化领域两位非常有代表性的人物，一位是历史人物，一位是海神，因此也作为主题词列表检索。本表在统计时存在发表于2018年后期文献，未被中国知网即时收录而缺失个别检索情况。排序以1979～2018年文献数降序排列。因中国知网缺失1978年检索年，故选取1979～2018年度区间。

与期刊文献发表情况相似，2018年出版的海洋文化类书籍主要集中于“一带一路”领域。表2为通过亚马逊检索的2018年海洋文化方面的著作出版情况。由于有关“一带一路”的著作众多，且多为“借题发挥”之作，与海洋文化真正密切相关的不多，恕在此从略。在表2中值得一提的是由江泽慧、王宏主编的《中国海洋生态文化》（上、下卷），创造性地探讨了中国海洋生态文化主题。这不仅延伸了海洋文化研究的内容，而且开辟了海洋文化研究的新视域。此外，由上海海洋大学外国语学院组织翻译，上海译文出版社出版的“海洋文化译丛”，在2018年推出《小说与海洋》《变迁中的沿海城镇——景观变化的地方认知》，向国人引入国外代表性海洋文化著作，值得关注。海上丝绸之路中心也经浙江大学出版社先后出版《东海问俗：话说浙江海洋民俗文化》《蓝色牧场：话说浙江海洋渔业文化》《漫歌东海：话说浙江海洋音乐文化》，展示了浙江对海洋文化和“一带一路”的视野和作为。

表2　2018年海洋文化主要著作出版情况

序号	书名	作者	出版社	出版时间
1	《海丝蓝皮书:21世纪海上丝绸之路研究报告(2017)》	贾益民、许培源	社会科学文献出版社	2018.1
2	《蓝海逐梦:海洋文化特色发展的办学新路》	董永华	江苏凤凰科学技术出版社	2018.2
3	《中国海洋生态文化(上、下卷)》	江泽慧、王宏	人民出版社	2018.3
4	《海上丝绸之路与亚洲海域交流(15世纪末~20世纪初)》	〔日〕松浦章著,孔颖编译	大象出版社	2018.4
5	《小说与海洋》	〔美〕玛格丽特·科恩著,陈橙、杨春燕、倪敏译	上海译文出版社	2018.5
6	《梅村调查:东南汉人社区的人类学研究(东南族群关系与海洋文化丛书)》	蓝达居、刘家军、张志培	厦门大学出版社	2018.5
7	《东海问俗:话说浙江海洋民俗文化》	海上丝绸之路研究中心	浙江大学出版社	2018.5

续表

序号	书名	作者	出版社	出版时间
8	《变迁中的沿海城镇——景观变化的地方认知》	〔澳〕雷蒙德·詹姆士·格林著，杨德民译	上海译文出版社	2018.6
9	《蓝色牧场：话说浙江海洋渔业文化》	海上丝绸之路研究中心	浙江大学出版社	2018.9
10	《漫歌东海：话说浙江海洋音乐文化》	海上丝绸之路研究中心	浙江大学出版社	2018.12
11	《“一带一路”下的海洋文化发展》	许元森	中国纺织出版社	2018.12
12	《闽台海洋民俗史》	刘芝凤、林江珠、曾晓萍、徐辉著	人民出版社	2018.11
13	“海上丝绸之路研究丛书（全12册）”	王日根总编	厦门大学出版社	2018

注：2019 年 1 月 29 日在亚马逊（http：//www. amazon. cn）以海洋文化、海洋民俗、一带一路、海上丝绸之路为书名检索 2018 年度海洋文化类图书出版情况。因有关“一带一路”的著作众多，涵盖众多研究领域，此处仅收录与海洋文化相关的著作。

（二）主要趋势

2018 年海洋文化研究呈现新领域新趋势新视野。

2018 年正式出版的《中国海洋生态文化》，始撰于 2015 年，历经数载编撰而成，集成了众多学者智慧。该著作通过中国海洋生态文化概述、中国海洋生态文化的传统智慧等内容，阐述了中国海洋生态文化的历史渊源、概念发展与丰富内容，介绍了中国人与海洋互动共生的历史脉络，遵循“天人合一”朝天面海的思想智慧，也郑重提出中国海洋生态文化遭遇的现实挑战，如海洋生态环境持续恶化、海水污染日趋加重、海洋生物种类与数量遭受破坏等。这本著作对提升中华民族“蓝色国土”意识、海洋生态文化自觉具有重要理论意义和现实意义，且为今后理论发展与创新提供了一个新的着眼点。[①] 有学者同步跟进，提出海洋生态文化的本质是关注人与海洋的

① 江泽慧、王宏：《中国海洋生态文化》（上、下卷），人民出版社，2018。

协同发展，是海洋生态文明的核心内容。海洋生态文化遗产以物质和非物质形态蕴藏着人类的海洋生态文化智慧。对其有效保护和传承，有助于延续传统海洋生态生活方式，推动海洋生态文明建设。对此，海洋生态文化原生地应健全政策法规和配套机制，建立科学评价机制，完善系统保护管理制度，逐步实现创新式发展。①

“一带一路”倡议再次掀起海上丝绸之路研究热潮。2018 年，由王日根总编的海上丝绸之路研究丛书陆续出版。该丛书涵盖海洋贸易、航运贸易、港口区域经济、海洋区域社会人群与经济互动等专题和前沿研究，体现了编著者试图改变“详变略渐”、后代王朝贬抑前朝等窠臼的意指，更多写和平的历史、“各美其美，美人之美”的历史，为构建人类命运共同体、满足人们对美好生活的向往的追求。这为海上丝绸之路研究引入了新视角，也必然注入新理解和新内容。由此必将导入海上丝绸之路研究的新境界，引发更多后续研究。

海洋文化动力机制的研究初现端倪。张尔升等在研究海洋文化扩展与中国崛起的关系中提出：改革开放提高了海洋文化地位并使海洋文化迅速扩展；海洋文化的扩展重塑了中国社会话语体系并催生新的公共政策话语；这进而催生新制度促进了经济增长。因此，研究认为中国崛起是海洋文化扩展的结果。文章建议：加强中国特色海洋文化建设，推动中国经济增长；弘扬和培育海洋文化精神，提高海洋文化凝聚力和激励功能，大力发展海洋文化产业；推进海洋文化创新，提高中国海洋文化传播能力。② 海洋文化尽管是一种“软存在”，却可以通过意识和思维模式左右社会行动，因而影响着总体社会目标达成。因此，当海洋文化反作用于社会发展时，会表现为一种动力机制。对这一问题的探讨，或许会激发对海洋文化动力学的兴趣和学科构建。

部分学者对《西洋记》的深入剖析，或可引发海洋文化进入由点带面

① 王苧萱、李震：《我国海洋生态文化遗产的保护与传承》，《生态经济》2018 年第 4 期。

② 张尔升、明旭、徐华：《海洋文化扩展与中国崛起》，《上海财经大学学报》2018 年第 3 期。

的深耕研究，或者说为海洋文化研究构建了一种研究范式。2018 年 5 月 4 日至 7 日，由浙江师范大学、上海海事大学、德国慕尼黑大学和《明清小说月刊》杂志社在浙江金华共同主办“《西洋记》与海洋文化国际学术研讨会”，来自中国浙江、上海、江苏、北京、福建和德国、俄罗斯等地学者 20 多人出席，并围绕《西洋记》展开广泛深入研讨。本次会议显示历经近十年努力，围绕《西洋记》由点到面展开的国际性海洋文学、海洋历史、海洋文化研究方兴未艾，促进着东西文化的交流、互动、借鉴与融合。《西洋记》研究如今已超越文学和历史视域，进入多元化研究视角。①

曾有不少学者认为中国没有海洋文学，张磊的研究表明中国明清之际与同期英美国家文学艺术均发展飞速，而海洋文学构成当时一道不容忽视的风景。不仅海洋文学作品内容比较丰富，表现形式较为多元化，而且对社会现状有各种思考。这一时期中国与英美国家海洋文学均发展到成熟阶段，然而由于文化传统不同彼此又存在一定差异性。② 万静对明清广东诗人屈大均的海洋诗歌研究再次为此提供了佐证。发现屈大均现存诗作 6000 多首，其中有 100 多首为“海上丝绸之路诗歌”。这些诗歌描绘了海上风光、海岛风情；描写因国家政策而引起的海上图景变化及海外舶来品；描写海道、海上丝路与陆上丝路的对接通道、海舶等；记录中外海客悲欢离合的漂泊故事等。从中反映屈大均重视海权与海防、推广中华文化于四海的民族自信、开放灵活重商务实的海洋文化气质。③ 海洋文学是海洋文化创新发展的载体。足可预见，海洋文学不仅会成为文学研究的深耕话题，而且会促进海洋文学作品的创作与发行。

海洋考古研究方兴未艾。通过海洋考古不仅可以丰富海洋文化成果，甚至有颠覆传统海洋文化认知的突破性发现。众所周知，陶瓷是海上丝绸之路

---

① 时平：《〈西洋记〉与海洋文化国际学术研讨会述评》，《海交史研究》2018 年第 2 期。

② 张磊：《明清时期中国与英美海洋文学作品对比研究》，《淮海工学院学报》（人文社会科学版）2018 年第 3 期。

③ 万静：《屈大均海上丝绸之路诗歌及其文化精神》，《五邑大学学报》（社会科学版）2018 年第 2 期。

的重要商品。20 世纪迄今发现于东亚海底的众多沉船，从中打捞出大量宋元时期的陶瓷，为探究港口兴衰、航线变迁及陶瓷贸易变迁提供了重要实证。13～14 世纪，中国生产陶瓷的技术更加成熟，出产品类更加多样化，促进了外销陶瓷生产规模的扩大和繁荣。中国东南地区的青瓷、青白瓷和黑釉、绿釉陶瓷器等产业逐渐形成外销专供生产体系，并通过庆元、泉州、广州等港口远销海外甚至非洲东部等地。陶瓷成为全球贸易最重要的商品之一，迎来又一个外销高潮。①

有关陆海关系的争论和研究依然会继续。郭展义的研究为“坚持陆海统筹”提供新的理论注脚。他认为海洋文化是依托大陆文化而创造出来的成果，并将以回归大陆文化的方式获得新发展。只有大陆文化强大才能为海洋文化国际地位提供有力支撑。21 世纪，中国要从陆海整体文化关系视角，巩固海洋文化物质实力，建构中国海洋话语权知识体系，以期建立共赢共享、和平公正的国际海洋合作关系与新秩序。②

建设海洋强国，无疑需要虔诚地向历史和世界学习。为此，华中科技大学出版社于 2018 年 8 月适时推出《海洋帝国：葡萄牙——开创海权霸主的先河（1415～1583）》（宋毅），《海洋帝国：荷兰——海上马车夫的海权兴亡（1568～1814）》（宋毅），《海洋帝国：西班牙——海上霸权成就的第一日不落帝国》（赵恺），《海洋帝国：英国——第二日不落帝国的海权盛衰（1588～1940）》（赵恺），《海洋帝国：美国——海洋霸权孕育的世界霸主（1775～2015）》（李楠）。这套丛书集中呈现了葡萄牙、西班牙、荷兰、英国和美国先后崛起为海洋强国的发展历程。对海洋强国的介绍和研究，将会是一个持续的浓厚兴趣点。

海洋教育是海洋文化传承发展的着力点。在建设海洋强国、发展海洋经济之际，沿海高校尤其涉海高校的大学语文课应提升海洋意识、推广海洋文化教育，丰富以海洋文化为主线，与人文教育紧密融合的教学资源，建立以

---

① 魏峻：《13～14 世纪亚洲东部的海洋陶瓷贸易》，《文博学刊》2018 年第 2 期。

② 郭展义：《海洋文化再认识及中国新海洋文化发展路径选择》，《海南热带海洋学院学报》2018 年第 4 期。

海洋文化为特色的大学语文课程体系。[①] 发展海洋文化离不开海洋文化教育。尽管经过多年努力，国民海洋意识大为提升，然而与“加快建设海洋强国”要求还有很大距离。如对滨海城市湛江市民的海洋文化认知度调查发现，市民关于湛江海洋文化知识了解甚少，对海洋节庆的参与意识不高，因此在宣传教育上仍存在很大发展空间。[②] 湛江如此，内陆城市状况更不容乐观。只有重视海洋文化教育，人人参与海洋文化发展，中国海洋文化才能源远流长。对此，要完善海洋文化教育体系，建立健全海洋文化教育长效机制，构建海洋文化教育网络平台，充分利用海洋文化教育资源。[③] 这一研究方向今后无疑会成为众多学者的首选并矢志不渝。

二　海洋文化研究主要特点

海洋文化的概念范畴富有弹性，对其研究对象和内容边界的认识因人而异，而且即便资深海洋文化学者对其边界的把握也存在很大弹性，随着时代的发展变化而发展变化。这种不确定性不仅未能阻碍海洋文化研究的脚步，反而大大促进了海洋文化研究与其他学科之间的交叉融合，为其发展提供了更多自由度和创新活力。

（一）热点持续走热

2018 年海洋文化研究热点依然明显，突出表现在对“一带一路”“海上丝绸之路”的关注和研究。不仅有宏观政策方面高屋建瓴的卓论，立足战略层面对“一带一路”“海上丝绸之路”的分析和阐释，而且有结合地方经济、区域发展和行业转型开展的因地制宜的具体个案研究。然而，井喷式的研究热潮也衍生一系列问题。即研究文献量虽然蔚为壮观，但不少文献应景

① 沈庆会：《海洋文化融入大学语文课程建设及教学实践》，《中国大学教学》2018 年第 3 期。

② 赵文雯：《我国滨海城市市民海洋文化认知度现状调查及提升策略研究——以湛江市为例》，《东南传播》2018 年第 11 期。

③ 瞿群臻、柳青：《中国海洋文化教育研究》，《物流工程与管理》2018 年第 5 期。

味较浓，泛泛而谈，只是换种方式和话语重复“一带一路”倡议的意义；有的甚至有搭便车嫌疑，趁社会各界对“一带一路”“海上丝绸之路”格外关注之际，及时“借题发挥”，主旨依然落脚于本位经济发展，由此反而降低了“一带一路”倡议的立意和格局……然而，量变必然引发质变。随着这一热点的持续走热，势必唤起探究问题本质的理性，从而迎来研究成果质的飞跃。

海洋文化研究将继续在中日韩学术圈聚焦，并以此为基础向外扩散。2018 年 12 月 4 日至 5 日，由广东海洋大学承办，以“海洋文化的共通性”为主题的第六届东亚岛屿与海洋文化论坛举行。来自中国大陆、中国台湾地区、日本和韩国等地多所高校的 40 余位学者出席论坛。与会学者围绕“海洋文化的共通性”主题，从不同视角、不同角度、分学科，跨领域进行充分交流和研讨。东亚岛屿海洋文化论坛（EAIOF）由中日韩学者发起创立于 2012 年，致力于东亚海洋和海岛人类文化与生态环境等议题的交流研讨和学术研究。这一合作机制绝非个案，而是有多个类似存在，只不过这一平台为中日韩涉海高校发起创立，因此在这里借以抛砖引玉。海洋文化既是个理论空间，更是个实践空间。在对海洋文化的探讨中，集结理论和实践优势的海洋高校，无疑会有切肤感知和体认。更重要的是，海洋文化研究正在慢慢辐射和波及，形成更大范围的涟漪，成为学术创新的重要领域。

对海洋文化产业的研究，2018 年后还会热度不减。海洋文化产业是海洋文化的应用与外化，进而促进海洋文化本身的发展。此外，海洋教育研究话题长期以来低温运行，然而令人欣慰的是，宁波大学 2018 年 12 月 23 日举行了海洋教育学科发展研讨会，同时长江教育研究院华东智库（宁波大学）也相应成立。尽管刚刚起步，但该校教师教育学院作为教育专业力量的投入，将对海洋教育的理论研究、学科发展和智库功能建设产生重要影响。

（二）实践自觉凸显

2018 年，海洋文化研究呈现或者导向更多实践面相。对此，主要有三个表现：一是海洋文化的区域特色提炼与应用日益受到重视；二是海洋文化研究由主要服务宏观政策转向问题导向；三是海洋文化研究对象日趋贴近日常生产生活。

2018 年，广西的海洋文化研究及其实践面相令人瞩目。

首先，随着海洋生态意识的觉醒，海洋生态文明示范区建设成为理论与实践热点。广西学者针对北海市海洋生态文明示范区建设，构建了涵盖蓝色经济体系、资源保障体系、生态安全体系、软实力支撑体系四个层次的评估框架，并就完善评估指标提出 6 点建议：（1）考核海洋生态文明体制改革情况；（2）注重海洋环保产业发展态势；（3）考虑生态问题及相应保护工作成效；（4）体现示范区建设的动态过程；（5）关注对外交流及合作情况；（6）重视利益相关群体的意愿和诉求。①

其次，广西学者提出海洋文学应该承担起自己生态叙事的责任，深入探讨海洋资源、海洋主权、海洋贸易、海洋交通、海防安全等现实问题，正视发展中的问题和不足，全方位反映广西北部湾经济区总体发展面貌，展现广西深厚博大的历史人文积淀。②

此外，广西学者还实证研究了广西海洋文化消费情况，发现广西海洋文化消费水平偏低，消费内容较单一，仍以滨海城市游为主；居民消费主要出于社交动机和生理性动机；就个体消费特征而言，社会经济地位是广西海洋文化消费水平的主要影响因素。③

其中，尤为有趣的是海洋文化资源作为脱贫致富的发展要素得到了重视和研究。覃敏良等通过研究，建议地方政府和相关部门应该充分挖掘和利用海洋文化旅游资源，因地制宜、科学精准地发展海洋文化旅游产业，为广西沿海贫困地区创造新的发展机遇，为贫困人口创造新的财富机会，拓宽增收

① 林金兰、赖廷和、陈圆等：《北海市国家级海洋生态文明建设示范区建设评估指标构建探析》，《海洋环境科学》2018 年第 6 期。

② 邓波：《当代广西海洋文学的审美特点及其价值》，《广西社会科学》2018 年第 1 期。

③ 吴正慧：《基于问卷调研的广西海洋文化消费心理与行为分析》，《价值工程》2019 年第 1 期。

渠道、加快区域贫困人口实现脱贫致富。①

这些不同领域的研究，呈现了广西海洋文化的立体面相，并将以其务实性、多样性和创新性有力促进广西海洋文化的发展。

这里尽管着墨广西，并非刻意凸显广西，而是希望大家注意到广西海洋文化研究的崛起，意味着中国海洋文化进入了新格局，不仅覆盖区域和深度有飞跃式发展，而且由点及面反映了中国海洋文化研究日益突破“纸上谈兵”式的理论畅想格局，走进主动融合实践、学以致用的实践自觉。海洋文化有且只有转变为资源禀赋和发展要素，才能为海洋强国建设和“一带一路”倡议提供智力支持和文化滋养。这便是面向实践的意义。

（三）创新活力高涨

2018 年，海洋文化创新活力如繁星点点。象山利用海洋文化资源优势，着力于“鱼拓”等文化创意产业发展。1998 年象山始办“中国开渔节”，2008 年被授予“中国渔文化之乡”称号，2010 年 6 月被文化部批准设立海洋渔文化（象山）生态保护实验区。在多年积累的基础上，象山有可能也有必要致力于挖掘海洋文化资源优势，提升地方文化创意产业的原创性与地方性，利用市场机制提高文化创意产业培育成效，构建“海洋文化节事政策”地理标志，系统提升象山县相关节事文化创意衍生品创意设计能力与市场份额等。②

海洋旅游已是长期热点，2018 年被推向不同新视界。丘萍等对舟山市海洋文化产业与旅游产业融合的意义、适宜度和障碍进行问卷调查，发现海洋文化产业与旅游产业融合的意义主要是带动海洋经济增长、增加就业机会和促进沿海地区发展；海洋农业文化业、海洋公共文艺业、海洋商业演艺业和海洋传媒业与旅游产业的融合适宜度较高；市场是产业融合的主要障碍，

① 覃敏良、马俊勇：《精准扶贫背景下广西海洋文化旅游开发模式探究》，《文化创新比较研究》2018 年第 32 期。

② 张悦、马仁锋、金邑霞等：《海岛县文化创意企业发展特征及提升策略》，《宁波教育学院学报》2018 年第 5 期。

保护和发展的矛盾也是重要障碍。进而建议发展海洋文化旅游产业链、政府和市场联动以及加强海洋生态文明建设。① 海岛旅游产品的发展升级需要文化赋能。张晓霞等指出北港文创村有原生态的环境优势与地理区域优势，抓住国家发展海洋文化创意产业的机会，要充分挖掘整合激活文化特色、风土人情，与旅游产业融合发展，打造一批可休闲、可娱乐、可体验、可回忆的旅游主题村落，努力开发具有当地特色的海洋文化旅游产品，以增加当地村民的经济收入，促进海洋文化创意产业发展。② 贾乐宾等提出，沿海城市海洋文化旅游交互产品设计应体现本地海洋文化特色，提炼海洋文化特色元素，挖掘海洋文化内涵，将海洋文化融入旅游交互产品设计，深入剖析交互设计的形式和方法，突出旅游交互产品的预设能力、科技性、文化性、自然交互性、无缝衔接和轻量化选择等特征。③

海洋文创产品开发方兴未艾。张可然富有新意地阐述了海洋文化的设计理念以及趣味化产品在其系统环境下的互动关系，从而总结提出基于海洋系统环境下的趣味产品设计流程，并以此为基础设计出相应的产品实例。④ 类似研究不一而足。专业设计人员开始对海洋文创产品兴味盎然，体现了业界对海洋文化创造性转化的主体意识，反映了海洋文化研究的一种可喜的新动向。

曾婷的研究颇有新意，也启示了新的可能研究方向。她分析认为海南海洋文化是推动水产养殖业的重要因素，要积极指导水产养殖业人员掌握海南海洋文化，全面发挥海洋文化融合的柔性管理能力。⑤ 实际上，产业发展到高级阶段，只有融合文化元素，才能创造新的市场空间。

---

① 丘萍、张鹏、雅茹塔娜等：《海洋文化产业与旅游产业融合探析》，《海洋开发与管理》2018 年第 4 期。

② 张晓霞、陈顺和：《海洋文化创意背景下旅游产品发展研究——以平潭北港文创村为例》，《安阳师范学院学报》2018 年第 2 期。

③ 贾乐宾、薛孝媛：《蓝色海洋文化下城市旅游智能产品交互设计研究》，《设计》2018 年第 21 期。

④ 张可然：《海洋系统环境下的趣味产品设计研究》，《设计》2018 年第 3 期。

⑤ 曾婷：《海南海洋文化对沿海渔业养殖产业发展的影响研究》，《知识经济》2018 年第 13 期。

叶近近等则以舟山海洋文化为例，从海洋非物质文化遗产的发展与当代大学生的创新创业与发展中，探索新一代大学生的创新创业浪潮对海洋非物质文化遗产的带动作用。[①] 海洋非物质文化遗产越来越受到重视，与当代大学生创业浪潮相结合，既是理论研究的创新点，也是实践层面的创新点。各式各样的创业项目竞相追逐，将激发海洋文化创造性传承和转化的新格局。

三　海洋文化研究趋势建议

2018 年海洋文化研究持续高涨，在继续走热中酝酿着新的生机和发展方向。对此，提出以下发展建议。

（一）着眼理论突破

自曲金良出版《中国海洋文化基础理论研究》（海洋出版社，2014）后，海洋文化理论研究鲜有新的突破。然而，海洋文化的定义、起源、研究对象、研究内容、研究方法等依然存在争议，与历史学、民俗学、社会学、人类学、人文地理学等有待确定相对研究边界。大量理论空白需要探索和突破，如海洋文化学科的独特性是什么，渔文化、航海文化与海洋文化三者之间的关系是什么，中国海洋文化的历史阶段如何划分以及各个时期的特点又是什么，等等。从某种意义上说，《中国海洋文化基础理论研究》犹如一把钥匙，得以让我们深入追问海洋文化的本质与特征等重要理论问题。今后一段时间，就纵向而言，需要迫切回答中华海洋文化的历史脉络、主要特点、思想理论变化与代表人物、区系海洋文化概貌与演变关系，以及海洋文化与其他学科之间的关系。同时，海洋文化产业作为一个新事物，更需要及时跟进理论研究，为其发展提供理论支撑和智慧支持。

---

① 叶近近、王艳娣：《海洋非物质文化遗产与当代大学生的创新创业发展的研究——以舟山海洋文化为例》，《特区经济》2018 年第 5 期。

（二）服务兴海强国

加强海洋文化研究，需要着眼于服务兴海强国。海洋文化对社会认知和社会行动具有潜在影响。因此，加强海洋文化研究，促进海洋文化传承与发展，是建设海洋强国的重要内容。吴玉红等研究认为，我国当前对海洋文化越来越重视，但由于起步比较晚，海洋文化建设相对滞后，因此应该加强海洋文化建设经费投入，多举办海洋文化活动，引导提高公众的海洋意识。①

此外，“一带一路”倡议是建设海洋强国的重要内容。随着“一带一路”倡议稳步推进，亟须面向“一带一路”开展海洋文化方面的对外交流与合作研究。一是通过研究寻找共识，扩大合作基础；二是通过研究化解难题和障碍，助推“一带一路”倡议的顺利实施；三是加强跨文化人才的培养，确保“一带一路”倡议沿着互惠互利、合作共赢的框架可持续发展。对此，可以着眼的研究方向为：海洋文化服务“一带一路”倡议的内生动力研究；跨文化背景下中国海洋文化对外传播内容的提炼与传播路径研究；海洋文化教育政策与模式研究；海洋文化助力“一带一路”品牌建设研究；海洋文化传播与方式方法研究；海洋著作的翻译与出版；海洋文博与海洋节庆会展业的策划设计；古代丝绸之路、古代海上丝绸之路文化遗产的创造性转化应用研究等。

由表 1 可见，海洋遗产、海洋音乐、海洋建筑、海洋文化传播、海防文化、海洋艺术等方面的研究亦有待加强。这些领域相对薄弱，却是海洋文化传承与发展的重要内容。

（三）促进转型发展

中国的海洋文化遗产非常丰富，然而目前除了加强挖掘和梳理之外，迫切需要推进海洋文化资源的创造性转化与应用。刘天一等就感慨，“在众多

① 吴玉红、李诗悦、李振福等：《我国海洋强国建设的“新钻石模型”分析》，《吉林师范大学学报》（人文社会科学版）2018 年第 4 期。

重视海洋文化领域开发公司中，大多忽略了海洋元素招贴画、海洋文化广告等视觉传达系列的设计和研究，都去开发旅游类产品等便于售卖的商品，把海洋文化主题的招贴等作为装饰进行粗略的搭配，严重阻碍了海洋视觉元素设计的发展”。① 这其实道出海洋文化创造性转化方面的共性问题，即存在避难就轻、浮于表面的问题，而忽视富有内涵和质量的原创性开发研究。海洋文化要促进社会转型发展，首先要完成自身的转型发展。

2018 年，海洋文化成就令人瞩目，面向未来依然任重而道远。中国海洋文化悠久而灿烂，却未能很好地转化为海洋文化软实力，而且总体发展水平落后于世界海洋文化整体发展水平。② 海洋文化除了有形存在，更重要的是那种埋藏于内心的无形影响，可以默默地提供内在动力，激励我们向前。这无疑需要加强海洋文化研究，以其成果提升全民海洋意识，催化海洋文化自觉，让海洋文化转化为实现“中国梦”的文化滋养和创造源泉。

参考文献

专著

[1] 江泽慧、王宏：《中国海洋生态文化》（上、下卷），人民出版社，2018。
[2] 贾益民、许培源：《海丝蓝皮书：21 世纪海上丝绸之路研究报告（2017）》，社会科学文献出版社，2018。
[3] 董永华：《蓝海逐梦：海洋文化特色发展的办学新路》，江苏凤凰科学技术出版社，2018。
[4]〔日〕松浦章：《海上丝绸之路与亚洲海域交流（15 世纪末～20 世纪初）》，孔颖编译，大象出版社，2018。
[5]〔美〕玛格丽特·科恩：《小说与海洋（精）》，陈橙、杨春燕，倪敏译，上海译文出版社，2018。
[6] 蓝达居、刘家军、张志培：《梅村调查：东南汉人社区的人类学研究（东南族

① 刘天一、刘刚田、陈晨：《海洋文化元素提炼与应用研究》，《轻工科技》2018 年第 7 期。
② 欧阳焱：《充分展现中国海洋文化的内在价值》，《人民论坛》2018 年第 7 期。

群关系与海洋文化丛书)》,厦门大学出版社,2018。
[7] 海上丝绸之路研究中心:《东海问俗:话说浙江海洋民俗文化》,浙江大学出版社,2018。
[8]〔澳〕雷蒙德·詹姆士·格林:《变迁中的沿海城镇——景观变化的地方认知》,杨德民译,上海译文出版社,2018。
[9] 海上丝绸之路研究中心:《蓝色牧场:话说浙江海洋渔业文化》,浙江大学出版社,2018。
[10] 海上丝绸之路研究中心:《漫歌东海:话说浙江海洋音乐文化》,浙江大学出版社,2018。
[11] 许元森:《“一带一路”下的海洋文化发展》,中国纺织出版社,2018。
[12] 刘芝凤、林江珠、曾晓萍、徐辉:《闽台海洋民俗史》,人民出版社,2018。
[13] 王日根总编“海上丝绸之路研究丛书(全12册)”,厦门大学出版社,2018。

期刊

[1] 王苧萱、李震:《我国海洋生态文化遗产的保护与传承》,《生态经济》2018年第4期。
[2] 张尔升、明旭、徐华:《海洋文化扩展与中国崛起》,《上海财经大学学报》2018年第3期。
[3] 时平:《〈西洋记〉与海洋文化国际学术研讨会述评》,《海交史研究》2018年第2期。
[4] 张磊:《明清时期中国与英美海洋文学作品对比研究》,《淮海工学院学报》(人文社会科学版)2018年第3期。
[5] 万静:《屈大均海上丝绸之路诗歌及其文化精神》,《五邑大学学报》(社会科学版)2018年第2期。
[6] 魏峻:《13~14世纪亚洲东部的海洋陶瓷贸易》,《文博学刊》2018年第2期。
[7] 郭展义:《海洋文化再认识及中国新海洋文化发展路径选择》,《海南热带海洋学院学报》2018年第4期。
[8] 沈庆会:《海洋文化融入大学语文课程建设及教学实践》,《中国大学教学》2018年第3期。
[9] 赵文雯:《我国滨海城市市民海洋文化认知度现状调查及提升策略研究——以湛江市为例》,《东南传播》2018年第11期。
[10] 瞿群臻、柳青:《中国海洋文化教育研究》,《物流工程与管理》2018年第5期。
[11] 林金兰、赖廷和、陈圆等:《北海市国家级海洋生态文明建设示范区建设评估指标构建探析》,《海洋环境科学》2018年第6期。
[12] 邓波:《当代广西海洋文学的审美特点及其价值》,《广西社会科学》2018年

第 1 期。
[13] 吴正慧：《基于问卷调研的广西海洋文化消费心理与行为分析》，《价值工程》2019 年第 1 期。
[14] 覃敏良、马俊勇：《精准扶贫背景下广西海洋文化旅游开发模式探究》，《文化创新比较研究》2018 年第 32 期。
[15] 张悦、马仁锋、金邑霞等：《海岛县文化创意企业发展特征及提升策略》，《宁波教育学院学报》2018 年第 5 期。
[16] 丘萍、张鹏、雅茹塔娜等：《海洋文化产业与旅游产业融合探析》，《海洋开发与管理》2018 年第 4 期。
[17] 张晓霞、陈顺和：《海洋文化创意背景下旅游产品发展研究——以平潭北港文创村为例》，《安阳师范学院学报》2018 年第 2 期。
[18] 贾乐宾、薛孝媛：《蓝色海洋文化下城市旅游智能产品交互设计研究》，《设计》2018 年第 21 期。
[19] 张可然：《海洋系统环境下的趣味产品设计研究》，《设计》2018 年第 3 期。
[20] 曾婷：《海南海洋文化对沿海渔业养殖产业发展的影响研究》，《知识经济》2018 年第 13 期。
[21] 叶近近、王艳娣：《海洋非物质文化遗产与当代大学生的创新创业发展的研究——以舟山海洋文化为例》，《特区经济》2018 年第 5 期。
[22] 吴玉红、李诗悦、李振福等：《我国海洋强国建设的“新钻石模型”分析》，《吉林师范大学学报》（人文社会科学版）2018 年第 4 期。
[23] 刘天一、刘刚田、陈晨：《海洋文化元素提炼与应用研究》，《轻工科技》2018 年第 7 期。

B.3

2019年中国滨海旅游产业发展报告

苏勇军*

摘　要： 海滨地区从早期的“人迹罕至之地”逐步演变成为21世纪令人觊觎的空间，成为“世界第一大旅游目的地”。从统计数据可以看出，2017年滨海旅游发展在我国旅游发展中占有举足轻重的地位，是中国旅游影响世界旅游发展格局的关键因素。但滨海旅游产品结构不合理、滨海旅游资源开发与保护矛盾突出、旅游管理体制不健全、滨海旅游文化缺乏深度挖掘以及自然环境因素对滨海旅游发展等制约因素明显。借鉴国外成熟区域滨海旅游发展经验，提出构建富有特色的滨海高端旅游产品体系、积极促进滨海旅游发展与金融资本的有效对接、加强滨海旅游管理服务改革创新、实现滨海旅游可持续发展等建议。

关键词： 滨海区域　滨海旅游　旅游产品　滨海旅游管理

一　滨海旅游内涵

1. 滨海地区

滨海是对地理空间的定性划分，一般泛指一切陆地上靠近海洋的区域和海洋中靠近陆地的区域。《全国海岸带和海涂资源综合调查简明规程》中规

* 苏勇军，宁波大学副教授，研究领域：海洋旅游、海洋历史文化。

定：一般岸段，自海岸线向陆地延伸 10 千米左右，向海扩展到 10～15 米等深线；河口地区，向陆地到潮区界，向海至淡水舌锋缘。《滨海地区区域水文地质普查规程（试行）》指明，滨海地区包括沿海岛屿，滨海平原、河口三角洲以及沿海地带的山前丘陵台地等①。海洋科学把海岸带定义为海洋和陆地相互作用的地带，即由海洋向陆地的过渡地带。结合滨海旅游发展的实际情况，借鉴相关研究成果②，将滨海地区描述为地球上土地、海洋、空气交接地带的独特地貌类型，是从海岸线延伸到陆地和浅海大陆架（包括近岸岛屿）的不确定宽度的带状区域。

海滨地区从早期的“人迹罕至之地”逐步演变成为 21 世纪令人觊觎的空间。法国学者 Philippe Duhamel 教授和 Philippe Violier 教授称此类空间为“世界第一大旅游目的地”③。大多数人类活动均可在海滨地区进行：居民定居与城市群空间聚集、产业安置、港口建设、贸易流通以及休闲场所修建。定居于海滨地区已演变成为当今的一大流行趋势，海滨地区因此成为吸引最多人流量的空间类型。

2. 滨海旅游

目前对于滨海旅游尚无确切概念。Wong 指出滨海旅游是一系列广泛的活动开展、环境影响和沿海管理的问题总和④。一般认为滨海旅游（coastal tourism）是指以海岸带、海岛及海洋各类自然景观、人文景观为依托的旅游经营、服务活动，包含在海岸、离岸水面上发生的全面的旅游、休闲娱乐活动⑤。池雄标对滨海旅游内涵进行了较为详尽的分析，对我们认识滨海旅游有较大的帮助。他认为：“从范围来说，滨海旅游的概念包括了发生在滨海地带和近海水域的所有与旅游、休闲以及游憩相关的活动。

① 地质局书刊编辑室：《滨海地区区域水文地质普查规程（试行）》，地质出版社，1975。

② 李瑞：《我国滨海旅游发展研究》，科学出版社，2012。

③ Duhamel，P. & Violier，P.，*Tourisme et littoral*：*un enjeu du monde*，Paris，Belin，2009.

④ Wong P. P.，*Coastal tourism development in Sout heast Asia*：*rele2 vance and lessons for coastal zone management*，Ocean & Coastal Management，1998（38）：89－109.

⑤ Hall C. M.、Page S. J.，*The Geography of Tourism and Recreation*：*Environment*，*Place*，*and Space*（*3rd ed.*），London；Abingdon，Oxon；New York，NY：Rout ledge，2006：292.

滨海旅游所涉及的主要要素包括：①滨海旅游设施，如住宿设施（商务或度假酒店、招待所、度假小屋等），餐馆等饮食业设施，游乐设施、景点等。②基础支撑设施，如零售业、码头、各类活动提供者，等等。③滨海旅游活动，如供消遣的航行、滨海和海洋生态旅游、游船、游泳、休闲渔业、潜水探险，等等。滨海旅游广义上应包括海洋旅游。因为后者是以陆地岸线为基础的。海洋旅游有深海捕鱼和风帆游艇等。国外将海洋旅游定义为‘离开常住环境而集中到海洋环境下的一些游憩活动（在此，海洋环境定义为含盐分并且受潮汐影响的水域）’。这一定义补充了生物和游憩的基础，强调了滨海旅游应该包含基于海岸的活动，例如在陆地上观看鲸鱼、在礁石上散步、乘坐游船、参加赛艇会等。更宽泛地讲，滨海旅游的内容应当包括滨海地区的城市建设、商务活动等与旅游活动相关的食、住、行、游、购、娱等诸要素所形成的旅游系统。一般而言，滨海旅游活动在当代生活中，常常是与相邻城市的活动相配的。国际上众多滨海旅游胜地，都是有名的滨海旅游城市。”① 我国统计部门则从产业角度加以界定，如《中国海洋经济统计公报》认为滨海旅游业是指以海岸带、海岛及海洋各种自然景观、人文景观为依托的旅游经营、服务活动，包括沿海地区饭店、宾馆、度假营地、滨海疗养院、旅馆等住宿设施的经营管理活动。

基于以上研究成果，本文将滨海旅游定义为：发生在海岸线延伸到陆地和浅海大陆架（包括近岸岛屿）区域的有关旅游活动的一切社会关系和现象的总和。从旅游主体看，滨海旅游包含游客到滨海地区所进行的各项旅游活动，包括观光、购物、疗养、休闲、度假等；旅游企业和政府利用滨海旅游资源提供的各项旅游产品，包括旅游商务节事、娱乐、住宿、餐饮等；当地居民围绕旅游开展的各种社会生产活动，包括休闲渔家、特色主题体验、滨海住宿（民宿）等。从旅游客体看，滨海旅游包含依托滨海旅游资源发生在滨海地区不同空间的旅游活动内容、形式和主题，包括海岛旅游、邮轮旅游、港口旅游、海洋文化游、滨海生态旅游等。

---

① 池雄标：《滨海旅游理论与实践》，中山大学出版社，2004。

二 国际滨海旅游发展概览

21 世纪是海洋经济时代，海洋开发已经成为世界经济新的增长点。滨海旅游作为海洋经济发展的重要组成部分，对于海洋开发、海洋经济的发展有着举足轻重的作用。

据世界旅游业理事会（WTTC）数据显示：2014 年旅游和旅行对 GDP 直接贡献达 23648 亿美元，占 GDP 的比重约为 3.1%；2015 ~ 2025 年预计年均 GDP 贡献额将提高 3.9%，2015 年贡献额达 35932 亿美元，占比 3.3%。2014 年旅游和旅行行业直接提供了 105408000 份就业机会，占全部就业岗位的 3.6%。自 2015 年起，至 2025 年，将年均提高 2.0%，达到 130694000 份就业机会，占总就业的 3.9%①。世界旅游组织（UNWTO）数据显示，2014 年，全球游客人数较上年增长了 4.7%，约为 11 亿人。2014 年，全球游客用于住宿、饮食、娱乐及购物方面的消费达到创纪录水平。其中受益最大的当属欧洲，其收益约占国际旅游业收入的 41%。

滨海旅游是现代旅游最重要构成部分。据世界旅游组织统计数据显示，2007 年，全球滨海旅游业收入占旅游总收入的 1/2，比 10 年前增加了 3 倍，全世界 40 大旅游目的地中有 37 个是沿海国家与地区，这些国家与地区的旅游总收入占全球旅游总收入的 80%。目前最具影响力的世界级目的地主要分布在地中海地区、加勒比海地区、东南亚地区、南太平洋和南亚地区等。

美国海岸线长 22680 千米，东部、西部和东南海滨拥有众多迷人的海滨度假地。美国 2.3 亿人口，每年去海滨旅游者达 1 亿人次以上。美国沿海游船码头有 5000 个，每年的海洋旅游者 9400 万人，滨海旅游创造的就业人数占涉海总就业人数的 74.6%，滨海旅游是海洋经济的支柱产业，也是美国海洋经济增长明显快于全国经济增长的重要原因。滨海旅游是以海岸带自然

① 世界旅游组织：《2015 全球旅游和旅行经济影响权威报告》，http：//www.wtoutiao.com/a/2121709.html，2016 年 3 月 26 日。

景观为基础的综合性海洋产业，是历史悠久的传统旅游方式，也是现代旅游增长最快的领域。美国国家海洋和大气局认为“在所有发生在海岸带或近海海域的活动中，没有一项活动的增长在数量和多样性上能超过海岸休闲旅游活动”。与“海”有关的特色旅游项目开发将成为21世纪休闲旅游发展的一大新热点，同时也预示着21世纪以海洋生态旅游为主题的休闲旅游时代的到来。据统计，近年来沿海及海岛地区接待的旅游者人数以每年高达20%～30%的速度递增。其中，东亚和太平洋沿岸是滨海旅游增长最快的区域①。2014年全球共有约7500万国际游客赴美，同比增长7%（见表1）。旅游业已成为美国最大的服务出口行业，并支持了110万个美国就业岗位。

表1　2014年赴美国际游客人数排名前20位的国家与地区

单位：人

前20位客源市场	人数	同比增长	前20位客源市场	人数	同比增长
加拿大	22975196	-1.8	印度	961790	11.9
墨西哥	17334495	19.2	意大利	934066	11.3
英国	3972655	3.6	哥伦比亚	881219	17.8
日本	3579363	-4.0	西班牙	700084	12.9
巴西	2263865	9.9	阿根廷	684727	-0.2
中华人民共和国(除港澳台)	2188387	21.0	委内瑞拉	615975	-21.8
德国	1968536	2.7	荷兰	615856	4.5
法国	1624604	8.0	瑞典	543336	14.0
韩国	1449538	6.0	瑞士	486506	2.8
澳大利亚	1276124	5.9	中国台湾	413048	7.4

资料来源：美国商务部的统计数据。

三　我国滨海旅游发展现状

中国滨海旅游采取依托沿海城市，突出海洋特色，分区、分片建设的政

① 王芳：《滨海旅游可持续发展研究——以江苏省滨海旅游实证研究为例》，南京大学博士毕业论文，2010。

策。近年来，在沿海开发建设了300多处海洋与海岛旅游娱乐区，兴建了各具特色的旅游娱乐设施，已经形成了环渤海滨海旅游区、长江三角洲滨海旅游区、泛珠江三角洲滨海旅游区等格局①（见表2）。2017年，滨海旅游发展规模持续扩大，海洋旅游新业态潜能进一步释放。滨海旅游业全年实现增加值14636亿元，比上年增长16.5%。

表2　中国三大滨海旅游区旅游市场发展条件比较

滨海旅游区	区域范围	旅游区位条件	旅游业发展状态	区域优势	主要旅游功能	主要客源市场
环渤海滨海旅游区	包括辽宁、河北、天津、山东的17个沿海城市	地处东北亚经济圈的中心地带，是我国北方地区与日本、韩国等东北亚国家开展国际交流与合作的重要门户，对日韩、东北亚游客市场具有很大吸引力	旅游客源市场以国内游客为主，国际客源市场份额相对不足	气候优良、资源丰富、区域紧密度高、客源市场优势明显	滨海观光、休闲度假	日本、韩国等东北亚市场、环渤海地区旅游市场
长江三角洲滨海旅游区	包括江苏、上海、浙江的11个沿海城市	位于我国大陆海岸线的中段，是世界上最具有活力和发展前景的经济区之一，对日韩和东南亚以及港澳台客源市场具有很大吸引力	旅游经济发达、客源市场充足	区域经济优势、对外开放优势、旅游资源优势	滨海观光、滨海生态旅游、都市旅游、海岛旅游	海外游客、长三角旅游客源市场
泛珠江三角洲滨海旅游区等格局	包括福建、广东、广西、海南的26个沿海城市	位于我国南部沿海，毗邻港澳台及东南亚地区，是我国外向依存度最高的区域，因CEPA和中国－东盟10国共建自由贸易区而获取较多发展机遇	入境旅游在沿海地区发展较为显著	地理区位优势、宗教文化多元、民俗特色鲜明	滨海观光、滨海文化旅游、休闲度假、疗养避寒、娱乐购物	港澳台、东南亚与长三角、珠三角以及欧美广阔市场

① 刘佳：《中国滨海旅游功能分区及其空间布局研究》，中国海洋大学博士毕业论文，2010。

2017 年，滨海 54 个城市（实际为 53 个城市，缺少三沙市数据）2017 年接待游客 327783 万人次，约占我国接待游客总人数（513948 万人次）的 63.78%；我国滨海城市旅游收入达 42737 亿元，占我国旅游总收入（53991 亿元）的 79.16%（见表 3）。由此可以看出，滨海旅游发展在我国旅游发展中占有举足轻重的地位，对实现“把旅游业培育成国民经济的战略性支柱产业和人民群众更加满意的现代服务业”目标具有决定性作用，是中国旅游影响世界旅游发展格局的关键因素，能够极大地促进“力争到 2020 年我国旅游规模、质量、效益基本达到世界旅游强国水平”目标的实现。

表 3　2017 年中国滨海旅游城市信息统计一览

滨海旅游城市	旅游总收入（亿元）	国内旅游收入（亿元）	旅游外汇收入（亿美元）	旅游总人次（万人）	国内游客（万人）	入境游客（万人）
大　连	1280.10	—	—	8516.40	8410.00	106.40
丹　东	668.97	—	—	5662.12	—	—
营　口	235.40	—	—	2407.40	2399.60	7.80
盘　锦	219.90	213.20	9978.00	2636.00	2624.60	11.40
锦　州	195.00	187.20	11557.00	2630.30	2620.70	9.60
葫芦岛	187.80	—	—	2245.00	—	—
秦皇岛	658.29	644.05	2.11	5254.15	5223.50	30.65
唐　山	587.30	582.80	0.67	5603.0	5591.30	11.70
沧　州	163.16	162.38	0.12	1832.39	1829.07	3.32
天　津	3545.44	3294.52	37.52	21100.00	—	345.06
青　岛	1640.10	1468.10	10.20	8816.5	8672.10	144.40
滨　州	152.86	138.23	0.17	1696.47	1691.37	5.10
东　营	168.14	148.25	0.58	1701.56	1694.13	7.43
潍　坊	775.90	—	—	6805.5	—	—
烟　台	961.45	870.14	5.85	7157.35	7093.57	63.78
威　海	596.50	553.55	2.73	4311.93	4262.74	49.18
日　照	360.43	—	—	4497.55	—	—
连云港	458.82	454.12	0.70	3386.79	3384.18	2.61
南　通	614.90	606.40	1.26	4247.00	4228.40	18.60
盐　城	320.00	314.71	0.78	2933.00	2926.83	6.17
上　海	4484.81	4025.13	68.10	32718.28	31845.27	873.01
舟　山	806.70	794.80	1.76	5507.20	5472.80	34.40

续表

滨海旅游城市	旅游总收入（亿元）	国内旅游收入（亿元）	旅游外汇收入（亿美元）	旅游总人次（万人）	国内游客（万人）	入境游客（万人）
宁　波	1715.90	1649.10	9.90	11186.9	11000.00	186.90
嘉　兴	1026.09	1010.84	2.26	9214.81	9143.29	71.52
杭　州	3041.34	2802.19	35.43	16286.63	15884.40	402.23
绍　兴	1028.00	1006.47	3.19	9630.13	9541.00	89.13
台　州	1133.34	1109.98	0.68	10275.57	10255.68	19.89
温　州	1150.00	1103.70	6.90	10376.00	10237.00	139.00
厦　门	1168.52	951.09	32.21	7830.52	7444.20	386.32
漳　州	389.75	355.86	5.02	3330.02	3268.94	61.08
宁　德	254.29	252.40	0.26	2653.00	2648.99	4.01
福　州	878.54	777.22	15.01	6737.81	6606.33	131.48
莆　田	266.01	238.29	4.11	2840.66	2795.73	44.93
泉　州	843.81	752.55	13.52	5474.49	5329.23	145.26
深　圳	1485.46	1149.04	49.84	6021.99	4814.98	1207.01
湛　江	421.42	414.16	1.08	4350.43	4305.90	44.53
潮　州	234.76	—	—	1534.60	1462.80	71.80
汕　头	445.34	434.57	1.59	1879.67	1850.57	29.10
揭　阳	292.18	290.90	0.19	1933.82	1928.42	5.40
汕　尾	130.23	127.81	0.36	845.12	839.20	5.92
惠　州	439.28	373.82	9.70	5393.20	2238.94	3154.26
东　莞	488.90	381.17	15.96	4141.85	3738.18	403.67
中　山	287.00	263.17	3.53	1333.52	1267.41	66.11
珠　海	367.70	286.00	12.10	39980.69	3481.23	499.46
江　门	492.53	—	—	2258.95	2029.56	230.39
阳　江	267.61	264.73	0.43	1317.50	1310.48	7.02
茂　名	328.33	326.86	0.22	1096.32	1091.87	4.45
广　州	3614.21	3188.02	63.14	6275.62	5375.14	900.48
钦　州	254.55	252.68	0.28	2571.18	2564.30	6.88
防城港	169.10	164.83	0.63	2034.01	2016.35	17.66
北　海	368.61	364.51	0.61	3054.34	3069.80	14.54
海　口	265.99	261.98	0.59	2427.66	2409.47	18.19
三　亚	406.17	370.35	5.31	1830.97	1761.69	69.28
三　沙	—	—	—	—	—	—

资料来源：据各城市 2017 年国民经济与社会发展统计公报整理而得，其中部分城市依据各地市旅游局相关数据。

海洋节庆对塑造滨海旅游品牌、传播区域文化、树立区域形象、带动沿海经济发展发挥着越来越重要的作用。现代海洋节庆源于传统海洋文化，因历史跨度大、文化特色浓厚等而成为海洋文化展示与发展的重要平台，是我国现代特色文化发展与成熟的典范。根据沿海各省海洋局、海洋与渔业局、文化与旅游部门网站以及实地调查统计，目前我国沿海区域涉海类的节庆数量较为庞大，主要包含物产类、自然景观类、历史文化类、生产经营类、休闲娱乐类等（见表4）。

表4　中国沿海主要海洋节庆内容、特色和影响力概况*

名称	首届开始时间	节庆主要内容和特色	影响力
中国航海日	2005年	多种形式的庆祝、纪念、学术、竞赛、教育、表彰、展览等文化宣传活动	国务院确定的重要节日
中国青岛国际海洋节	1999年	活动内容丰富,涵盖海洋科技、海洋体育、海洋文化、海洋旅游、海洋美食、闭幕式等板块数十项活动	国内唯一以“海洋”命名的节日
金沙滩旅游节	1998年	举办以沙滩、旅游、狂欢为主题的系列活动,如啤酒嘉年华、电影“金凤凰”奖颁奖典礼、广场群众文化演出、音乐节、西海岸婚俗文化艺术节、凤凰岛国际风筝节等	是国内具有较高知名度的旅游休闲节庆活动
即墨田横祭海节	2004年	祭海仪式、喝壮行酒等民俗表演及民俗摄影大赛、香饽饽面塑大赛、民俗研讨等	被列入第二批国家级非物质文化遗产名录
青岛国际帆船周	2009年	由奥帆文化交流、国际帆船赛事、国际帆船论坛、帆船产业、帆船普及、文化体育六大板块、近百项帆船赛事文化活动组成	力争成为亚洲一流,国际知名的高端帆船赛事节庆品牌
舟山国际沙雕节	1999年	沙雕大赛、音乐嘉年华、沙雕夏令营、沙滩体育嘉年华、现场沙雕创作体验	浙江省名品旅游节庆活动和“中国节庆50强”
象山开渔节	1998年	活动主要包括祭海仪式、开船仪式、蓝色海洋保护志愿者行动、妈祖巡安仪式以及中国海洋论坛等	国家旅游局十大民俗节庆活动,被评为“中国节庆50强”,“中国十大品牌节庆”

续表

名称	首届开始时间	节庆主要内容和特色	影响力
宁波国际港口文化节	2008 年	“大港幸运之旅”省内市民主题游、全市中小学生“蓝色梦想”港口文化传承活动、“阿拉的节日”港口文化节走近百姓系列活动	国内首个以港口文化为主题的节庆
宁波海上丝绸之路文化节	2001 年	举行精品陈列、临特展览、学术研讨等丰富多彩的活动	首个以“海上丝绸之路”命名的节庆活动
“三月三，踏沙滩”旅游节	2000 年	耍渔灯、敲渔鼓、跑船灯、抛鱼入网、辣螺姑娘招亲、渔文化美术创作	最有特色的“三月三”活动
中国象山国际海钓节	2007 年	国际海钓邀请赛，海钓交流赛，市民、游客趣味钓鱼，国内鱼拓精品善举拍卖会等	提高渔山国际海钓基地知名度
三亚（国际）海洋文化节	2010 年	海洋文化论坛、海洋产品博览、国际游艇展、海洋旅游推介等活动	促进三亚国际旅游城市建设和海洋产业发展
大连长山群岛国际钓鱼节	1998 年	海钓大奖赛、渔家风情旅游节、渔民节、马祖旅游文化节等	推动打造国际知名海岛旅游度假区品牌和国际知名海钓赛事品牌
中国杯帆船赛	2007 年	深港拉力赛等帆船赛、蓝色盛典·时代骑士勋章授勋仪式、亚洲航海文化发展论坛等	以“中国杯”官方命名的国际大帆船赛事
湄洲妈祖文化旅游节	1994 年	围绕“开幕、开祭、开光、开园、开工、开游、开奖、开播、开谈”九个环节来展开，共安排海峡两岸百团万人游湄洲、妈祖旅游品牌推介大会、两岸妈祖文化恢复交流亲历者恳谈会等活动内容	每年吸引境内外游客超过 100 万人次，海外游客及港澳台同胞人数超过 20 万人次

* 胡春燕：《关于推动我国海洋节庆发展的思考》，《中国海洋大学学报》（社会科学版）2014 年第 6 期。

这些节庆活动成为区域对外宣传和城市营销的一个重要平台和载体，也推动了区域滨海旅游的快速发展，对实现沿海区域文化与旅游融合发展起了很大的推进作用。如连续举办了 21 届的中国（象山）开渔节，让象山海洋文化、海鲜产品、旅游资源的品牌效应不断积聚，全国旅游产业大鳄纷纷抢滩象山，多项百亿元级旅游项目纷纷落户或破土动建。2003 年以来，象山年旅游人次从140万增加到2017年的2200.2万，旅游收入从6亿元增加到240亿元。

四　滨海旅游发展的制约因素

1. 自然环境因素对滨海旅游发展的制约

滨海旅游发展和海洋生态环境息息相关。根据国家海洋局《2017年中国海洋生态环境状况公报》，2017年冬季、春季、夏季和秋季，近岸海域劣于第四类海水水质的海域面积分别占近岸海域的16%、14%、11%和15%，四个季节劣于第四类海水水质的海域累计面积较上年减少3460平方公里。2017年，对110条入海河流实施了监测。其中，在枯水期、丰水期和平水期多年连续监测的55条河流入海断面水质劣于第五类地表水水质标准的比例分别为44%、42%和36%。在监测的371个陆源入海排污口中，工业排污口占29%，市政排污口占43%，排污河占24%，其他类排污口占4%。全年入海排污口达标排放次数占监测总次数的57%，比上年提高2个百分点。119个入海排污口全年各次监测均达标，76个入海排污口全年各次监测均超标。不同类型的入海排污口中，工业类排污口达标排放次数比例为68%，与上年相同。市政和排污河类排污口达标排放次数比率分别为52%和53%，分别比上年提高2个和9个百分点。其他类排污口达标排放次数比率为62%，比上年降低3个百分点。[①] 我国滨海区域环境状况在一定程度上制约了滨海旅游的发展。

同时，随着滨海旅游的持续升温，我国沿海区域海洋生态环境所受影响也日益严重，海水污染、海洋生物物种破坏、海洋资源大量损耗等问题导致生态失衡，海洋生态环境“超载”现象严重，影响了滨海旅游的可持续发展。

2. 滨海旅游产品结构不合理

滨海旅游产品是旅游产品的一种重要类型，它是以海洋及海岸线资源为

① 中国国家海洋局：《2017年中国海洋生态环境状况公报》，2018年3月。

凭借，以旅游设施为依托，向旅游者提供用以满足旅游活动需求的有形实体和无形服务的综合。由于长期以来一直偏重于接待团体观光旅游，尚未形成以观光为主，以文化、体育、教育、娱乐、民俗、探险、度假、会议等为特色的大众旅游与专项旅游相结合的立体型产品格局。

虽然我国滨海旅游资源丰富，但是滨海旅游产品的结构不尽合理，大多产品属于观光类型，以门票经济为支撑，依赖于客流量，产品的开发大多处于初级阶段，其主要表现为①：首先，产品的类型比较单一，缺乏排他性，竞争性弱。我国东部沿海地区的滨海旅游自然资源大同小异，不同省份提供的滨海旅游产品可替代性高，除海南省依托特有的地理优势和气候优势所提供的产品具有相对竞争性外，其他地区特色不明显，产品类型单一、结构简单。浙江已开发的旅游产品基本以观光为主，而休闲度假等深度旅游产品的开发还未形成气候，优势没有得到体现（见表5）。

表5　浙江滨海旅游产品基本情况一览

类型	特色资源	开发主要项目
自然资源	石奇滩美	嵊泗列岛、桃花岛、朱家尖岛、舟山国际沙雕节、松兰山旅游度假区、温州洞头仙叠岩景区、嘉兴平湖九龙山度假区
	钱江涌潮	海宁国际观潮节、萧山国际观潮节、海宁观潮十里文化长廊
	生物王国	南麂列岛海洋生态旅游、五峙山鸟岛、温州瓯江旅游度假区、杭州湾国家湿地公园
	海上日出	温岭石塘千年曙光节、温岭千年曙光公园、东极岛看日出
人文资源	渔乡风情	象山开渔节、宁波象山中国渔村、洞头渔家乐民俗风情节、舟山半岛渔乐园、舟山东海海洋文化城
	国防史迹	镇海口海防历史纪念、洞头海霞军事主题公园、鸦片战争古战场遗址、马岙古文化遗址公园、临海桃渚古城风景区、舟山世界海洋文明旅游区、鸦片战争主题公园
	宗教之旅	普陀山宗教旅游、浙东佛教之旅
	影视之旅	普陀桃花岛影视之旅、象山影视城

资料来源：周国忠：《海洋旅游产品调整优化研究》，《经济地理》2006年第5期（有调整）。

① 郭鲁芳：《海洋旅游产品深度开发研究》，《生态经济》2007年第1期。

其次，滨海旅游高端项目及新型产品发展滞后。高端旅游项目可以从两方面来理解：一是高档次旅游产品，如豪华观光游、商务旅游、滨海高尔夫、海钓、游艇、邮轮等。二是以体验为核心的个性化专项的旅游产品，如探险猎奇、休闲度假、登山等。目前，我国滨海旅游发展仍以传统的“3S”资源为依托，项目特色不鲜明，产品低端化，现代科技高端特色旅游项目的支撑力度不足，新型旅游业态发展缺乏引导，游艇、邮轮、海钓、滨海高尔夫等项目缺乏相关政策和法规支持。再加上人们为了最大限度地利用海洋空间和资源，采取围海养殖、填海造陆等方式扩大海岛，不仅破坏了海岛生态系统，也影响了滨海旅游的环境。

3. 滨海旅游资源开发与保护矛盾突出

资源保护与开发的矛盾是世界各国各地区旅游资源开发过程中普遍存在的问题，但在不同的国家和地区，矛盾的表现形式和产生的原因并不完全一致。就我国滨海旅游产业而言，这种矛盾主要是由三种不同的原因引起的：其一是由于对滨海旅游资源的内涵缺乏深刻理解或者资源保护意识不强，其结果是许多未开发的自然旅游资源和人文旅游资源不仅未能得到及时有效的保护，反而遭到人为的破坏；其二是由于忽视滨海旅游开发规划或不尊重旅游规划，对滨海旅游资源进行盲目开发，对资源开发的生态后效缺乏科学的预见，其结果往往是旅游资源的开发性破坏或破坏性开发；其三是由于片面理解滨海资源保护的内涵，把滨海资源开发与资源保护置于对立地位，其结果是许多属于自然保护区和文物保护单位的优质滨海旅游资源得不到及时有效的开发利用，而资源保护也因缺乏足够的资金来源而变成一句空话。目前，上述三种形式的矛盾在滨海区域都不同程度地存在着，严重影响了滨海旅游持续健康发展。

4. 滨海旅游管理体制不健全

滨海旅游业作为一门综合性极强的产业，涉及一系列相关行业与部门。为了促进滨海旅游业有序合理的发展，世界滨海旅游发达国家都有比较科学的管理体制和监管系统，并注重政府在滨海旅游业发展中扮演的重要角色，强化旅游部门的行业综合管理协调和监督能力。如马尔代夫滨海旅游管理实行了极为严格的审查制度，旅游部门每年进行两次监督检查，对不达标的度假区进行罚款或者关闭，以维护整个海岛地区的信誉和秩序。

在管理实践中，我国沿海区域大都实行的是政府主导型旅游管理体制，省、市、县文化与旅游厅（局）是政府部门专门负责旅游行业的管理机构，是单一的旅游管理主体。这一管理模式在一定时期内促进了滨海旅游的发展。然而伴随着滨海旅游的蓬勃发展、产业融合的加快推进，滨海旅游发展面临着复杂的利益主体，旅游管理主体正在向多元化迈进，这种由省、市、县等各级行政主管部门构成的单一旅游管理主体已难以维持滨海旅游业的健康、可持续发展。又由于海洋归属权、使用权、管理权的多元化，使得在管理体制上难以形成统一、强力、有效的以旅游为主体的主管部门；同时，滨海旅游产业的覆盖面广，在行使职权过程中往往会涉及海洋、渔业、港航、工商、文化、环保等部门的管理权限，这常常使得旅游局在实际的行业管理中，面临着“大产业、小管理”的尴尬现象，如滨海旅游资源及其管理工作涉及林业、土地、农业、地矿、建筑、文物管理、海洋管理等多个部门，难免导致政出多门，条块分割，各自为政，缺乏宏观管理，严重制约滨海旅游业的整体发展。如平阳南麂列岛是集自然保护区、风景旅游区、东海渔区、军事要区为一体的海洋风景旅游区，功能复杂，渔业主管部门、南麂镇政府、风景名胜管理处、南麂岛开发公司等部门都有管理权，管理主体不清①。

5. 滨海旅游文化缺乏深度挖掘

文化是旅游的灵魂，是滨海旅游能够持续稳定发展的源泉。国外游客到巴厘岛度假休闲的主要目的之一就是去领略其浓郁的地方特色文化；墨西哥坎昆大型海滨旅游区则以玛雅文化为中心；而以草裙舞等为代表的土著文化更是成为夏威夷海滨旅游赖以成名的主要吸引物之一。

我国沿海区域文化资源内涵丰厚，形式多样，但是与景区（景点）紧密融合的独具特色的文化品牌项目以及品牌活动不多见。滨海旅游文化在概

① 潘家玮等：《海洋：浙江的未来》，浙江科学技术出版社，2003。

念上已得到普遍认同，但产品开发未形成统一认识，有价值的本土文化还未得到充分开发。如浙江沿海以海天佛国为依托而发展的普陀旅游取得了引人注目的成效，但是就普陀区域丰富的滨海旅游资源而言，还是缺乏整体的开发，文化尤其是宗教文化的开发属于初级层次的开发，巨大的旅游收益得益于信众的朝圣、礼佛，得益于“门票经济”，而对于宗教文化的内涵挖掘力度不够，大部分景区（景点）内容比较单一，配套活动少，导致游客滞留普陀的时间相对较短，旅游的综合收益不高。舟山大陆连岛工程开通，游客停留时间短的问题更加突出。为把普陀区得天独厚的旅游资源优势转化为旅游经济优势，普陀区委、区政府借用张艺谋团队，为普陀打造一个标志性的文化项目《印象普陀》。

五　我国滨海旅游发展对策

1. 构建富有特色的滨海高端旅游产品体系

传统滨海旅游以“3S”，即阳光（Sun）、大海（Sea）和沙滩（Sand）为特色，成为旅游者休闲度假的主要追求。随着参与式、体验化旅游形态的兴起，“3N”，即去大自然（Nature）让自己处于大自然和谐完美的怀恋（Nostalgia）中，从而使自己的精神融入人间天堂（Nirvana），正成为海洋旅游新的热点。与之相对应，旅游产品的高端化已经成为滨海旅游发展的必然趋势。

我们认为，未来几年内，滨海旅游将重点发展以邮轮旅游、游艇旅游、人造海滩、高端度假岛等为代表的四大高端门类，以及慢生活休闲体验、滨海运动休闲、养生养老休闲度假、旅游营地休闲、海钓休闲、人造碧海金沙、旅游演艺、低空旅游、游轮巡游、海洋主题公园休闲的十大产品。以浙江为例，应围绕游客需求以及资源特色，重点建设以下滨海高端旅游产品：充分利用浙江沿海经济发达、工商兴盛、产业集聚、城市繁华的整体优势，开发以商务旅游为核心的城市旅游产品，打造滨海商务会展品牌；充分利用普陀山、天童寺、国清寺等的市场影响力，通过整合周边地区，形成以佛教文化体验旅游为重点的滨海旅游产品，进一步做强做大海天佛国品牌；以滨海和近岸岛屿为基地，深入挖掘海韵渔情特色文化资源，通过整合资源、规范服务，提升渔家乐、休闲渔业产品，形成更具整体影响力的休闲渔乡品牌；开发远岸岛屿避暑度假旅游产品，利用海水清澈的环境条件，建设人工沙滩、高端度假岛，打造碧海金沙品牌；率先开发海洋邮轮和低空旅游产品，打造海面邮轮、游艇旅游和海空旅游的高端品牌；发展多种形式的娱乐产品，积极创建以过去与未来、东方与西方等为线索，能让游客切身体验非现实生活的超大型海洋主题公园，打造海洋娱乐品牌；利用丰富的水产资源和多样的餐饮文化积淀，建设大排档、特色餐厅、主题餐厅、情景餐厅、多功能餐饮城等多种形式的场所与设施，开发多种风格的海鲜食品，打造海鲜美食品牌。

2. 加快滨海区域智慧旅游发展

早在 2015 年 1 月，国家旅游局就印发了《关于促进智慧旅游发展的指导意见》（以下简称《意见》）。《意见》提出，到 2016 年，建设一批智慧旅游景区、智慧旅游企业和智慧旅游城市，建成国家智慧旅游公共服务网络和平台。面对当前越来越大的体量和越来越多的旅游产品，越来越高的需求水准和越来越激烈的市场竞争，要想把旅游产业做大做强，快速健康发展，就必须要依靠现代科技力量，采用低成本、高效率的联合服务模式，用信息与智慧把涉及旅游的各个要素联系起来，实现旅游资源配置信息化，旅游发展模式现代化，旅游服务结果人文化。

为此，第一，加快滨海旅游电子政务和滨海电子商务发展，建立覆盖沿海各地市的旅游信息服务体系。逐步实现交通、民航、出入境、公安、旅游等涉旅数据信息共享。制定出台鼓励滨海旅游企业开展电子商务的优惠政策，加快建设滨海旅游电子商务服务平台，重点培育省内发展势头强劲的在线旅游企业及淘宝旅行等第三方服务平台，努力扩大滨海旅游在线交易的市场规模。第二，积极推进滨海旅游公共信息服务智能化，实现高星级酒店、高等级景区和旅游度假区无线互联网免费全覆盖，建设滨海旅游产业云数据库，基于智能手机的为游客提供在线服务的“滨海旅游 App”。加快建设滨海旅游产业监管体系，重点建设滨海旅游在线咨询投诉系统、高等级景区的游客流量监测系统、旅行团队管理服务系统、旅游安全监管指挥系统和导游服务管理系统。第三，深入推进沿海城市全国智慧旅游城市试点工作，广泛开展智慧景区、智慧旅行社、智慧酒店等智慧旅游企业试点工作。鼓励滨海旅游目的地和旅游企业先行先试、探索经验，用信息科技促进滨海旅游产业的转型升级。

3. 积极促进滨海旅游发展与金融资本的有效对接

金融在现代经济社会发展中的支撑作用日益凸显。充分利用好金融资本推进滨海旅游发展壮大的倍增功能，优化各项资源与要素组合，实现滨海旅游产业和金融的有效对接。

政府层面：建议设立滨海旅游产业投资引导基金，统筹现有与滨海旅游产业相关的政府各类资金，采取奖励、资助、贴息等方法，实行优惠的税收政策，包括税金减免政策、税利返还政策、差别税率政策等。一是制定完善专项资金申请的评定办法与考核制度，完善项目审批、资金管理和监督工作；二是扶持重点滨海旅游产业项目的公共服务平台建设；三是支持重点滨海旅游项目开发，培育产业精品项目与龙头企业。按照市场化的资本运作方式，切实推动民间资本加快进入滨海旅游产业，带动社会资金共同对滨海旅游项目进行股权投资，支持初创期创意中小企业的发展。

金融层面：搭建银企洽谈会或银企论坛等交流平台。一是积极向银行推介滨海旅游重点项目，探索贷款风险补偿机制，加大信贷投入，引导信贷资金向滨海旅游产业倾斜，支持担保机构对中小滨海旅游企业提供融资担保；二是支持滨海旅游企业利用债券、信托等方式拓展新型债权融资渠道；三是鼓励滨海旅游企业通过资本市场上市融资、引进战略投资者和国际创意产业投资、吸纳社会资本等形式，实现投资主体的多元化、社会化；四是加强与国内外金融机构的业务协作和股权合作，加快引进国内外金融机构法人总部、地区总部和结算中心，按市场化原则整合金融资源，探索组建服务滨海旅游发展的金融集团。

4. 实现滨海旅游可持续发展

滨海旅游的快速发展将会对海洋环境带来不利影响。Hall，C. Michael[①]系统研究了滨海旅游发展对太平洋岛屿的环境与生态影响：因为旅游开发和旅游者向生态和地貌敏感的滨海环境的集中趋势，造成了一系列环境问题，如表 6 所示。

表 6　旅游对太平洋岛屿的环境与生态的影响

环境恶化和污染	因为高尔夫项目带来的环境恶化和污染
	因垃圾处理不当带来的污染
对栖息环境和生态系统的破坏	对旅游活动管理不当可能破坏高质量的自然环境
	人类对植物群落和动物群落之中特定物种的无控制的侵犯
	炸药爆破和过度渔猎
滨海和海洋资源的损失	干扰内陆和滨海的自然过程
	大型度假地对地下水的过度开采造成海水侵入和水质的下降，需要补充含水层
	因为旅游开发造成滨海生态系统破坏和毁灭
	滨海区域的土壤流失和清淤
	因旅游基础设施如飞机跑道、码头、港口、停车场和道路等的建设，以及酒店和度假地开发造成的破坏
	对珊瑚的开采造成珊瑚礁和海洋资源的破坏
	旅游活动造成的破坏
	因旅游活动过度或无节制的开发利用导致珊瑚礁、潟湖、红树林、咸水沼泽、湿地的破坏
	因为交通工具和船只往来对沿岸水生生物的干扰
	引入外来物种，空、海形式的岛际交通往来产生了不慎引入外来物种的危险，这对本地的动植物群落破坏性极大
	旅游企业改变了环境的完整性，为狩猎而引入的外来物种将侵害当地的生活方式
	对沙滩—礁岩生态系统的破坏
	对红树林生态系统的破坏
	对滨海雨林生态系统的破坏
	沙滩的消失和海岸的侵蚀
	因为海岸开发和海堤的建设造成沙滩逐渐消失

① Hall，C. Michael，*Trends in ocean and coastal tourism：the end of the last frontier?*，Ocean and Coastal Management，2001（44）：601－618.

续表

滨海污染	污水排放和废水污染
	因为近海度假地建设和度假地排放造成的滨海水污染和淤塞，导致自然栖息环境、珊瑚、鱼类营养层遭到破坏
	海洋和港口污染
	由发动机驱动的交通工具和船只带来的滨海油污染
地表水和地下水用途改变	河流和水源由提供给当地利用转变为提供给度假地使用，造成家庭用水、生产性用水以及农业（尤其是种植芋头）用水的困难

因此，在滨海旅游大发展的背景下，迫切要求对滨海旅游资源的合理开发利用、滨海旅游环境保护与可持续发展等关键性问题进行科学研究，为滨海地区旅游业的健康发展提供保障。根据国际国内滨海旅游发展的实践经验，首先必须端正滨海旅游开发和旅游业发展的指导思想，始终坚持可持续发展理念，在合理利用滨海旅游资源的同时，加强旅游环境治理和保护。其次，持续监控和整治海洋污染，严格控制废水、废渣的入海排放量和浓度；根据旅游市场需求，科学制定滨海旅游资源开发利用规划，合理布局旅游业和临海工业，使陆源排污口避开滨海旅游地；强化海洋环境管理，制定和完善有关海洋地区污染物排放的政策和法规，并切实做好环保的监督和执法工作。再次，大力宣传海洋旅游环保知识，增强公众的滨海旅游环境意识，加强旅游环境的保护和绿化美化，杜绝旅游污染，为滨海旅游业的发展营造良好的外部环境。

5. 加强滨海旅游管理服务改革创新

滨海旅游管理涉及旅游、海洋、环境、经济、建筑、艺术、规划、交通、卫生、公安、消防、通信、保险以及医疗等众多领域与部门，是一项复杂且系统的工程。因此，加强滨海旅游管理服务改革创新是推进滨海旅游有序发展的保证。

加强滨海旅游的组织领导。鉴于滨海旅游的重要性，沿海各省市县旅游行政主管部门内设置专门的处室，加强对滨海旅游发展的管理与服务。加快《滨海旅游发展规划》等相关规划与政策的落实，指导滨海旅游发展的空间布局优化、重大项目建设和配套政策完善。加强滨海旅游的统计分析与态势研究，加大在更加广泛的空间内招商引资与重大项目设置等方面的扶持力度，促进滨海旅游高水平、快速度发展。

加强优秀滨海旅游企业的培育。实施“引进来”和“走出去”的双向开放战略，支持培育一批优秀滨海旅游企业，尽快形成一批实力雄厚、竞争力强的滨海旅游企业。引导骨干旅行社建立网络体系，推进大型旅行社连锁化，中小型旅行社专业化、门市化。大力发展国际连锁酒店和商务型、度假型、会议型、疗养型等特色主题酒店系列，引导酒店业在重点滨海旅游城市集群化发展。

加强滨海旅游公共服务体系的建设。推动滨海旅游咨询服务、旅游信息提示、旅游紧急救援等公共服务，及其滨海旅游集散中心、旅游厕所、标识标牌等服务设施建设，完善城市和景区旅游交通、通信、金融、卫生等相关配套服务，完善“滨海之旅”电子政务网和电子商务网，开发建设滨海旅游资讯网，强化滨海旅游安全和危机管理，加快形成快速便捷的旅游交通、资讯等网络，建立形成覆盖全行业并与相关部门、行业联动的安全预警机制。

加强滨海旅游管理体制的改革创新。结合沿海和海岛各地实际，强调市场化运作、企业化经营、专业化管理，努力形成有利于旅游资源优化配置，有利于资源保护和可持续，有利于开辟投融资渠道，有利于产业互动的科学合理的旅游管理服务体制。加大自然风景旅游资源和文化遗产保护，积极探索海洋旅游景区所有权、经营权、管理权分离，引导景区管理体制和经营投资机制的创新。改革创新行业管理方式，从目前模式化的旅游行业管理向适应旅游行业发展趋势，着眼于海洋旅游产业的引领和业态分类管理的转变上来。①

提高滨海旅游人才队伍建设。应将人才发展放在优先发展的位置，以人才优先发展引领和带动滨海旅游的科学发展，广泛集聚各类旅游人才，大力培育旅游产业人才，全面提升各类人才竞争力，加快构筑区域性、特色性的

① 周世锋：《海洋开发战略研究》，浙江大学出版社，2009，第 91 ~ 92 页。

滨海旅游人才高地，确保滨海旅游发展目标的实现。引进和培育一批滨海旅游领军人才，带动高层次创业创新人才队伍建设，努力推动滨海旅游主导产业高端化、新兴产业规模化、传统产业品牌化。造就培养一支技艺精湛、勤于实践、善于创造，与滨海旅游产业发展相匹配的高技能经营与管理人才队伍。应统筹各支人才队伍建设，通过建立网络化、标准化、智能化的旅游人才服务体系，提高滨海旅游服务的内在素质和智能化服务水平，全面提升旅游接待能力。

专 题 篇

Special Topics

B.4
中国海上丝绸之路考古专题报告

贺云翱 陈思妙 *

摘 要： 本专题报告通过梳理20世纪70年代以来中国海上丝绸之路考古的历史进程、历年重大考古发现以及2018年中国海上丝绸之路考古的主要成果，揭示现代海丝考古的历史背景，从港口遗址、佛教遗址、水下考古、城市遗址等方面展现海丝考古的重要研究成果，以期助力海洋文化交流和海丝考古的研究、保护和利用。

关键词： 海上丝绸之路 海洋考古 海洋文化 海洋遗产 水下考古

---

* 贺云翱，南京大学教授、文化与自然遗产研究所所长，研究领域：三国至宋元考古、区域文化史、文化遗产学；陈思妙，南京大学助理研究员、文化与自然遗产研究所世界遗产部主任，研究领域：世界遗产、文化遗产学。

一 中国海上丝绸之路考古综述

（一）中国海上丝绸之路考古的进程

在我国沿海岸地带和海岛区域，至少从旧石器时代中晚期开始，就生活着我们的先人，到新石器时代早中期，逐渐形成了富有海洋特色的文化类型，表明中华民族也是最早开发海洋的民族之一[①]。进入历史时期之后，中国的海洋文化及海上丝绸之路就持续发展，尽管在不同的王朝有不同的海洋贸易政策，但是政府及民间通过海洋进行跨国交流，应该说秦汉至明清基本没有间断。这些为现代海洋考古提供了深厚的历史背景。

海上丝绸之路考古应该包括沉船、港口港城及贸易品的考古；海洋族群、语言和宗教考古；航海记忆遗产考古研究等几个方面。目前开展较多的是沉船、港口及贸易品的考古。

中国考古界早在20世纪70年代就开展了与海上丝绸之路有关的沉船考古，如1973年8月，考古学者在福建省泉州市东南郊后渚港发现了一艘宋代远洋木帆船，船上出土大量进口于南洋一带的香料[②]。不过，主动的大规模沉船考古工作的开始是在20世纪90年代之后。目前，国家文物局已设立水下考古南海基地（琼海）、北海基地（青岛）、阳江基地、福建基地、宁波基地、武汉基地等。与此同时，我国海洋考古成果也不断涌现，一大批海底沉船如西沙“华光礁Ⅰ号”沉船、广东阳江“南海Ⅰ号”沉船、福建连江定海湾“白石礁Ⅰ号”沉船、平潭五代沉船、莆田“北土龟礁Ⅰ号”沉船、莆田兴化湾“北土龟礁Ⅱ号”沉船、漳州龙海“半洋礁Ⅰ号”沉船、西沙群岛石屿二号沉船、泉州湾宋代海船等得到发掘，附近国家海域出土沉船如韩国新安沉船、印尼“黑石号”沉船等同样与中国海上丝绸之路活动

---

① 谷建祥、贺云翱：《中国新石器时代海洋文化体系中不同文化圈之形成与交融》，《东南文化》1990年第5期。

② 福建省泉州海外交通史博物馆：《泉州湾宋代海船发掘与研究》，海洋出版社，2017。

有关。大量的精美文物和相关考古实物资料从海底沉船上浮出水面，重见天日，让我们看到了从唐代到明清时期，航行于中国渤海、黄海、东海、南海及往来太平洋和印度洋上的古代商船所满载的生产于中国的陶瓷器、金银器、钱币、铜器等，为研究古代跨国的海洋贸易与文化交流提供了鲜活的材料。

港口及贸易品的考古方面，合浦港、徐闻港、广州港、宁波港、泉州港、扬州港等港口开展了持续的考古工作，为证明我国自汉代以来的海上丝绸之路的外销路线提供了重要的实物资料。此外，蓬莱、上海、南京、苏州、南通、连云港、丽水、龙泉、慈溪、福州、莆田、漳州、江门、台山、阳江、湛江、潮州、汕头、三亚等城市开展了长久的海丝考古工作，出土文物数量巨大，形制类别多种多样。其中有贝丘、窑址、墓葬、壁画、岩画、建筑物、瓷器、玉器、陶器、金属制品、钱币、铜镜、佛像等，为充分展现古代海上丝绸之路的文化成就做出了巨大贡献。

此外海岛考古及海港码头、海防设施、海外文物、海神信仰建筑、航标等考古发现也为丰富海上丝绸之路的内涵提供了重要的实物资料，如我国于20 世纪 70 年代已经开始着手南海地区西沙群岛等海域的考古调查。

（二）中国海上丝绸之路考古的主要发现

海上丝绸之路是世界上不同民族与国家及各个海洋文化区域中心的培育、创新、传播、交流的重要通道。同时，海上丝绸之路是海洋文化的集中聚集地，也是一个有着丰富内涵的文化廊道系统。离陆的跨海交往，主要是通过海上船舶的航行，在数以千年的海上丝绸之路发展运动过程中，发生了难以计算的沉船事件，这些沉船构成了现代海洋考古的重要对象，也成为研究海上丝绸之路发生发展的不可缺少的历史证据。中国在海洋沉船考古方面成就卓著。

1. “南海Ⅰ号”沉船

1987 年 8 月，交通部广州救助打捞局在阳江一带的海域发现了一艘满载南宋瓷器的沉船，中国著名考古学家俞伟超先生命名为“南海Ⅰ号”。1989～2004 年，国家文物局先后组织水下考古队对该沉船进行了 8 次调查、勘探。2007 年 12 月，广东省文物考古研究所、交通部广州打捞局等对“南海Ⅰ号”整体打捞出水，并移入广东海上丝绸之路博物馆实施后续考古发掘和保护。考古学者发现，该沉船属南宋早期，距今约 800 多年，船长约 31 米、宽约 10 米、型深约 4 米，系远洋商船。船货主要为瓷器、金属制品和漆木等其他有机类制品。其中瓷器数量巨大，产品主要来自江西景德镇、浙江龙泉、福建德化三大窑系及磁灶窑等，而且是专为外销而制作。该沉船的考古及整体打捞、建馆、室内发掘等过程和技术在中国海洋区域水下考古历史中占有重要地位[①]。

2. “华光礁Ⅰ号”沉船

1996 年，在西沙群岛华光礁附近发现一艘南宋沉船，后被命名为“华光礁Ⅰ号”[②]。该沉船是中国在远洋海域发现的第一艘古代沉船，也是首次发现的有六层船体构件的古船。“华光礁Ⅰ号”出水文物万余件，其中瓷器达 8000 余件，以福建闽清义窑产品为主，还有龙泉窑、景德镇窑、德化窑、磁灶窑、南安窑、松溪窑等的产品。据推测，该船应当是从泉州港出发，行至西沙群岛华光礁附近时，突遇强风大浪，被巨浪整个托起抬入礁盘内，船体碎裂而沉没。

3. “半洋礁Ⅰ号”沉船

2010 年在福建龙海隆教畲族乡东南海域半洋礁的北面发现一艘沉船，后被命名为“半洋礁Ⅰ号”[③]。该船被破坏较严重，仅存一侧船体，船上未发现成堆船货，出水瓷器主要是福建窑口产品，以福清东张窑产品黑釉盏为主，其次为青白釉瓷碗和盘、陶盆、陶壶、铜钱等。根据出土物研究，“半洋礁Ⅰ号”应当是一艘宋末或者元代的沉船。

4. “大练岛Ⅰ号”沉船

2006 年，福建平潭大练岛西部海域发现一艘遭到严重盗捞的沉船，次

① 广东省文物考古研究所：《2011 年“南海Ⅰ号”的考古试掘》，科学出版社，2011。

② 中国国家博物馆水下考古研究中心、海南省文物保护管理办公室：《西沙水下考古 1998 ~ 1999》，科学出版社，2006，第 35 ~ 48 页。

③ 国家文物局水下文化遗产保护中心等：《福建沿海水下考古调查报告》，文物出版社，2017，第 277 ~ 304 页。

年，考古人员对该沉船进行了考古发掘，并将其命名为“大练岛Ⅰ号”沉船①。沉船船体破损严重，首、尾均残，仅存部分船体的底部。目前出水遗物绝大多数为瓷器，包括603件青釉瓷器、3件陶罐、1件陶瓦和1件铁锅。“大练岛Ⅰ号”沉船出水青釉瓷器均为龙泉窑产品，器形主要有大盘、洗、小罐、碗等，装饰方法主要有刻划、模印、贴花等，纹饰主要有水波、卷草、花卉、双鱼、龙纹、松鹤以及仕女等。据推测，“大练岛Ⅰ号”沉船应当是元代中晚期遗存，这艘船原从福州港或温州港出发，向南航行前往东南亚进行贸易，但是未达目的地即在海上沉没。

5.“南澳Ⅰ号”沉船

2007年，在广东汕头南澳海域南澳岛附近发现一艘沉船，后被命名为“南澳Ⅰ号”②。船长约24米、宽约7米，共发现25个隔舱。经过三年的水下发掘，发现各类出水文物约3万件，包括瓷器、陶器、金属器、石器、骨器、漆木器以及近2万枚铜钱。其中，瓷器占绝大多数，以青花瓷器为主，还有一些五彩和青釉瓷器，器形有盘、碗、罐、杯、碟、盒、钵、瓶等。这些瓷器主要来自漳州窑和景德镇窑，以漳州窑为主。

根据出水瓷器的特征，推断“南澳Ⅰ号”应当是明万历（1573～1620）时期的一艘商船，出发港很可能是漳州月港，当时正是漳州窑外销瓷器兴盛之时，也是景德镇窑官搭民烧、民窑技术获得突飞猛进的发展时期。

6.“碗礁Ⅰ号”沉船

2005年，福建平潭屿头乡北侧碗礁附近发现一艘沉船，考古机构随后介入并进行抢救性发掘，该沉船被命名为“碗礁Ⅰ号”。该沉船出水了大量景德镇瓷器，皆为清代康熙早、中期产品，其中大部分都是青花瓷，还有少量青花釉里红、单色釉器和五彩器，器形主要有将军罐、筒瓶、筒花觚、凤

① 中国国家博物馆水下考古研究中心：《福建平潭大练岛元代沉船遗址》，科学出版社，2014。

② 广东省文物考古研究所：《“南澳Ⅰ号”明代沉船2007年调查与试掘》，《文物》2011年第5期；广东省文物考古研究所等：《广东汕头市“南澳Ⅰ号”明代沉船》，《考古》2011年第7期。

尾尊、盖罐、炉、盒、盆、盘、碟、碗、盏、杯、盅、葫芦瓶等，总计17000余件①。

这些瓷器很可能是在景德镇装船之后，从赣东南进入闽江水系，再顺江而下出闽江口。此路线是景德镇瓷器在出海前于国内运输的传统路线。根据其沉没地点——闽江口以南的海路航道上，可知它正向南航行，朝着外洋驶去，目的地有可能是欧洲。

7. 合浦汉墓

海上丝绸之路考古离不开对古代海港城市的考古，而海港城市考古包括港城遗址本身和在港口城市居住人口的墓地考古。

广西合浦是汉代重要的港口城市，至今保存着全国规模最大的古代港城汉墓遗址。合浦汉墓位于今天合浦县城东、南、北三面，现存汉墓封土堆1056座，已经发掘的数百座汉墓中，每座汉墓出土的随葬品从数十件到数百件不等，总计数量逾万。出土的陪葬品价值珍贵，制作工艺精湛、水平高超，主要包括生活用器和各类珍宝玩物，种类繁多，其中不少文物与海上丝绸之路相关。

已考古发掘清理的600多座合浦汉墓②，多数是西汉中叶至东汉时期的墓葬。这说明随着合浦置郡和海上丝绸之路的开通和繁荣，大量人口移居此地。陶制或铜制的熏炉是合浦汉墓常见随葬器物之一，熏炉所用的香料多由海外进口。从西汉后期起，合浦汉墓的随葬品更加丰富，大中型墓葬出土的器物都在100多件（组）以上，其中不乏大量精美珍贵的青铜器、玉器等。且大部分墓葬都有琉璃、水晶、玛瑙、琥珀、黄金等串饰出现，其丰富程度超过广州汉墓。这些都说明合浦汉墓群与汉代海丝的开通和繁荣时间是一致的。

8. 南越文王墓

1983年，位于广州市解放北路的象岗山上南越文王墓被发现并经考古

① 碗礁Ⅰ号水下考古队：《东海平潭碗礁Ⅰ号出水瓷器》，科学出版社，2006。

② 广西壮族自治区文物工作队、合浦县博物馆：《合浦风门岭汉墓2003～2005年发掘报告》，科学出版社，2006，第133～136页。

图1　合浦汉墓出土玻璃杯

发掘。经确认，墓主为中国西汉时期南越国的第二代君主赵眜，史籍多称之为赵胡。赵眜是南越国开国君主赵佗之孙，公元前137年至前122年在位，史称“南越文帝”或“南越文王”。

南越文王墓出土文物达1000多件（套），其中包括产自非洲的象牙、具有强烈波斯风格的圆形银盒、与两河流域焊接工艺相近的金花泡饰和产自东南亚或西亚的乳香，以及腹壁上刻铸有4只战船图纹的铜提筒[①]。

图2　南越文王墓考古发掘现场

① 广州市文物管理委员会：《西汉南越王墓》，文物出版社，1991，第345～348页。

广州古称番禺，在西汉早期为南越国都城，是中国长久以来的重要的海港城市。南越文王墓出土文物是公元前2世纪中国海上丝绸之路的重要实物资料，是研究古代广州作为海上丝绸之路重要城市的实例。

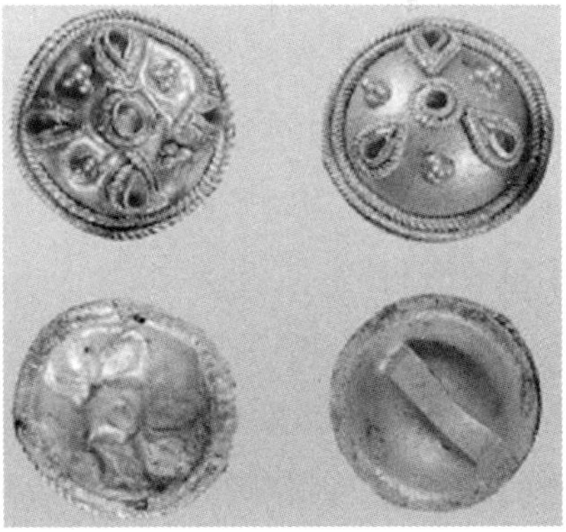

图3　南越文王墓出土具有异域风格的金花泡饰

图4　南越文王墓出土船纹提筒

9. 洪保墓

海上丝绸之路的发展与历代航海家的贡献密不可分，如明代郑和就是世界著名的大航海家。明代都知监太监洪保（1370～约1449年）是郑和下西洋使团的主要领导成员之一。他的墓位于南京市祖堂山南麓。

2010年6月，南京市博物馆考古部对洪保墓进行了发掘。墓葬为竖穴土坑砖室结构，砖室前设墓道和排水沟。墓坑全长9.7米、开口宽4.1米，底部宽3.8米。排水沟开挖于砖室左前方，开口宽1.24米、深3.5米，残长8.5米。洪保墓是除郑和墓之外，与“郑和下西洋”的航海活动直接相关的第二座航海家墓葬遗存。墓中出土的“寿藏铭”直接记录了洪保航海活动所到达的国家和地区，还涉及当时下西洋所用的船舶规模，为研究当时的中外海上交流提供了重要资料①。

10. 龙江船厂遗址

“郑和下西洋”是海上丝绸之路发展进程中的重大事件，影响极其深远。南京是郑和下西洋的决策地、起锚地，也是打造郑和七次航海所乘的巨型航海船舶“宝船”的手工业中心。龙江船厂遗址位于今南京市区西北部江东乡的中保村中，遗址东抵漓江路，南临草场门大街，西距长江约500米，北接定淮门大街，占地面积约13万平方米。

龙江船厂建于明代初年，在明永宣年间曾作为专门的中央官办船厂，和南京宝船厂并称中世纪世界上最大的皇家船厂。明代中晚期随着下西洋事业的中止，船厂逐渐荒废而沦为遗址。现存三条平行排列的古代造船船坞遗址，从北向南分别编号为四作塘、五作塘、六作塘。三条作塘均呈东北—西南走向。其中，四作塘位于现三条作塘中最北处，现长500米，宽为40~45米；五作塘位于现三条作塘中间位置，现长460米，宽为40~45米。

位于最南面的六作塘于2003~2004年经考古揭露。遗迹长421米，横截面呈倒梯形，上口宽41米，下底宽8~14.2米。出土文物绝大部分位于作塘遗迹内，按使用功能不同可分为船用构件、造船使用工具和用具、造船设施构件三大类。船用构件包括各种形状的船板、大小不等的石球；最为重要的是两根长度分别为10.1米和11米的巨型木制舵杆和一只高1.5米的四

① 南京市博物馆、江宁区博物馆：《南京市祖堂山明代洪保墓》，《考古》2012年第5期。

爪铁锚。造船使用工具和用具包括铁制的斧、凿、锯、锉、钻、锥、刀及各式铁钉，木制的锤、桨、夯、刮刀、大量棕绳以及用于填补船缝的油泥沱等；另有推测为明代造船工匠使用的木尺一把。造船设施构件大都是从各种造船遗迹上散落下的各种木桩、木柱和木板；另外，在塘中还出土了水车龙骨残件，这可能是当时放船进出船坞，筑坝抽水必须使用的设备[①]。在一些出土文物上还留有铭文，指示着龙江船厂的官办性质和基本管理制度。

龙江船厂遗址是海上丝绸之路繁荣时期造船技术和造船管理制度的重要物证，也是目前已知古典风帆航行时期规模最大的船厂实物遗存之一，反映着当时大型航海船舶制造的最高技术水平。

图 5　南京明代宝船厂六作塘遗址考古发掘现场

11. 德济门遗址

德济门遗址位于泉州市鲤城区天后路，为泉州古城南城门所在。泉州是宋元时期我国的海港城市，德济门外更是海上进出口货物的集散地，以及阿拉伯、波斯、印度、东南亚等各国商人集中居住的地方，被称为“蕃坊”。

泉州城墙德济门始建于南宋绍定三年（1230），明代洪武初年修缮并增

① 华国荣、祁海宁、路鹏：《南京明代宝船厂遗址六作塘考古发掘纪要》，《江苏地方志》2005 年第 3 期。

图 6　南京明代宝船厂六作塘遗址发现遗迹局部

建月城。德济门遗址于 2001 ~2002 年经过考古发掘。遗址残存的城门建筑平面呈多边形，南北长 36. 50 米，东西宽 49. 10 米，周长 171. 20 米，面积近 2000 平方米。残存建筑由大小不一的花岗岩条石及废旧石建筑构件等构成，由内向外分别为城垣遗迹、内壕沟、古拱桥、德济门城垣、月城（瓮城）城垣、外壕沟等。

德济门遗址内各时期建筑遗存叠压清晰，出土有南宋官办砖厂所制的城砖以及大量宋元时期的宗教石刻，内容丰富。具体包括 12 块伊斯兰教石墓构件、4 块古基督教石刻和 5 方印度教石刻①。据专家推测，这些石刻应该是在元末战乱时被捣毁，明初修筑德济门城垣时被充作基础。

泉州古城德济门遗址是我国海上丝绸之路宋元时期的重要商贸通道遗存，为研究泉州海外商贸发展提供了重要的实物资料，是我国重要的海洋文化遗存。

12. 永丰库遗址

海上丝绸之路所经港城一般都有服务于海上贸易或海上物资运输的大型仓储设施。浙江省宁波市元代永丰库就是其中一处。

① 唐宏杰：《泉州德济门出土宗教石刻浅析》，《海交史研究》2003 年 6 月。

图 7　泉州德济门门道遗迹

图 8　泉州德济门考古遗址

永丰库遗址位于宁波市海曙区鼓楼历史街区，东抵蔡家巷，南临中山西路，西靠鼓楼，北接府桥街，遗址总面积约 9500 平方米。遗址内宋元文化层平均距地表约 1.5 米，重要遗存包括两座大型建筑基址、砖砌雨道、庭院、排水明沟、水井、河道等遗迹[①]。永丰库遗址地处唐宋明州子城遗址东南部，原有河道直通甬江、姚江、奉化江，是大运河河运与海运的枢纽地带。

永丰库建于元代至元十三年（1276），其基础为南宋“常平仓”，明代

① 宁波市文物考古研究所：《永丰库元代仓储遗址发掘报告》，科学出版社，2013。

又沿用更名为"宏济库"。文献与实物证据表明，南宋至明代，永丰库所在一直是宁波地区重要的官方仓储设施，与海运及河运都有关系。根据记载，永丰库的主要职责是收纳断没赃罚物钞和"诸色课程"。永丰库遗址中发现了大量文物，包括越窑、龙泉窑、德化窑器等，另外还发现有唐代波斯釉陶标本。永丰库遗址也出土了刻有元代宁波地方军政机构都元帅府的长官苫思丁名字的残碑。苫思丁在宁波任职期间对市舶贸易和内河漕运都非常重视，致力于保障河海运输安全。

永丰库遗址体现了宁波古城在我国海上丝绸之路上的重要地位，以其完备的仓储设施展现了我国古代活跃的海外贸易活动，是当时我国对外贸易繁荣发达的重要见证。

图 9　宁波永丰库遗址元代房址 F1 与南宋时期台基的叠压关系

图 10　宁波永丰库遗址元代房址 F1 南山墙

图 11　宁波永丰库遗址出土的波斯釉陶残片

图 12　宁波永丰库遗址出土元代龙泉窑青釉莲瓣纹碗

13. 上林湖越窑遗址

越窑是中国青瓷早期的代表窑系，是青瓷烧造技艺发展的重要源头，也是唐宋时期海上丝绸之路贸易瓷器的重要产地。窑场主要分布于浙江省余姚、上虞等古越州境内。

越窑兴起于公元 2 世纪，至 9 ~ 11 世纪达到鼎盛，南宋中期停烧。越窑产品以青瓷为主，晚唐五代时所制“秘色瓷”一度为御用贡器。唐宋时期，越窑青瓷大量行销海外，制瓷技艺传播至朝鲜、日本等地。根据历年的调查与勘测，上林湖区有古窑址近 120 处，可确认东汉、三国时期的窑址 11 处，南朝1处，唐代31处，唐—五代11处，唐—北宋17处，五代7处，五代—北宋27处，北宋10处。[①] 上林湖区西半部的窑址数量和密集程度明显大于东半部，近岸地带瓷片堆积极为丰富，这些出土资料对研究我国唐宋时期的越窑外销问题有重要价值。

图13　上林湖遗址出土唐代越窑青釉执壶

图14　上林湖遗址出土五代越窑青釉套盒

当然，1949年以来，我国海上丝绸之路考古工作还有诸多成就，本文在回顾历史成就方面是择要而述，以不同角度展现中国考古界长期以来对海上丝绸之路考古问题的高度重视及其突出成就。

① 慈溪市文管办：《上林湖越窑遗址》，http：//www. nbwb. net/pd_ wwbh/info. aspx? Id = 865&type = 2。

二 2018年中国海上丝绸之路考古主要收获

1. 黄泗浦遗址

黄泗浦遗址位于张家港市杨舍镇庆安村与塘桥镇滩里村交界处，遗址属平原地带紧邻古长江入海口，地势较为平坦。据《重修常昭合志》记载，东晋时期黄泗浦遗址所在地已发展成市，称“石闼市”。唐宋时期，黄泗浦遗址所在地是长江入海口南岸一个规模较大的贸易港口，主要依托集镇为庆安镇。唐代中后期，苏州的丝绸贸易量仅次于长安，并且苏州丝绸的对外贸易主要是经黄泗浦港出口①。据《唐大和上东征传》记载，这里还是唐代高僧鉴真成功东渡日本的港口②。

黄泗浦遗址考古工作开始于2008年，这里的出土遗物十分丰富，为研究黄泗浦地区的古代历史及海上交流史提供了大量的实物资料。出土的部分玉璧底瓷碗的外侧，尚留存有未经处理过的垫饼，表明这些瓷器从未经过使用，而是从窑厂烧成后直接运输至黄泗浦港口，进而向外出口贸易，充分反映了唐宋时期黄泗浦港口对外交流活动的频繁和贸易繁忙的社会盛况。2018年，黄泗浦遗址发掘面积约1400平方米，初步确定发现了通江入海的唐代古河道，最宽处至45米。出土器物以青瓷片为主，并有少量陶器、石器、文字砖、金银器等。

考古发掘表明，黄泗浦为唐宋时期江南地区的入江主干道，目前发掘的宋代黄泗浦河，河口宽约50余米，河底距河面深达4.5米，具备通行当时最大船只的条件，再现了古黄泗浦“出江大口”的盛况。唐代日本遣唐使也经常往返于黄泗浦港，不仅在此停留海舶，改换河船，先至扬州，进而抵达长安，而且在返回日本时，也经常循原路返回至黄泗浦港，

---

① 苏简亚主编《苏州文化概论》，江苏教育出版社，2010。

② 〔日〕真人元开：《唐大和上东征传校注》，梁明院校注，广陵书社，2010，第99页。

从此乘船入海[①]。从黄泗浦遗址的地望及相关历史文献考证来看，黄泗浦遗址与鉴真第六次成功东渡日本有着密切的关联，鉴真等人在此逗留的时间内极有可能修行于不远的尊胜禅院[②]。

通过考古发掘，黄泗浦遗址作为当时一处重要的港口型集镇，有着明确的功能分区：东区为“东市”，为码头区；中区为老街道区；西区为“西市”，尊胜禅院即位于其内。遗址东区所揭示出的房址、灰坑、水井和古河道，应与港口生产生活设施有关，尤其是四条紧密排列的古河道，均与现在的黄泗浦河垂直相连，为当时重要的货物中转的集散地[③]。在古河道的南北两侧 150 米、东西 100 米范围之内，均发现有大量砖瓦类建筑遗迹。这些丰富的遗迹现象，共同说明了黄泗浦遗址东区为当时集镇内的码头区。遗址西区主要发现了南朝的路与水井、隋代的灰沟以及宋代的砖砌排水沟、墙基等，出土了一批隋唐时期与佛教相关的器物，如青瓷莲花盘、石佛像残背光、鸱尾形器物、刻有佛教用语的文字砖以及莲花纹瓦当等。遗址存在的时间、内涵和性质与文献记载中的尊胜禅院极为相近，推测为尊胜禅院的所在地。

尊胜禅院建于梁代大同二年（536），唐代会昌年间（841～846）被废，唐大中（847～859）初重新修葺。北宋大中祥符元年（1008），被赐名为净居禅院[④]。《海虞别乘》对净居禅院描述为：“寺有瑞石像，铭曰：素台月举，腾光于梵寺；妙趾神行，布武于椒殿。”唐代诗人李湛有诗《游净居院》：“入门松桂深，清气生人心；霞影迷窗绮，花光照地金。微风起层阁，初月升高林；中夜魂自健，满空钟磬音。”[⑤] 可见当时寺院的建筑、规模和

① 〔日〕木宫泰彦：《日中文化交流史》，商务印书馆，1980；《中日交通史》，商务印书馆，1931。“取道南路的可能是到达苏州或明州后，先到扬州，再经楚州到达汴州，此后经过洛阳到达长安。”

② 高伟：《鉴真第六次东渡与黄泗浦遗址》，《中国文化遗产》2013 年第 1 期。

③ 本段引用考古发掘内容均来自南京博物院主持发掘的考古资料。

④ 丁祖荫等撰《重修常昭合志》，常熟市地方志编纂委员会办公室标注，上海社会科学院出版社，2002。

⑤ 《吴郡志》卷三十六《郭外寺》。

环境。鉴真和尚第六次东渡时在黄泗浦逗留二十多天，可能就下榻于尊胜禅院，以便于日常修行起居。

张家港在历史上曾是古代长江的入海口，唐宋元明时期，这里都是海上丝绸之路的参与者与见证者，可以说它是古代海上丝绸之路重要的东方起点之一。张家港境内的黄泗浦港在唐宋时期是海上丝绸之路东海航线上的一个重要海港，它见证了唐代海上丝绸之路东海航线的繁盛以及中日之间政治、经济和文化的密切交流。

图 15　黄泗浦遗址东区 F18 –21 遗迹

图 16　黄泗浦遗址东区唐代仓廒遗迹

图 17　黄泗浦遗址宋代 3 号排水沟

唐代河道出土瓷器

释迦文字砖

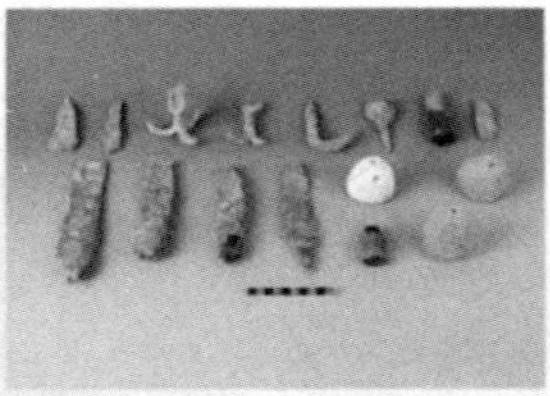

出土铁器、石权

出土壶

图 18　张家港黄泗浦遗址部分出土文物

2. 国清寺遗址

唐宋国清寺遗址，位于南通市如东县城掘港镇江海东路，占地约 15000 平方米，核心区 4000 平方米。南京大学文化与自然遗产研究所所长贺云翱教授于2015年调查认为这处遗址具有重要的海上丝路考古价值，2017年开始组织发掘，截至2018年，共清理出唐朝大殿垫土基址、墙体、石柱础等建筑遗迹17处，出土各类文物标本近千件，有陶瓷器、建筑构件、紫砂陶器、石雕、陶塑佛像、铜钱、茶器、法具等，莲瓣纹瓦当、莲瓣纹柱础、兽面纹瓦当、墙砖等为唐宋遗物，有的瓷器上还能明晰地看到“国清”“东营”的字样。考古发掘情况表明，国清寺遗址共分四个大层，其相对时代由早至晚分别为唐代晚期、宋元时期、明清时期、近现代。国清寺遗址考古发现的最下层的土建筑台基遗迹是始建于1200年前唐代晚期元和年间的如东县国清寺遗存，是中日通过海上丝绸之路进行佛教文化交流的重要见证，是海上丝绸之路东海航线的重要的见证点和遗产点。

日本遣唐使活动是古代中日文化交往及东亚区域文明发展史中的重大事件，对日本文化及文明发展有着革命性的意义。唐开成三年（838），日本高僧圆仁所在的遣唐使团在今如东掘港镇登岸，并在国清寺驻留半个多月，写下了《入唐求法巡礼行记》，这是中日之间经过海上丝绸之路实行文明交流的重要记述。此次唐朝国清寺遗址的发掘，佐证了历史文献的记载，对研究和见证日本遣唐使历史及古代中日文化友好交流史具有重大意义。

图19　国清寺遗址考古现场

图 20　国清寺遗址考古主持者贺云翱教授在介绍有关发现

图 21　国清寺遗址出土唐宋时代瓦当

3. 南海海域深海考古调查

南海海域和南海各岛屿长久以来一直是水下考古工作者关注的重点领域，2018 年国家文物局水下文化遗产保护中心、中国科学院深海科学与工程研究所、海南省博物馆三家机构组织实施了“南海海域深海考古调查项目”。

图 22　国清寺遗址出土古代瓷器标本

其中，南海西沙北礁是南海海域中外交通的重要航路节点，晚唐五代以来的水下遗存在这片海域都有发现。这与魏晋南北朝以来南海航路的转变相互关联，魏晋以来南海航路逐渐从以北部湾为主，转变为绕行海南岛东侧过西沙群岛。此次实验海域选定的区域对于研究南海航路的变迁过程具有重要的学术意义。

此次调查定点采集了宋末元初与清代中晚期这两个阶段的罐、碗、钵等6件器物标本。其中，宋末元初的白釉瓷碗和白釉瓷碗残片属福建德化窑产品，年代处于“华光礁Ⅰ号”和“南海Ⅰ号”南宋沉船之间，是这一时期中国外销瓷中的常见商品，在中国南海海域乃至东南亚一带均有发现。

在实验海域内，调查人员搭乘国产大深度载人潜器“深海勇士”号执行调查任务，同时结合机载超短基线定位系统（USBL）以表格、影像等方式进行考古记录，积累了一大批基础数据与影像资料。

4.“南海Ⅰ号”沉船

2018年，“南海Ⅰ号”考古科研工作继续进行，科研成果丰富。“南海Ⅰ号”及其出水文物为研究中外贸易史、中国古代造船史、陶瓷史、科

图 23　2018 年南海海域深海考古调查队

注：2018 年南海海域深海考古调查队：《2018 年南海海域深海考古调查与思考》，http：//ex. cssn. cn/kgx/kgdt/201808/t20180814_ 4541078. shtml。

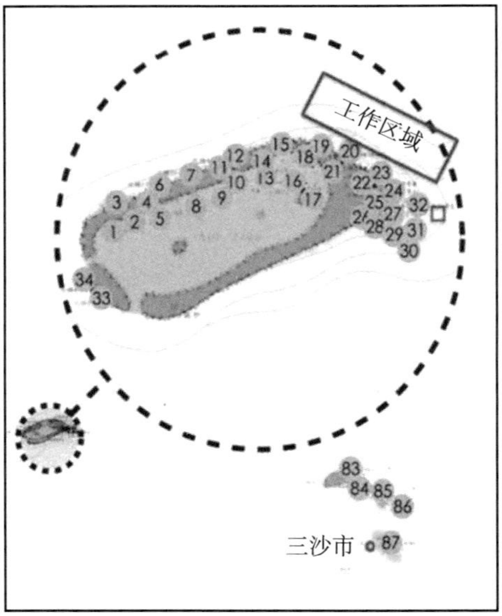

图 24　北礁水下遗存分布与工作区域示意

注：2018 年南海海域深海考古调查队：《2018 年南海海域深海考古调查与思考》，http：//ex. cssn. cn/kgx/kgdt/201808/t20180814_ 4541078. shtml。

图 25　“深海勇士号”载人潜器

注：2018 年南海海域深海考古调查队：《2018 年南海海域深海考古调查与思考》，http：//ex. cssn. cn/kgx/kgdt/201808/t20180814_ 4541078. shtml。

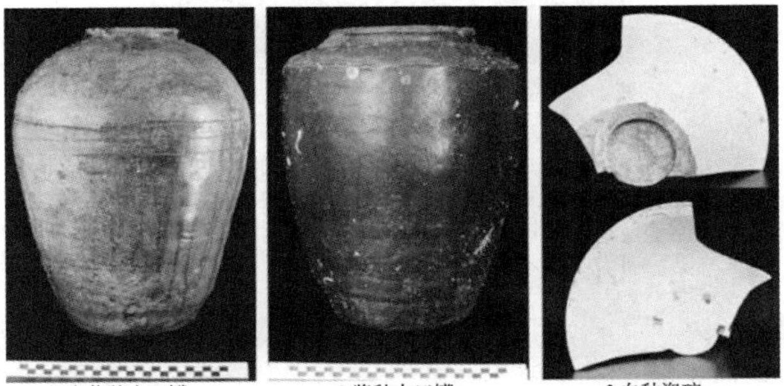

1.青黄釉小口罐（2018BJ:001）　2.酱釉大口罐（2018BJ:002）　3.白釉瓷碗（2018BJ:004）

图 26　南海海域深海考古项目出水文物

注：2018 年南海海域深海考古调查队：《2018 年南海海域深海考古调查与思考》，http：//ex. cssn. cn/kgx/kgdt/201808/t20180814_ 4541078. shtml。

技史、海外交通史等提供了珍贵的实物资料①。

截至目前，已经从沉船中清理出大量的珍贵文物，包括瓷器、铁器、金银器、锡器、漆木器等。从出水文物的摆放情况推测，“南海Ⅰ号”应是一

① 南海Ⅰ号考古队：《“南海Ⅰ号”宋代沉船 2014 年的发掘》，《考古》2016 年第 12 期。

艘远洋贸易商船，贩运的货物主要是瓷器和铁器。根据沉船出土铜钱的年号和瓷器的窑口年代判断，“南海Ⅰ号”沉船应该属于南宋中晚期[①]。相关专家对船体结构的分析，推测“南海Ⅰ号”沉船属于“福船”类型古船。此外，在发掘和清理过程中还发现了人骨、动物骨骼以及植物遗存。

值得注意的是，“南海Ⅰ号”文物保护工作是与考古发掘同步进行的。“南海Ⅰ号”船体存在船木腐蚀降解严重、木材强度降低、船体脆弱、有大量难溶盐等主要问题。考古人员对船体的保护包括船体的监测和喷淋，以使沉船处于稳定状态。出水文物的保护主要是根据文物的不同材质，用脱盐、脱硫的办法使其稳定。[②]

图 27　“南海Ⅰ号”出水文物现场

注：惠阳：《“南海Ⅰ号”发掘成果斐然　海量文物重见天日》，《遗产与保护研究》2016 年第 1 期。

5. 南京石头城遗址

六朝石头城遗址位于南京市城区西部清凉山（古石头山）区域。这里在六朝时期是滨临长江的战略要地，附近临江一面有“石头津”作为重要的渡口和船舶码头，成为“通江达海”的水上交通要地，可以说石头津是南京地区六朝时期远洋航行的重要地点。石头津是海内外船只的停靠重地和长江沿线的航行中心，将海上丝绸之路带来的影响直接通过长江输入内陆，南京由此也成为海上丝绸之路重镇。

---

① 南海Ⅰ号考古队：《“南海Ⅰ号”宋代沉船 2014 年的发掘》，《考古》2016 年第 12 期。

② 杨睿：《中国“南海Ⅰ号”考古与保护》，《中国文物报》2017 年 7 月 7 日。

图 28　“南海Ⅰ号”出水金镯一

注：冯正腾：《“南海Ⅰ号”出水金手镯风格与纹饰赏析》，《文物天地》2018 年第 11 期。

图 29　“南海Ⅰ号”出水金镯二

注：冯正腾：《“南海Ⅰ号”出水金手镯风格与纹饰赏析》，《文物天地》2018 年第 11 期。

南京六朝石头城考古开始于 1998 年。考古工作者在清凉山、盋山、国防园、清凉门等地区开展了大面积的调查勘探，提出真正的六朝石头城遗址应该在鬼脸城段附近的更大范围内①。2016 年 12 月经局部试掘，进一步获

① 贺云翱、邵磊：《南京石头城遗址 1998～1999 年勘探试掘简报》，《东南文化》2012 年第 2 期。

知了东吴至南朝时代的石头城的城垣走向、结构及相关遗迹，为判定六朝石头城遗址的真实所在和初步情况提供了珍贵资料。

2018年石头城遗址考古工作发现了孙吴时期的砖铺路面、东晋至南朝早期夯土城墙及包砖墙、角楼遗迹和南朝晚期的城门遗迹、六朝时期的瓦当、瓷器标本、铭文砖等，此次考古发现是历年来石头城考古中取得的最重要的一次发现，展现了六朝城垣的建筑特征，是石头城在整个六朝时期不断修缮、传承使用的历史见证。迄今已有1800年历史的石头城遗址，是南京六朝都城的重要组成部分，是南京作为中国重要都城的起点，在南京城市发展过程中占有重要地位。

此次发掘区域主要位于清凉山公园东北角的原八角亭处，约600平方米。本次发掘首次发现一座城门，其结构与西安十六国时期的长安城城门类似，整体结构呈排叉柱式，用砖在柱子之间砌墙，据此可推断六朝都城的一些城门或与北方地区结构相同。

此外，遗址还出土了大量城砖、瓦块、青瓷残片。城砖纹饰不一，包括有绳纹、莲花纹、重圈纹、几何纹等纹饰，其中最厚至7.3厘米，最薄为3.2厘米，最宽为25.2厘米，最窄仅10.5厘米，类型丰富。瓦块则多为厚度1.2~1.7厘米的板瓦和厚度1~1.2厘米的筒瓦，以及少量绘有人面纹、兽面纹和莲花纹的瓦当。

出土的青瓷片均为砚、盏、罐、碗、壶等器具的残件，具有东吴至南朝时期的特点。此次发掘还有一块带有“石头”两字的砖块，为证实这座城址就是历史上真正的石头城提供了重要的实物证明。

现发现和保存的石头城遗址是南京市主城区目前唯一一处保存于地表之上的六朝都城及隋代蒋州城、唐朝扬州大都督府城市建筑遗址，对认识六朝都城史和南京城市发展史以及南京地区的长江江岸变迁史等具有重要意义。

6. 太仓樊村泾元代遗址

太仓樊村泾元代遗址①位于苏州市太仓市城厢镇樊泾村小区西、上海西

---

① 苏州市考古研究所、太仓博物馆：《江苏太仓樊村泾元代遗址重大考古收获》，http://www.kaogu.cn/cn/xccz/20171228/60567.html。

图 30　石头城遗址远景

图 31　石头城遗址发掘现场

图 32　石头城遗址东垣

图 33　石头城遗址出土六朝时期文物

路北、致和塘南岸。太仓樊村泾元代遗址于 2016 年 1 月中旬因太仓市樊泾河北延沟通工程施工而发现。2018 年，考古发掘单位苏州市考古研究所、太仓博物馆、南京博物院公布遗址发掘成果，遗址发掘、揭露总面积约 13000 平方米，项目取得重大成果①。

太仓樊村泾元代遗址发现有房址、道路、河道、灶台、水井、灰坑、灰沟、墙基、墓葬、河湾驳岸、瓷片堆积等各类遗迹现象共 430 余处。城内规划整齐划一，以元代道路、河道等为框架，房屋基址密布其间，构成遗址的核心文化遗存迹象，是元代太仓城内机构设施的重要组成部分。

经考古发掘发现，太仓樊村泾元代遗址东西两区房屋有明显不同。东发掘区房屋基址规模较大，筑有大型围墙，墙体厚重，内部建筑分组规划，道路布局规整，且发现大量瓷片堆积迹象，初步推测该区为元代仓储区遗迹。与东区相比，西区房屋建筑基址较为密集，规制小，有一定规划布局，但叠压扰乱较

① 张志清、孙明利：《太仓樊村泾元代遗址 2018 年度考古发掘收获》，《大众考古》2019 年第 1 期。

为严重，此区发现有多处灶台，初步推测应为元代居住生活区遗迹。

此次考古发掘完整瓷器100余件和大量瓷片，可复原器标本达40000余件，烧造自龙泉窑、景德镇窑、磁州窑，以及铁店窑、定窑、东张窑、庄边窑、磁灶窑等窑口。出土的瓷片以元代中晚期龙泉窑青瓷片数量最多，另有少量元代枢府款青白瓷、青花残片以及明清时期青花瓷残片，共计150余吨。可辨识瓷器器形丰富，包括碗、盘、炉、瓶、盏、高足杯、碟、洗、壶、罐、灯、注子、塑像等40余类。

大量器物内底有汉字或八思巴文，特别是龙泉窑青釉“至元四年”碗底的发现，为遗址及遗物断代提供了重要参考，填补了苏南地区元代大型遗址的空白，是江南地区元代考古的重大新发现。

考古发掘出土的瓷器与仓储、河道码头、生活建筑等遗存，是太仓历史上参与海上丝绸之路的重要历史见证，填补了苏南地区元代海外瓷器贸易相关遗存的空白，为证实太仓是元明时期海上丝绸之路的重要港口提供了重要的实物资料。

元、明、清三代，太仓开展了广泛、长期的对外贸易活动，具有通往日本、朝鲜半岛和东南亚、南亚、西亚、东非的众多航线，是海上丝绸之路元、明、清（前期）时期长江口地区的主要港口。尤其是中国古代两大航海活动——海运漕粮、郑和下西洋均以太仓港为始发港和航海基地，其时港内有船只上千、人员数万，造船、仓储、商贸业发达，且均达到了当时中国和世界的最大规模水平。太仓樊村泾元代遗址是海上丝路上的一颗极为耀眼的明珠，是海上丝绸之路的重要组成部分，它与其他海上丝绸之路遗产一起，共同见证了海上丝绸之路的沧桑巨变。

图 34　《郑和航海图》龙江至太仓段

图 35　太仓樊村泾及其桥基

注：张志清、孙明利：《太仓樊村泾元代遗址 2018 年度考古发掘收获》，《大众考古》2019 年第 1 期。

图 36　太仓樊村泾元代遗址出土粉彩盘

注：张志清、孙明利：《太仓樊村泾元代遗址 2018 年度考古发掘收获》，《大众考古》2019 年第 1 期。

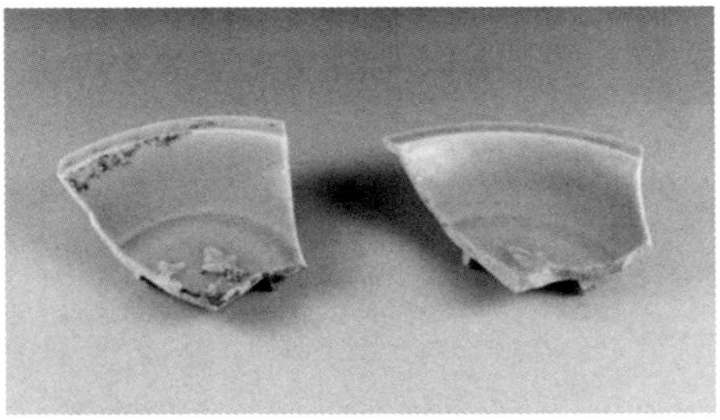

图 37　太仓樊村泾元代遗址出土青瓷双鱼折沿盘

注：张志清、孙明利提供。

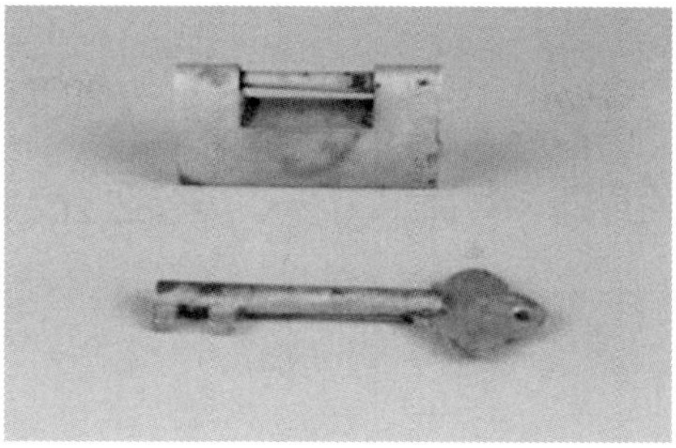

图 38　太仓樊村泾元代遗址出土铜锁及钥匙

注：张志清、孙明利：《太仓樊村泾元代遗址 2018 年度考古发掘收获》，《大众考古》2019 年第 1 期。

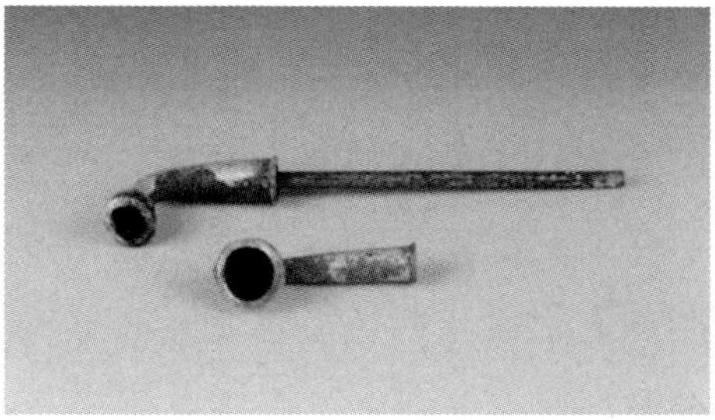

图 39　太仓樊村泾元代遗址出土铜烟锅

注：张志清、孙明利：《太仓樊村泾元代遗址 2018 年度考古发掘收获》，《大众考古》2019 年第 1 期。

B.5
2018年中国海洋史研究专题报告

杨 芹*

摘 要： 三十年来，在全球化、整体史等新史学潮流引领下，中国海洋史研究推进学术创新与学科建设，为中国历史研究注入了新的活力。同时，海洋史研究面向国家发展与时代需要，积极为国家海洋战略与“一带一路”建设出谋献策。2018年，中国海洋史研究不断升温，成果丰硕，呈现蓬勃发展的态势，被列为“中国十大学术热点”之一。接下来，继续大力加强海洋史研究，拓展研究领域，创新理论方法，推进多学科合作，建构具有中国特色的海洋史学体系，也是中国海洋史研究发展的时代要求和历史使命。

关键词： 中国海洋史研究 蓬勃发展 学术热点

一 中国海洋史研究发展简述

海洋史学是基于海洋的视野，对与海洋相关的自然、人文、社会所进行的历史研究，包括海洋自然变迁的历史与人类开发利用海洋的历史，以及海洋社会人文发展的历史三个方面。① 20世纪80年代，中国学界在中西交通

* 杨芹，广东省社会科学院历史与孙中山研究所、广东海洋史研究中心副研究员，研究领域：宋史、海洋史、广东地方史。

① 杨国桢：《海洋世纪与海洋史学》，《东南学术》2004年增刊。

史、经济史、华侨华人史以及历史地理等领域，已经出现不少“涉海”的研究成果。1978 年，中国海外交通史研究会与福建省泉州海外交通史博物馆联合主办《海交史研究》，刊发大批专业文章，基本上反映了中国海交史研究的水平。1983 年以来，台湾中研院人文社科研究中心海洋史专题研究中心每隔两年举办一届中国海洋发展史学术研讨会，汇集了不少高水平力作，连续出版文集十余部。90 年代初，厦门大学杨国桢先生倡导建立海洋社会经济史学科，先后主编了《海洋与中国》《海洋中国与世界》《中国海洋文明专题研究》等丛书，提出“海洋本位”和“科际整合”的研究方向与路径，推动海洋史研究转型。2009 年广东省社会科学院成立广东海洋史研究中心，主办《海洋史研究》集刊，并与《中国社会科学报》及国内外高校合作，将中国海洋史研究推向高潮。

三十年来，中国海洋史研究在全球化、整体史等新史学潮流引领下推进学术创新与学科建设，为中国历史研究注入了新的活力。同时，海洋史研究面向国家发展与时代需要，积极为国家海洋战略与“一带一路”建设出谋献策，发挥史学研究经世致用的社会价值与现实意义。2018 年，海洋史研究被列为“中国十大学术热点”之一。

二　2018年中国海洋史研究述评

（一）专题史研究情况

2018 年，中国海洋史研究方面出版发表的相关中文论著（含学位论文）约 400 篇（部）。专题研究成绩斐然，内容更加细化深入，既有对海洋政策、海外贸易、航海造船、海盗海防等传统领域的考察，也有对海洋环境、海洋文化等新领域的探索。

海洋政策，海洋政策是国家制定规范管理海外国家关系、海上贸易的相关法令、制度、措施，直接体现国家经略海洋的观念、对海洋管控的意志和能力；海洋政策变动、法令制定或废止，又对海洋发展产生深刻影响。中国历代海洋政策及其影响，一直是海洋史研究的核心内容。

海禁、开海、迁海，以及海岛、海域管理等问题，是明清时期海洋政策的重要内容和时代特色。王日根系统阐述明代朝贡体制的重建和海洋政策走向，倭匪问题与海疆管理的强化，月港开禁与漳州社会经济的发展，清代海洋政策调整与江南城镇发展等问题①。刘璐璐梳理晚明东南海洋政策频繁变更的过程②。张柳、潘洪岩从海商利益集团兴起的角度，分析影响明代海禁制度变迁的相关因素③。陈尚胜研究认为隆庆开海这一重大变革有效促进中国市场与世界市场的相互衔接④。朱子彦关注元明时期海运与海禁的博弈⑤。郑宁将视角投向浙江迁海的善后工作及效果⑥。罗诚以顺治十八年温州迁界为例，对迁界过程中涉及的地域空间、人口、土地规模及社会效应等进行了复原和讨论⑦。聂有财结合满汉历史档案，阐明明清政府对珲春南海岛屿长期有效管理的史实⑧。王潞从王朝经略的角度揭示16～18世纪南澳岛的行政建置演变⑨。

关于海洋贸易管理制度的研究，陈支平、戴美玲深入探讨了明代朝贡体系下的“番舶”征税问题，厘清其缘由和演变过程，从一个侧面反映明朝政府在海洋政策上的缓慢变化⑩。本年度也继续有一些围绕市舶司及沿海海

---

① 王日根：《耕海耘波：明清官民走向海洋历程》，厦门大学出版社，2018。

② 刘璐璐：《晚明东南海洋政策频繁变更与海域秩序》，《厦门大学学报》（哲学社会科学版）2018年第4期。

③ 张柳、潘洪岩：《从海商利益集团兴起的角度分析明代海禁制度》，《兰台世界》2018年第2期。

④ 陈尚胜：《隆庆开海：明朝海外贸易政策的重大变革》，《人民论坛》2018年第30期。

⑤ 朱子彦：《元明时期的海运与海禁》，《济南大学学报》（社会科学版）2018年第1期。

⑥ 郑宁：《催科为重：清初浙江迁海的善后作为》，《史学月刊》2018年第2期。

⑦ 罗诚：《清初迁界与移民——以顺治十八年的温州迁界为中心》，《中国社会经济史研究》2018年第2期。

⑧ 聂有财：《〈中俄北京条约〉签订前清政府对珲春南海岛屿的管理》，《云南师范大学学报》（哲学社会科学版）2018年第3期。

⑨ 王潞：《论16～18世纪南澳岛的王朝经略与行政建置演变》，《广东社会科学》2018年第1期。

⑩ 陈支平、戴美玲：《明代“番舶”征税考实》，《中国高校社会科学》2018年第3期。

关等海洋贸易管理机构的研究[①]。

海防史，海防史研究从多视角、多层面探讨历史上不同区域的海防实态。陈支平、赵庆华考察了明代嘉万年间闽粤民间为抵御倭寇海盗而兴起的修筑寨堡现象，分析其长远的社会影响力[②]。何乃恩剖析明代浙江备倭官制与其职能[③]。王宏斌论述两次鸦片战争期间海患之严重及水师巡洋制度恢复面临之困境[④]。吴昊探析清代前期澎湖水师的汛防制度[⑤]。祁磊整理鸦片战争以前清朝水师战船的历次改造和演变[⑥]，章荣玲梳理明清广东沿海所城从修建、使用、废弃、裁撤到并入州县的过程[⑦]，于志嘉则以浙江沿海卫所为例看明代的附籍军户之实态[⑧]。李其霖从海疆史脉络切入，论述金门、澎湖、台湾三个区域的海岸军事防务及区域治安，构筑黑水沟防线[⑨]。高志超、王云英窥探清前中期黄海海防体系调整与建设情况[⑩]、黄顺力分析晚清海塞防之议与台湾海防地位的衍变[⑪]。此外还有关于海防图的探究[⑫]。

---

① 陈少丰：《宋代两浙路市舶司补探》，《国家航海》2018 年第 1 期。彭纯玲、游庆爱、陈媛媛、赵燕虹、叶瑜：《鸦片战争前粤海关统计制度探析》，《海交史研究》2018 年第 1 期。罗亮亮：《清代前期粤海关监察制度特点简析》，《海交史研究》2018 年第 1 期。王军、邹晓玲、陈娉婷：《粤海关赴港澳轮船相关章程释析》，《海交史研究》2018 年第 1 期。金曙：《近代海关保税关栈制度的构筑特点——近代中国海关“共治”模式的又一突出范例》，《海交史研究》2018 年第 1 期。邢思琳：《英国新发现的粤海关中英文船钞执照》，《国家航海》2018 年第 2 期。

② 陈支平、赵庆华：《明代嘉万年间闽粤士大夫的寨堡防倭防盗倡议——以霍韬、林偕春为例》，《史学集刊》2018 年第 6 期。

③ 何乃恩：《明代浙江备倭官制与职能研究》，陕西师范大学博士学位论文，2018。

④ 王宏斌：《论两次鸦片战争期间海患与水师巡洋制度之恢复》，《近代史研究》2018 年第 2 期。

⑤ 吴昊：《清代前期澎湖水师汛防制度探析》，《中国边疆史地研究》2018 年第 1 期。

⑥ 祁磊：《鸦片战争以前清朝水师战船的演变》，《历史档案》2018 年第 1 期。

⑦ 章荣玲：《明清广东沿海所城的功能及演变》，《文博学刊》2018 年第 3 期。

⑧ 于志嘉：《再论明代的附籍军户：以浙江沿海卫所为例》，《明史研究》第 30 期。

⑨ 李其霖：《清代黑水沟的岛链防卫》，淡江大学出版中心，2018。

⑩ 高志超、王云英：《清前中期黄海海防述论》，《中国边疆史地研究》2018 年第 3 期。

⑪ 黄顺力：《晚清海塞防之议与台湾海防地位的衍变》，《厦门大学学报》（哲学社会科学版）2018 年第 4 期。

⑫ 李新贵：《明万里海防图之全海系探研》，《史学史研究》2018 年第 1 期。何沛东：《清代方志舆图的海防描绘——以〈嘉兴府志·海防图〉为例》，《海洋史研究》第十二辑，社会科学文献出版社，2018。贾富强：《〈海防一览图〉》注记疑误摭拾》，《国家航海》2018 年第 1 期。

海洋疆域和海洋权益，海洋疆域和海洋权益研究与国家海洋维权关系密切。从民国时期至今，学界一直重视南海主权研究，科学阐释南海历史发展的过程，体现出海洋史研究关注现实的情怀。① 本年度学界继续开展南海主权问题研究②。李金明明确指出，中国是西沙、南沙群岛的最先发现者和开发者③。刘永连、卢玉敏以日本政府档案为基础，探讨日本势力渗透西沙群岛④，赵德旺以日本亚洲资料中心（JACAR）史料专门考察何瑞年事件⑤，王静以“西沙事件”为中心，透视20世纪初国人对西沙群岛的主权认知及捍卫⑥，此外郭渊、任雯婧等考察了20世纪20年代初孙中山和南方政府与西沙岛务开发之关系⑦，20世纪初法国西沙群岛政策的演变⑧，共同建构对西沙群岛等南海疆域问题的认识⑨。也有研究者从理论角度思考海权思想⑩和国外海权问题⑪。

---

① 袁航、陈梁芊：《史学视域下的国内南海主权问题研究综述》，《民国研究》2018年第1期。

② 王胜：《〈南海诸岛位置图〉中“南海断续线”的内涵——基于时任方域司司长傅角今论述的考察》，《中国边疆史地研究》2018年第2期。丁铎，林杞：《日韩两国发行的部分地图中涉南海诸岛标注情况述评》，《边界与海洋研究》2018年第3期。

③ 李金明：《中国是西沙、南沙群岛的最先发现者与开发者——评黎蜗藤〈被扭曲的南海史：20世纪前的南中国海〉》，《云南社会科学》2018年第4期。

④ 刘永连、卢玉敏：《从日本史料看近代日本势力对西沙群岛的渗透——以1921～1926年何瑞年案为中心》，《中国边疆史地研究》2018年第1期。

⑤ 赵德旺：《论民国时期“何瑞年出卖西沙群岛权益案”经纬——以日本亚洲资料中心（JACAR）史料为据》，《南海学刊》2018年第2期。

⑥ 王静：《20世纪初国人对西沙群岛的主权认知及捍卫——以“西沙事件”为考察中心》，《边界与海洋研究》2018年第1期。

⑦ 郭渊：《20世纪20年代初孙中山与西沙岛务开发关系之考量——兼论英国对日本在西沙存在的关注及研判》，《社会科学》2018年第5期。

⑧ 任雯婧：《20世纪初法国西沙群岛政策的演变——基于法国外交部20世纪30年代西沙群岛档案的考察》，《海南大学学报》（人文社会科学版）2018年第6期。

⑨ 谷名飞：《再谈“嘉隆皇帝插旗”说的真实性——基于法国档案的研究》，《南京大学学报》（哲学·人文科学·社会科学）2018年第2期。杜雪磊：《近代报刊中的战后国民政府接收西沙群岛事件》，曲阜师范大学硕士学位论文，2018。

⑩ 赵书刚：《姚锡光对清末海权的深度诠释》，《郑州大学学报》（哲学社会科学版）2018年第5期。

⑪ 张光政：《俄罗斯、乌克兰海洋争端问题的历史与现状》，《南海学刊》2018年第2期。师小芹：《海权战略思想寻迹》，《史学月刊》2018年第2期。

南海诸岛地名是长年在南海从事渔业活动的渔民用方言命名的，世代口耳相传，记录于《更路簿》上。《更路簿》蕴含了大量南海诸岛历史文化信息，具有重要的史料价值。刘南威、张争胜主编《〈更路簿〉与海南渔民地名论稿》，运用数理统计等定量方法分析《更路簿》的版本传承关系，利用 GIS 软件建构诸岛地名数据库并绘制渔民航线图，探究《更路簿》和诸岛地名的形成与演变机制，将汇集与精校的 20 个版本的《更路簿》与论著一并出版，是《更路簿》和土地名研究的最新成果[①]。吴清雄等对南海更路簿进行了一次全面性的科普解读[②]。有学者对《更路簿》中“更”之含义做出新的解读[③]。阎根齐理清了海南渔民称西沙为“东海”、称南沙为“北海”的来历[④]。

海洋贸易，海洋贸易是海洋史研究的重头，主要体现在以海洋为纽带的中国对外贸易关系及对外交往的发展进程与演进趋势的研究，尤其集中在海商与商会组织、贸易商品与海港城市，商贸网络等问题上。代表性成果当属蔡鸿生《广州海事录——从市舶时代到洋舶时代》[⑤] 一书。该书收录与广州古代海事直接相关的论文 22 篇，坚持“以人为本”导向，从一系列具体个案的史事考证出发，小题大做，钩沉辑佚，梳理出唐宋至鸦片战争前中国与亚洲（主要是东南亚、南亚、中东）、欧洲（主要是西欧、北欧、俄罗斯）的海上贸易往来及文化交流诸多史事，拓展了学界鲜少涉猎的话题和领域。吴义雄通过 1814 年通事阿耀案的剖析，呈现 19 世纪早期广州口岸的政治、外交和商业实态，以及早期全球化进程对当时重要国际口岸广州产生的影响[⑥]。

陈文源关注澳门开埠过程中活跃于南海的中国海商发挥的重要作用[⑦]。

---

① 刘南威、张争胜主编《〈更路簿〉与海南渔民地名论稿》，海洋出版社，2018。

② 吴清雄等：《更路簿新读》，南方出版社，2018。

③ 李文化、夏代云、吉家凡：《基于数字“更路”的“更”义诠释》，《南海学刊》2018 年第 1 期。逄文昱：《再说〈更路簿〉的“更”——兼与李文化等先生商榷》，《南海学刊》2018 年第 1 期。

④ 阎根齐：《海南渔民称东海、北海的来历辨析》，《云南社会科学》2018 年第 4 期。

⑤ 蔡鸿生：《广州海事录——从市舶时代到洋舶时代》，商务印书馆，2018。

⑥ 吴义雄：《国际战争、商业秩序与“通夷”事件——通事阿耀案的透视》，《史学月刊》2018 年第 3 期。

⑦ 陈文源：《明朝中国海商与澳门开埠》，《中国史研究》2018 年第 2 期。

王日根、陶仁义揭示了明中后期淮安海商在逆境中不断寻觅着海运商机，推进从淮安到辽东的海上商业活动[①]。探明由淮安盐徒、灶丁及早期黄渤海海域海上活动人群征募而来的水兵也兼具海商性质，在东江集团主导毛文龙遭孤立被疑为割据一方时，为其输送粮饷[②]。戴昇考证徽州海商代表人物许栋之相关史实[③]。冷东、罗章鑫从英国剑桥大学图书馆和英国国家档案馆找到“外洋会馆图记”印迹，考实“十三行”之正名[④]。此外，一些学者也关注海商和文化交流与传播的关系[⑤]。

学界一如既往关注茶叶、瓷器、丝绸、绘画等外销商品的历史，以及每一种工艺品的贸易状况及其贸易结构。刘勇、刘章才、魏峻、范金民、林玉茹等分别考察了近代中荷茶叶贸易史、18 世纪中英茶贸易、13～14 世纪亚洲东部的海洋陶瓷贸易、16～19 世纪前期海上丝绸之路的丝绸棉布贸易、19 世纪台湾海产生产与消费等问题[⑥]。

关于海洋贸易网络和海洋贸易圈，陈衍德总结 17 世纪东亚海域贸易新态势的种种表现和特点，提出将海域视为一个整体，纳入世界体系进行考察；将以国家为行为体的研究，与以集团、个体为单元的研究结合起来，发

① 王日根、陶仁义：《明中后期淮安海商的逆境寻机》，《厦门大学学报》（哲学社会科学版）2018 年第 1 期。

② 王日根、陶仁义：《从“盐徒惯海”到“营谋运粮”：明末淮安水兵与东江集团关系探析》，《学术研究》2018 年第 4 期。

③ 戴昇：《许栋里籍考——兼论地域认同与徽州海商群体形成》，《国家航海》2018 年第 2 期。

④ 冷东、罗章鑫：《“外洋会馆图记”之发现暨“十三行”正名考》，《古代文明》2018 年第3 期。

⑤ 李广志：《南宋海商谢国明与中国文化在日本的传播》，《宁波大学学报》（人文科学版）2018 年第6 期。黎思文：《清商龚恪中及其与日人的文艺交流》，《福建师范大学学报》（哲学社会科学版）2018 年第 6 期。

⑥ 刘勇：《近代中荷茶叶贸易史》，中国社会科学出版社，2018；刘章才：《“奇迹般的商品”：18 世纪中英茶贸易述论》，《海洋史研究》第十二辑，社会科学文献出版社，2018；魏峻：《13～14 世纪亚洲东部的海洋陶瓷贸易》，《文博学刊》2018 年第 2 期；范金民：《16～19 世纪前期海上丝绸之路的丝绸棉布贸易》，《江海学刊》2018 年第 5 期；林玉茹：《进口导向：十九世纪台湾海产的生产与消费》，《台湾史研究》第 25 卷第 1 期，2018 年；赵全鹏：《中国古代海洋珍宝消费与朝贡贸易关系》，《南海学刊》2018 年第 1 期。蒋继瑞：《近代早期英格兰海上毛皮贸易研究》，《海交史研究》2018 年第 2 期。张丽玲：《〈红楼梦〉中的舶来织物察考》，广东省社会科学院硕士学位论文，2018。赵莹：《宋日木材流通》，山东大学硕士学位论文，2018。

现以往研究许多被忽视的“客观存在”[①]。

分析不同历史时期、不同地区的海外贸易情况，反映中国以海洋为媒介的对外关系进程。王铿指出东汉、三国时期会稽郡是南方铜镜、瓷器、布帛、纸张等的重要产地，并且有活跃的市场交易[②]。徐桑奕、顾苏宁分析六朝时期南京的海外贸易状况及其影响因素[③]。赖泽冰、汤开建以1608年澳门日本朱印船事件和1610年长崎葡萄牙黑船事件为主，窥探明代澳门与长崎、葡萄牙与日本的商贸往来[④]。刘畅关注近代上海与朝鲜的海上贸易[⑤]。陈思通过17世纪前期台湾海峡中、日、荷三角贸易格局观察早期日荷在台湾的冲突[⑥]，等等[⑦]。

海上交通航路，海上交通航路是海洋航运、国际贸易、海外交流的重要依托。陈少丰考辨宋初南海诸国来华朝贡的路线[⑧]。李晴通过1341年摩洛哥旅行家伊本·白图泰远航中国一事，探讨印度古里—安达曼群岛—苏门答腊—吕宋—泉州（刺桐城）航线[⑨]。王宏斌考订了清代南海各国帆船来往行走的13条海道[⑩]。费晟探究以澳大利亚为代表的近代大洋洲区域与中国建立远洋交通网络的过程[⑪]。冯立军关注中澳海上交流的历史[⑫]。柳若梅重构

① 陈衍德：《17世纪东亚海域贸易的新态势》，《东南亚南亚研究》2018年第2期。

② 王铿：《六朝时期会稽郡的海外贸易——以古代中日之间的一条海上航道为中心》，《中华文史论丛》2018年第2期。

③ 徐桑奕、顾苏宁：《六朝时期南京的海外贸易及其影响因素探析》，《中华文化论坛》2018年第10期。

④ 赖泽冰、汤开建：《明代的澳门与长崎——以1608年澳门日本朱印船事件和1610年长崎葡萄牙黑船事件为例》，《古代文明》2018年第4期。

⑤ 刘畅：《近代上海与朝鲜的海上贸易（1883~1904）》，《史学集刊》2018年第3期。

⑥ 陈思：《从17世纪前期台湾海峡中、日、荷三角贸易格局看早期日荷在台湾的冲突》，《海交史研究》2018年第1期。

⑦ 王卿超：《近代中朝海上贸易中的上海》，山东大学硕士学位论文，2018。

⑧ 陈少丰：《宋初海上贡道考索》，《海交史研究》2018年第2期。

⑨ 李晴：《伊本·白图泰远航中国考》，《海交史研究》2018年第1期。

⑩ 王宏斌：《清代南海帆船海道考》，《安徽史学》2018年第4期。

⑪ 费晟：《论18世纪后期大洋洲地区对华通航问题》，《海洋史研究》第十二辑，社会科学文献出版社，2018。

⑫ 冯立军：《“中澳航线”：一段被“忽略”的“海上丝绸之路”》，《厦门大学学报》（哲学社会科学版）2018年第4期。

1771 年俄罗斯首次远航澳门的史实①。

与海上交通航路研究相联系，涉海地图、海图研究有重要进展。郑永常对典藏于美国耶鲁大学图书馆的明清时期山形水势图《耶鲁航海图》进行深度解读，考释地理名词，阐述海图蕴含的讯息，梳理出海图中“二王船”及相关航线，勾勒出明中叶以降中国帆船东亚海域贸易网络图②。王耀通过美国国会图书馆所藏中文古地图《江海全图》，研究图绘道光年间存在的运送漕粮、黄豆的三条海上航路③。黄普基、周晴利用英国所绘海图研究近代珠江干流河道变化特征④。

造船业与航海技术，造船业与航海技术是推动海洋发展的关键性因素。朱勤滨指出，海防与民生是清前期出海帆船规制变化的双重制约因素，清廷在出海帆船规制与适用上呈现内海、外洋有别，以及严宽不定的状态⑤。徐晓望考订了古代船“料”的容量和郑和宝船排水量⑥。胡晓伟从新的角度解读郑和宝船的尺度⑦。袁晓春解析宋朝多层外板造船技术⑧。范金民考订明代南京宝船厂遗址⑨。还有期刊集中发表了航船史研究专题成果。⑩

---

① 柳若梅：《1771 年俄罗斯人首航澳门考》，《海洋史研究》第十二辑，社会科学文献出版社，2018。

② 郑永常：《明清东亚舟师秘本：耶鲁航海图研究》，远流出版事业股份有限公司，2018。

③ 王耀：《〈江海全图〉与道光朝海运航路研究》，《故宫博物院院刊》2018 年第 5 期。

④ 黄普基、周晴：《近代珠江干流河道演变特征研究——基于近代英国所绘海图》，《历史地理》2018 年第 1 期。

⑤ 朱勤滨：《清代前期出海帆船规制的变化与适用》，《史学月刊》2018 年第 6 期。

⑥ 徐晓望：《破译“料”与郑和宝船的尺度》，《学术评论》2018 年第 1 期。

⑦ 胡晓伟：《郑和宝船尺度新考——从泉州东西塔的尺度谈起》，《海交史研究》2018 年第 2 期。

⑧ 袁晓春：《南海“华光礁Ⅰ号”沉船造船技术研究》，《南海学刊》2018 年第 2 期。

⑨ 范金民：《明代南京宝船厂遗址考》，《江苏社会科学》2018 年第 1 期。

⑩ 主要体现在《国家航海》2018 年第 1 期，发表文章包括陈志坚《雷州市乌石罟帆船的传统技艺与习俗》，叶冲《木船维修保养的传统工艺：燂船》，龚昌奇、张治国《华光礁一号宋代古船技术复原初探》，刘义杰《蜈蚣船钩沉》，谭玉华《广西贵港梁君垌东汉墓出土陶船模》，曾树铭《台湾的复原船模与复原船》，何国卫《开孔舵的技术分析》，刘炳涛、单丽：《技术变革与上海航道的疏浚：以机器挖泥船为中心》等。此外还有郑诚《火轮船初到珠江口——鸦片战争前来华的明轮蒸汽船》，《国家航海》2018 年第 2 期。胡晓伟：《郑和宝船尺度新考——从泉州东西塔的尺度谈起》，《海交史研究》2018 年第 2 期。

陈晓珊研究古代航海文献中记载“针迷舵失”的现象，观察古代航海活动对岛礁区风险的认识[①]。伍伶飞以中国旧海关出版物和日本航路标识相关文献等资料为基础，讨论东亚灯塔体系及其在航运格局演变中所担负的角色[②]。龚缨晏对《针路蓝缕》一书做出深度解读[③]。单丽对海道针经的撰述与流传等问题也有翔实考释[④]。

涉海人群与海洋社会，涉海人群与海洋社会研究愈来愈受到重视。沿海民众耕海牧渔，向海而生，从事海洋捕捞、海水养殖、煮海为盐、入海采珠、围垦沙田、海船制造以及以出口为导向的陶瓷、丝绸制作等海洋性生产活动，构成人类海洋社会活动的重要内容，具有浓厚的海洋性特征，也是海洋社会史研究的核心内容。

海盗问题由来已久，历来是涉海人群研究的焦点之一。2017 年底，厦门大学出版社出版陈钰祥和江定育关于海盗问题的专著[⑤]。2018 年发表的海盗研究成果中，或管窥不同时期、不同海域海盗行为的本质及其社会影响[⑥]，或阐述海盗文化的历史演变和特点[⑦]，解读海盗史料[⑧]，或着眼于现状及未来，探索海盗治理方略[⑨]。也有学者总结反思以往海盗史

---

① 陈晓珊：《“针迷舵失”与中国古代航海活动中对岛礁区风险的认识》，《国家航海》2018 年第 2 期。

② 伍伶飞：《近代东亚灯塔体系与航运格局研究》，《中国经济史研究》2018 年第 2 期。

③ 龚缨晏：《史海泛舟探针路——读〈针路蓝缕〉》，《国家航海》2018 年第 1 期。

④ 单丽：《异源杂流：海道针经的撰述与流传》，《海交史研究》2018 年第 2 期。

⑤ 陈钰祥：《海氛扬波：清代环东亚海域上的海盗》，厦门大学出版社，2017。江定育：《民国时期东南沿海海盗研究（1912～1937）》，厦门大学出版社，2017。

⑥ 徐松岩：《略谈古代地中海地区的海盗行为》，《海洋史研究》第十二辑，社会科学文献出版社，2018。彭崇超：《清嘉庆年间的粤洋海盗——以张保仔为中心的讨论》，《史志学刊》2018 年第 3 期。邵雍：《中法战争爆发前海盗在越南的活动考证》，《钦州学院学报》2018 年第 7 期。王树勋：《前期倭寇与明初中日关系》，陕西师范大学硕士学位论文，2018。

⑦ 祝秋利：《解读西方海盗文化的历史演变》，《东吴学术》2018 年第 3 期。邹赜韬、李广志：《明代东南海疆倭乱记忆中的烈女故事——以浙江方志书写为中心》，《浙江海洋大学学报》（人文科学版）2018 年第 3 期。

⑧ 杨跃赟：《〈瀛舟笔谈〉的海盗史料价值》，《名作欣赏》2018 年第 14 期。

⑨ 王竞超：《南海海盗治理机制研究：现状评介与未来前景》，《海洋史研究》第十二辑，社会科学文献出版社，2018。

研究[①]，关注与之有关海防与国土安全问题[②]。海盗群体之外，疍民、船民等也受到关注[③]。

王承文深入探讨唐朝中央对岭南及南海的开拓经略，揭示唐代岭南社会变迁及中国南部边疆、海疆形成的历史过程[④]。苏惠苹关注到16世纪以后月港地方政府、士绅和普通百姓不同程度都参与了海洋管理，共同推动闽南海洋社会经济的发展与变迁[⑤]。此外，白斌、刘玉婷、何梦蕊、钱源初、吴建新、衷海燕等考察了宁波、硇洲岛、香山海洋经济与地方开发历史[⑥]。

海外华人华侨是中国沿海人口向海外流动的结果。张侃、壬氏青李挖掘越南会安的庙宇碑刻、土地契约、明乡社文书、华人族谱等民间文献资料，讨论17～19世纪会安华人社区的历史变迁、贸易活动、社会生活、社会组织与文化认同等问题，强调华人群体对这个港埠贸易发展的作用[⑦]。林广志、陈文源对早期澳门华人社会结构及其特性的形成进行系统梳理与探讨，展示澳门华人社会的总体面貌[⑧]。

海洋文化，海洋文化研究集中在海洋观念与知识传播、海洋信仰与民俗文化等方面。黄纯艳以唐宋为中心，探讨中国古代官方海洋知识生成、选择

① 安乐博（Robert Antony）、余康力（Patrick Connolly）：《中国明清海盗研究回顾——以英文论著为中心》，《海洋史研究》第十二辑，社会科学文献出版社，2018。魏基立：《20世纪以来广东海盗史研究综述》，《岭南师范学院学报》2018年第5期。

② 丁晨楠：《18世纪初朝鲜燕行使对陈尚义海盗集团的情报搜集》，《海洋史研究》第十二辑，社会科学文献出版社，2018。

③ 吴永章，夏远鸣：《疍民历史文化与资料》，广东人民出版社，2018。林少骏、张恩强、曾筱霞：《晚清来华西人视野中的疍民形象》，《东南学术》2018年第2期。刘长仪：《从"白水郎"到"水生人"：疍民的生计变迁与认同建构》，《地域文化研究》2018年第3期。阎根齐：《论海南渔民在"南海丝路"上的地位和作用》，《南海学刊》2018年第1期。刘季鸣：《霞浦船民族群身份的演变历程》，《福建史志》2018年第5期。

④ 王承文：《唐代环南海开发与地域社会变迁研究》，中华书局，2018。

⑤ 苏惠苹：《众力向洋：明清月港社会人群与海洋社会》，厦门大学出版社，2018。

⑥ 白斌、刘玉婷、何梦蕊：《宁波海洋经济史》，浙江大学出版社，2018；钱源初：《古代硇洲岛地方开发与文化建设》，《地方文化研究》2018年第2期；吴建新、衷海燕：《明代广东香山县的生态环境和社会变迁》，《地方文化研究》2018年第2期。

⑦ 张侃、壬氏青李：《华文越风：17～19世纪民间文献与会安华人社会》，厦门大学出版社，2018。

⑧ 林广志、陈文源主编《明清时期澳门华人社会研究论文集》，澳门基金会，2018。

和书写等问题[①]。潘茹红阐述了不同历史时期海洋图书的编写类型、题材、内容的变迁历程[②]。戴伟思揭示了19世纪中叶中国与西方对海洋空间认知的差异[③]。海洋信仰研究主要集中在妈祖文化等领域，总结和反思海内外的妈祖文化研究[④]。莆田学院学刊《妈祖文化研究》刊载了一系列妈祖主题的论文。王元林辨析了漳州《（安船）酌献科》"下南"航线闽境天妃宫观的分布[⑤]。一些宗教通过海路传播，也有学者做出有价值的研究[⑥]。

海洋环境史，海洋环境史研究则关注历史上海洋资源开发模式、海洋物种和生态系统的状态及其与社会经济发展的关系，强调人类的经济活动，尤其是工具技术等生产力和生产方式的变化对海洋环境的重要影响与相互作用。赖惠如、林信成、李其霖、陈美圣探讨和还原台湾北海岸地区移民筑沪捕鱼维生的生活样貌[⑦]。刘诗古以江西鄱阳湖区为对象，观察清代内陆水域渔业捕捞秩序的建立及进化过程[⑧]，徐晓望考察明代东海渔业的发展状况[⑨]，这些成果都关注到海洋渔业资源的开发管理及对人类经济社会的影响。有些成果对海洋环境史研究状况及方法进行了思考[⑩]。

海洋考古，海洋考古又称水下考古、沉船考古，是考古学的新兴分支，

---

① 黄纯艳：《中国古代官方海洋知识的生成与书写——以唐宋为中心》，《学术月刊》2018年第1期。

② 潘茹红：《海洋图书变迁与海上丝绸之路》，厦门大学出版社，2018。

③ 戴伟思：《19世纪中叶对海洋空间不同的认知：耶鲁地图与西方水文学》（英文），《国家航海》2018年第2期。

④ 林晶：《多学科视域下日本学界关于妈祖文化的研究——以日本CINII系统为中心》，《中国史研究动态》2018年第2期。陈颖：《问题与出路——妈祖文化研究述评》，《中国史研究动态》2018年第5期。

⑤ 王元林：《〈（安船）酌献科〉与"下南"航线闽境地名及妈祖信仰考释》，《南海学刊》2018年第3期。

⑥ 姚潇鸫：《真言宗僧人入华与9世纪中叶后的唐日佛教交流》，《古代文明》2018年第4期。

⑦ 赖惠如、林信成、李其霖、陈美圣：《沪里沪外：台湾北海岸地区的石沪发展与变迁》，（台湾）《淡江史学》第30期。

⑧ 刘诗古：《清代内陆水域渔业捕捞秩序的建立及其演变——以江西鄱阳湖区为中心》，《近代史研究》2018年第3期。

⑨ 徐晓望：《明代的东海渔业》，《福建论坛·人文社会科学版》2018年第5期。

⑩ 张宏宇、颜蕾：《海洋环境史研究的发展与展望》，《史学理论研究》2018年第4期。郑薇薇：《古代日记在历史台风研究中的利用方法探析》，《中国历史地理论丛》2018年第3期。

考察对象包括沉入海洋的船只、器物、城市、港口、聚落与生产、生活遗址，以及被人们作为圣地的水域中的祭品、海底墓葬，乃至滨海地区人们从事海洋活动相关的宗教遗迹、信仰系统等，为考古学、历史学，特别是海洋史研究提供了大量宝贵的实物资料与研究数据。2018 年度“南海Ⅰ号”沉船发掘研究等有了新进展①，林唐欧、赵志军分别考察了“南海Ⅰ号”的船载铁器与植物遗存②。此外，孙健通过绥中三道岗沉船考察了元代的海上贸易③，吴敬、石玉兵、潘晓暾结合遗址发现对金代沿海地区瓷器海运港口的体系进行考察④，等等。

世界海洋史研究，2018 年度学界对世界海洋史也有持续关注，有多篇研究论文。王煜焜、杨雨蕾、郑晨、胡杰、张兰星、王华分别探讨了近世初期日本德川幕府的海洋政策、朝鲜舆图与琉球认知、一战期间英日海军合作问题、近代早期西班牙对日通商的尝试及日本的态度、19 世纪 60 年代至 20 世纪初南太平洋岛民强制劳工贸易及其影响⑤，等等。

海洋史料汇编与整理，其成果颇多。金国平、贝武权主编《双屿港史料选编》，分中文卷、葡西文卷、日文卷、法英文卷四卷，对大航海时代双

① 国家文物局水下文化遗产保护中心、广东省文物考古研究所、中国文化遗产研究院、广东省博物馆、广东海上丝绸之路博物馆编著《南海Ⅰ号沉船考古报告之二——2014～2015 年发掘》，文物出版社，2018。广东省文物考古研究所：《广东台山上川岛大洲湾遗址 2016 年发掘简报》，《文物》2018 年第 2 期。福建博物馆、闽清县博物馆：《闽清下窑岗一号窑址发掘简报》，《福建文博》2018 年第 2 期。

② 林唐欧：《“南海Ⅰ号”船载铁器初探》，《遗产与保护研究》2018 年第 8 期；赵志军：《宋代远洋贸易商船“南海一号”出土植物遗存》，《农业考古》2018 年第 3 期。

③ 孙健：《绥中三道岗沉船与元代海上贸易》，《博物院》2018 年第 2 期。另，《博物院》2018 年第 2 期还刊有杨睿《“南海Ⅰ号”南宋沉船若干问题考辨》、孟原召《华光礁一号沉船与宋代南海贸易》、丁见祥《“南澳Ⅰ号”：位置、内涵与时代》、邓启江，王霁《珊瑚岛一号沉船遗址》。

④ 吴敬、石玉兵、潘晓暾：《金代瓷器海运港口的考古学观察》，《考古》2018 年第 10 期。

⑤ 王煜焜：《博弈与牺牲：近世初期德川幕府海洋政策特点》，《海交史研究》2018 年第 1 期；杨雨蕾、郑晨：《多元的认识：韩国古舆图中的琉球形象》，《海交史研究》2018 年第 2 期；胡杰：《英国视角下的英日一战海军合作》，《边界与海洋研究》2018 年第 2 期；张兰星：《论近代早期西班牙的对日通商尝试》，《海洋史研究》第十二辑，社会科学文献出版社，2018；王华：《南太平洋岛民强制劳工贸易的发展、特点及影响（1863～1911）》，《世界历史》2018 年第 3 期。

屿港贸易与中葡关系史研究有重要价值[①]。宫楚涵、俞冰主编《海上丝绸之路文献汇编》收录了古代中国与海上丝绸之路有关的原始文献及部分近代早期研究文献[②]。广东省档案馆编《民国广州要闻录》（近代广东海关档案·粤海关情报卷，共20册），是研究近代中国海关史、口岸史、海外贸易史等之重要史料[③]。

（二）特点和趋势

2018年，国家“一带一路”倡议与海洋发展战略为海洋史研究提供强大的支撑和良好的条件。中国海洋史研究不断升温，海洋史研究呈现蓬勃发展的态势。

1. 研究领域拓展，成果丰硕，年轻学人不断成长

2018年，中国海洋史研究注重多角度、多学科相结合，在全球史、整体史视野下不断开拓创新，无论是旧话题或新领域，都涌现出一大批有新意、有分量的论文和专著，既有史学前沿领域的宏观考量和理论探讨，也有地区性、专题性微观思考和实证架构，议题新颖，见解精到。“海上丝绸之路”作为海洋史的热点专题，成果尤多[④]，并为国家“一带一路”倡议提供有益的历史启示和决策参考。一批经过正规专业训练、基础扎实、视野开

---

① 金国平，贝武权主编《双屿港史料选编》，海洋出版社，2018。

② 宫楚涵、俞冰主编《海上丝绸之路文献汇编》，学苑出版社，2018。

③ 广东省档案馆编《民国广州要闻录》（近代广东海关档案·粤海关情报卷），广东人民出版社，2018。

④ 除上文中提到的成果外，李庆新著《海上丝绸之路》（中文修订版）2018年由国际出版机构皇家柯林斯（印度）公司（Royal Collins India Company）出版了英文版，在韩国出版了韩文版。相关论著还有黄纯艳《宋代东亚秩序与海上丝路研究》，中国社会科学出版社，2018。黄科安、郭华主编《全球视野下的海上丝绸之路研究》，中国社会科学出版社，2018。万明主编《丝绸之路的互动与共生学术研讨会论文集》，中国社会科学出版社，2018。黄宇鸿、李志俭：《广西海上丝绸之路史》，中国社会科学出版社，2018。张开城、卢灿丽：《广东海上丝绸之路城市历史文化》，海洋出版社，2018。汤苑芳：《汕尾港与海上丝绸之路》，广东经济出版社，2018。郑泽民：《海口港的发展与海上丝绸之路建设》，《南海学刊》2018年第1期；杨玲：《汉至宋时期的梧州与“海上丝绸之路”》，《钦州学院学报》2018年第6期，等等。

阔、具有国际学术交流与对话能力的青年学人，茁壮成长，步入中国海洋史研究队伍的骨干行列。

2. 代表性学术专刊质量不断提高，大部头丛书陆续出版

广东海洋史研究中心主办《海洋史研究》、中国海外交通史研究会、福建泉州海交史博物馆合办《海交史研究》、上海中国航海博物馆主办《国家航海》等学术刊物，持续发表海洋史研究各领域的最新学术成果，成为我国海洋史学代表性专业刊物，学界影响越来越大。于逢春，王涛主编“环东海研究”，展示中国海洋历史文明发展的新成果①。厦门大学出版社出版“海上丝绸之路研究丛书”12 种，以专著的形式，推出一批海洋航运、海贸航线、海洋图书编纂与流通、海洋活动中的商盗人群、海外华人社区、著名商号的专题著作。

3. 高水平学术交流频繁，对外影响力扩大

2018 年度国内或国际性海洋史学术研讨会甚多，学界影响持续扩大。其中广东海洋史研究中心、《海洋史研究》编辑部于 12 月主办“海洋史研究青年学者论坛”，为首届全国性青年海洋史学工作者学术会议，特邀国内资深学者参与，聚焦亚洲、南太平洋等海岛历史与海洋文明问题，思考海洋史研究方法与理论建构，推动海洋史学传承、发展与创新，被列为“2018 年度中国十大学术热点”代表性重要学术会议。

三　中国海洋史研究思考与展望

21 世纪是海洋的世纪，建设海洋强国是中国特色社会主义事业的重大战略。中国海洋史学与国家海洋发展息息相关。因应国家发展需求和国际学术潮流，继续大力加强海洋史研究，建构具有中国特色的海洋史学体系，是中国海洋史研究发展的时代要求和历史使命。

加强学科建构，创新理论方法。作为集自然科学和人文科学多方面属性

---

① 于逢春、王涛主编《环东海研究》，中国社会科学出版社，2018。

的交叉性综合学科领域，海洋史学研究需要明确自身的学科属性、定位、内涵、框架体系及研究范畴。遵循学术规律，推进理论创新，提高研究水平，构建具有中国特色的海洋史学学科体系、学术体系。整合相关研究力量，搭建协作创新平台，培养、造就一批高水平的研究人才和学术团队，推动学科良性发展。

坚持学科本位，拓展研究领域。未来海洋史研究应继续坚持全球史视野和认识，打破地区界限和传统观念体系的束缚，形成区域与整体、微观与宏观相互联系的观察取向。应“以人为本”，从海洋人群角度去观察、思考海洋历史，审视人与海洋的关系。应“立足于海陆融通的视角与方法，积极进行跨学科、宽视域的研究”①。在全球史、整体史视野下，拓展诸如湾区、半岛、海峡等海洋区域史研究，持续推进南太平洋、印度洋等海域研究，加强滨海地区社会经济史、海上贸易与航海史、海洋环境与海洋生态史、海军与海战史等重要方向和领域研究，不断书写更为完整、更为生动精彩的世界海洋历史。

推进多学科合作，拓宽资料范围。海洋史研究对象包罗万象，海洋史研究的深化与创新，必须打破学科畛域，加强与生态学、环境学、海洋学、地理学、气象学等自然科学学科，以及人文社会科学的交叉合作研究，借鉴、运用它们的理论与模型、方法与内容，为海洋史学研究增添新方法、新理论，注入新活力。加强海洋史研究资料的挖掘、整理，充分利用中外现存官方档案、民间文献等海洋历史资料信息；加强与海洋考古等学科领域合作，关注沿海聚落、海防遗址、水下遗址等考古发掘进展，拓展史料基础，为海洋史研究打好厚实根基。

加强国际学术交流，扩大学术话语权。搭建海洋史学研究协作创新平台与学术交流平台，追踪学术前沿与学术潮流。鼓励学界“走出去”“请进来”，积极参与国际海洋史学对话，讲响海洋史学的“中国话语”。

---

① 李红岩：《“海洋史学”浅议》，《海洋史研究》第三辑，社会科学文献出版社，2012。

B.6

中国传统海洋文化之海神妈祖的传承与发展*

柯 力　黄少强**

摘　要： 妈祖文化不仅是中国传统文化的一个特色，还是与海洋文化、海洋文明结合起来的一种文化。本文总结了2018年度妈祖文化的传承与发展，包括了祭祀典礼与巡安、宫庙修建、民俗文化、学术研究、文创与慈善等，呈现出多领域、全方位、跨层次的妈祖文化特色。指出妈祖文化与中国海洋文化之间的密切关系。研究中发现当前对于妈祖文化传播过程中的在地化研究关注少，学科缺乏系统的理论建构，对于妈祖文化的现象和解读问题尚未嵌入于中国海洋文化发展的大社会背景下进行研究。针对以上几点，报告提出应扩大妈祖文化现代传播网络、完善学科体系和理论建构与创建世界妈祖文化交流中心的对策与建议。

关键词： 妈祖文化　海洋文化　传承与发展

2017年1月25日，中共中央办公厅、国务院办公厅印发的《关于实施中华优秀传统文化传承发展工程的意见》指出，弘扬中华优秀传统文化对

* 基金项目：中国海洋发展研究会2018年度重点项目“妈祖海洋文化及其在海上丝路建设中的价值研究”项目阶段性成果。

** 柯力，莆田学院讲师，澳门科技大学社会和文化研究所博士生，研究领域：妈祖文化研究；黄少强，莆田学院研究员，研究领域：妈祖海洋文化研究。

于延续中华文脉、全面提升人民群众文化素养、维护国家文化安全、增强国家文化软实力、推进国家治理体系和治理能力现代化具有重要意义。① 妈祖文化是具有中华儒释道与海洋文化特性的“活态”文化，是以妈祖传说神话、祭祀、妈祖宫庙、文学艺术等为载体，以妈祖信仰为主线，衍生与融合各种优秀文化元素而形成的一种特色文化。妈祖文化从诞生之日起，就逐渐伴随着宋、元、明、清及现代官方与民间海上丝绸之路的开拓和发展，传播到沿线各个国家和地区。目前分布在世界45个国家和地区，有上万座妈祖庙，信众达2亿多人。妈祖文化具有世界性、开放性、和平性、包容性、共存性、跨文明、跨文化、跨时空的特征。妈祖文化是实施海洋强国战略核心文化力量，也是联结21世纪海上丝绸之路沿线国家的文化纽带。妈祖文化所代表的中国海洋文明必将成为施行海洋战略的本土文化资源，成为海洋强国的强大推动力。

一　2018年度妈祖文化的活态传承与发展特点

2009年9月30日，联合国教科文组织政府间保护非物质文化遗产委员会第四次会议经审议表决，决定将中国政府提名的“妈祖信俗”列入“世界人类非物质文化遗产代表作名录”，这是我国首个信俗类世界遗产。纵观2018年度妈祖文化的传承与发展，包括了祭祀典礼与巡安、宫庙修建、民俗文化、学术研究、文创与慈善等，塑造出多领域、全方位、跨层次的妈祖文化。

（一）祭祀与仪式

1. 官方祭祀典礼

由于妈祖文化的不断发展，其作用受到世人的不断关注，妈祖成为一个跨越各界、时间越千年的文化现象。如今，妈祖祭典活动已成为一个每年都

① 引自《人民日报》2017年1月26日，第6版。

会举办的结合传统与现代意义的节庆项目。其中政府参与到举办会对妈祖文化的传播和提升起到了决定性的作用。

2018 年 2 月 18 日（正月初三）妈祖祖庙祈年大典在福建湄洲岛天后宫举行。与历年祭祀典礼相同，建坛祭天是独特的常规礼俗，遵从古制，进表、建坛、诵经、进贡等仪式祈年纳福，宣读祈告文击鼓三通，天后宫上擂鼓迎春，十音八乐传唱千古情歌，迎祥纳福华夏安康的祭典仪式气势恢宏、庄严肃穆，仪式有初献、亚献、终献和迎神、送神。

纪念妈祖诞辰 1058 周年大会暨戊戌年妈祖春祭大典于 2018 年 5 月 8 日（农历三月廿三）隆重举行。此次大典有升幡挂灯、贡品展示、民俗会演、祈福平安灯、醮筵、吹鼓等多项非遗展示，更有大型民俗歌舞《祥瑞湄洲》、福建省莆仙戏剧院莆仙戏公演活动，不仅内容丰富多彩，而且凸显莆仙民俗文化特色。

2018 年“两岸妈祖一家亲”暨甬台两地文化交流活动，邀请了台湾同胞、妈祖信众齐聚盛典，共同祈福。迎神、焚香、献礼、跪拜、恭读祝文，在妈祖祭祀大典上，依照湄洲祖庙祭礼的规程，结合安庆妈祖信俗的地域特色，向妈祖行礼，祈求风调雨顺、四海平安。此次活动中，庆安会馆还与宁波市台湾同胞投资企业协会签订合作协议，并举行“宁波市台湾同胞投资企业协会庆安会馆活动基地”揭牌仪式，庆安会馆在传承妈祖信俗的同时，也积极融入和谐社会的共建，继续实现着文化遗产的“活态”利用。

2018 年第三届世界妈祖文化论坛暨第二十届中国·湄洲妈祖文化旅游节于福建湄洲岛举行，盛大的妈祖祭典活动吸引了海内外信众在此间一道拜谒妈祖。第三届世界妈祖文化论坛以“妈祖文化·海洋文明·人文交流”为主题，由中国文化和旅游部、中国自然资源部、中国社会科学院、澳门特别行政区政府、福建省人民政府共同主办。活动内容丰富，除了主旨演讲外，还举办了“妈祖文化与海外媒体”“妈祖文化的活态传承与运用”“妈祖文化与海洋精神”“妈祖文化与旅游的融合创新”平行论坛，同时还举办第三届“湄洲女发髻”非物质文化遗产技艺表演、中韩妈祖文化油画展、妈祖文化灯光秀、电影《妈祖回家》杀青仪式等八个配套系列活动。

纵观2018年妈祖相关祭祀典礼和活动，均呈现与国家“一带一路”建设倡议联系更加紧密的主题内容。与历年相比，在祭祀典礼中，2018年度结合地方特色，添加更多的元素，打破以往的地域限制，邀请了更多的台胞、海外侨胞、外国政治经济要员的共同参与，彰显出妈祖文化是不同文化、不同政治制度、不同国家和地区千百年来文化交流的纽带，也是和平互惠交流的桥梁，是助推21世纪海上丝绸之路发展的润滑剂。

2. 海祭

海祭，是海洋文化中民俗活动生动例证，其祭事习俗影响广泛，每年都有众多分灵妈祖庙宇派人参加，台湾、香港、澳门妈祖庙进香团也常前来朝拜。2018年农历九月初九，是妈祖羽化升天1031周年纪念日。与以往海祭相比，此次的妈祖海祭大典中融入了更多民俗文化环节，包括渔民上供、舞生跳八佾舞、渔民放生、渔船燃鞭庆贺等，祭祀内容更加丰富，民俗文化更加贴切，场面阵容更加壮观。与此同时，还有来自马来西亚以及中国的台湾、香港、广东等地区的妈祖信众，一起共祭妈祖。在保持传统节目的同时，融入了许多具有创新性的项目，吸引了大批的青年参与。

3. 分灵与巡安

世界各地的妈祖分灵神像在湄洲天后宫广场祭坛祭拜妈祖之后，就陆续被请回去，此谓分灵。随着妈祖文化的传播，越来越多的海外信众到湄洲祖庙请愿分灵，为了便利，分香割火仪式便简化为用精美香火袋妈祖平安符和香灰，随着妈祖分灵神像回去一同将香火袋挂在脖子上，把妈祖的恩泽带回家，这是当代所谓的“挂火”。自1987年，“妈祖千年祭”以来，举办了一系列重大的妈祖文化活动，这些活动作为妈祖信俗的载体，内容越来越丰富，规模越来越壮观，形式越来越多样，影响越来越广泛。其中，湄洲妈祖金身巡安活动作为一项历年常规活动，展示了妈祖信俗这一世界级非物质文化遗产的深刻内涵。巡安活动的范围包括湄洲岛内、兴化境内，中国的澳门、台湾，直至近几年的海外各国。

2018年10月31日，湄洲妈祖分灵智利伊基克，在之前44个国家和地区的妈祖版图上再添新成员，成为湄洲妈祖分灵的第45个国家和地区。与此同时，南非开普敦朝天宫也在南非约翰内斯堡举行了妈祖绕境巡安祈福活动。

妈祖祭典和妈祖海陆巡安活动也是2018年马来西亚妈祖国际文化旅游节活动的重头戏，海内外妈祖宫庙嘉宾代表欢聚吉隆坡雪隆海南会馆天后宫，同谒妈祖，共襄盛举。

2018年“妈祖下南洋·重走海丝路”暨中菲两国妈祖文化交流在马尼拉隆重举行，中华妈祖文化交流协会、湄洲妈祖祖庙董事会与各地宫庙代表2000多人，护驾湄洲妈祖搭乘游轮抵达马尼拉开启中菲两国之间有史以来最大的民间文化交流活动。此次活动包括湄洲妈祖驻马尼拉、湄洲妈祖祭祀大典、绕境巡安马尼拉、慈善捐赠、巡安菲律宾纪念碑揭幕以及诵经祈福仪式、十音八乐民俗演奏、《瓣香湄洲》文艺演出等丰富多彩的形式。

2018年度的妈祖分灵与巡安实现了妈祖信仰在五大洲的全方位覆盖。尤其在台海局势特殊时期，隆重巡安台湾，受到了广大信众的虔诚膜拜，诠释了“两岸一家亲”的同宗同源信念。这些都体现出妈祖已成为沟通两岸关系的和平女神，妈祖文化对促进文化认同、民族认同、国家认同的成效更加突出，在促进祖国和平统一大业中显示出越来越大的作用。

4. 天下妈祖回娘家

“天下妈祖回娘家”活动邀请全球各个国家和地区的信众集中护送诸多尊妈祖分灵像回福建湄洲祖庙谒祖进香。浩浩荡荡的进香队伍配置着全幅仪仗，簇拥着妈祖銮驾。自2008年10月第一次发起，如今已成为具有特色与影响力的世界性妈祖文化交流活动。每年除了湄洲祖庙集中组织外，更多的是各宫庙自发组织“妈祖回娘家”。当今，已有来自印尼、泰国、文莱、马来西亚、新加坡、菲律宾、日本、新西兰、澳大利亚、美国等国家与台湾、香港、澳门等地区，以及祖国大陆各地的妈祖分灵庙共600多家，簇拥分灵妈祖神像陆续回妈祖娘家谒祖进香。2018年5月8日妈祖诞辰1058周年纪念日，来自美国、印尼、中国香港、中国台湾、广东等海内外妈祖信众齐聚贤良港天后祖祠，参加“天下妈祖回娘家”信俗系列活动。

湄洲祖庙、贤良港天后祖祠等许多大陆妈祖宫庙成了世界妈祖宫庙的娘家，回娘家活动对于讲好中国故事、展示中国文化、提升中国文化软实力都具有不可比拟的作用，让世界了解中国，拉近了世界感情，为构建和谐世界贡献力量。

5. 宫庙修建

妈祖宫庙是供奉妈祖神像的神圣殿堂，也是信众们祭祀妈祖、祈求福祉的主要场所，信众和游客文化娱乐的胜地。福建沿海与海外的联系较广，不断有海外华侨与台港澳同胞回乡祭祖，并祭祀妈祖庙等各式民间信仰，这就造成重建传统庙宇的浪潮。20 世纪 80 年代各地沿海村镇的妈祖庙重建，泉州的城南天后宫，深圳的赤湾天后宫都是这一时代重新修复的。2018 年 2 月 4 日，海峡两岸妈祖文化交流暨贤良港天后祖祠观音阁告竣仪式在贤良港天后祖祠举行，海内外 500 多家妈祖宫庙代表前来参加。2018 年以妈祖庙为核心的妈祖文化发展，与学界、政界观念变化有着密切的关系。有关部门容许妈祖庙复建，原先是为了开展对台湾同胞和海外华侨的统战工作，而后渐渐感到妈祖文化的传播有其复兴优秀传统文化的价值，是增进互信、了解的天然纽带和情缘。①

（二）妈祖海洋民俗文化

妈祖节的来历先是由群众性的祭祀妈祖活动发展为定期庙会，进而发展为近年来的诞、祭两节。近年来，福建湄洲祖庙进行了大规模的扩建和修缮，现已建成参差嵯峨、错落有致的仿古建筑群。在海峡两岸妈祖信徒和热心人士的共同推动下，一年春秋两度的纪念妈祖节日的活动也越办越丰富多彩。活动内容亦由单纯的进香朝贡，发展为朝圣、旅游、娱乐和经贸相结合的多功能庙会。妈祖节是一个海内外华夏子孙寻根拜祖的纪念日。②

2018 年 11 月 8 日，新加坡琼州天后宫举办首届世界妈祖文化节，来自

① 连晨曦：《妈祖文化与21 世纪海上丝绸之路关系》，《第四届（2018 年）国际妈祖文化学术研讨会论文汇编》，2018，第 90 页。

② 李怀林：《中国地方文化节》，新华出版社，1992，第 236 页。

中国、越南、泰国、美国等40多个国家和地区的80多家妈祖宫庙、华人社团等代表参加活动。2018年新春佳节期间，墨尔本天后宫举办妈祖祈福春节系列活动，弘扬妈祖文化，传承中华优秀传统，让在澳大利亚墨尔本的妈祖信众和莆籍乡亲过上一个欢乐祥和、健康文明的春节。年夜饭后，上千妈祖信众聚集于墨尔本天后宫，上"头炷香"，燃放烟花，共迎农历新年的到来。正月初一以来，墨尔本天后宫人声鼎沸，妈祖信众们纷纷前来朝拜妈祖，祈求风调雨顺，家庭安康。在正月初三举办的2018妈祖祈福新春联欢会上，富有中国特色的二胡独奏、集体太极拳、越剧表演、诗歌朗诵等精彩上演。当地妈祖信众和莆籍乡亲欢聚一起，道祝福、贺新春，其乐融融。此类妈祖祈福春节活动积极地推动了妈祖文化在澳大利亚的传播和传承，让外国友人感受和体验浓厚的中华优秀传统文化，促进"一带一路"沿线国家和地区的民心相通。

（三）学术研究动态

妈祖文化是中华民族优秀传统文化的重要组成部分，不仅是海内外华侨华人认同交流的重要载体，也是全球爱好和平的民众交往交流的精神纽带。妈祖文化的研究，是一篇大文章，需要大格局、大平台、大创作。虽然已产生了一些优秀成果，但仍有继续深入探讨的巨大空间。

1. 学术研讨会

自20世纪80年代起至今，在妈祖故里掀起了妈祖研究热潮，目前已举办了多次妈祖文化主题学术研讨会。历年的国际妈祖文化学术研讨会对提升妈祖文化的理论化、学科化水平有着积极意义，为专家学者间的沟通交流、学术视野的拓展筑建了更广阔的平台。

2018年4月18日，以"弘扬妈祖文化、促进文旅融合"为主题的第三届中国北方妈祖文化（曹妃甸）学术研讨会召开，通过此次研讨会，各位专家为曹妃甸的地方文化发展献计献策，深入探索曹妃甸妈祖文化历史传承，研究妈祖文化与"一带一路"、经贸合作的内在联系，研究妈祖文化与"一港双城"、旅游业态的深度融合，探索妈祖文化对曹妃甸文旅产业发展的深度影响，使古老的妈祖文化焕发新的活力。

2018 年 5 月 8 日，第二届贤良港妈祖文化论坛——海峡两岸妈祖信仰与海上丝绸之路学术研讨会在妈祖城举行。论坛主题为“妈祖信俗与海上丝绸之路”。

2018 年 10 月 5 日由马来西亚雪隆海南会馆天后宫、中国上海海事大学、中华妈祖文化交流协会联办的 2018 年“海外华人与妈祖文化的传播”国际学术研讨会，在马来西亚吉隆坡雪隆海南会馆举行，来自中国、马来西亚、新加坡等国家的专家学者，就妈祖文化的传播、发展及对当今人类社会的贡献，进行深入研讨。

2018 年 11 月 17 日，作为第三届世界妈祖文化论坛平行论坛之一的第四届国际妈祖文化研讨会在福建莆田举行。同时，中国海洋发展研究会妈祖海洋文化研究会分会成立并授牌。来自日本、澳大利亚、韩国、越南、中国台湾等国家和地区的 100 多名学者专家出席了开幕式。本届研讨会上，就“妈祖文化与海上丝绸之路”这一主题，从“妈祖与海洋、海丝文化”“海外妈祖文化传播”“妈祖文化与文学艺术”“妈祖信俗与创意产业”“妈祖文献史料发掘与研究”等多个议题展开研讨，取得丰硕成果。

2018 年妈祖文化研讨会特点：参会专家来自海内外 8 个国家和地区，从不同学科的视角以“妈祖文化与海上丝绸之路”这一主题展开探讨，紧扣主题，青年学者也已成了研究的有生力量，各种学术活动受到各大媒体关注度更高，成绩斐然。

2. 学术研究

学术界对于妈祖的研究视野正在进一步扩展，不仅涉及对妈祖基础文献的搜集与整理，还包括了相关史料的考证。当前，对于妈祖研究不再局限在单纯的信仰考察，已经形成了一种文化研究。伴随着跨学科的众多领域学者的参与，妈祖文化研究的研究方法也在逐渐创新，传统的历史学的文献考证方法与人类学的田野调查方法相结合，成为 2018 年妈祖文化研究的一种趋势。研究的对象也从过去的以文献为主发展到了田野史学视角下的文献、实物及口碑等材料相结合。

（1）期刊与新书出版发行

除了各种妈祖文化研究机构和组织如雨后春笋一样成立，一大批与妈祖文化有关的研究成果、学术专著和文学作品等也先后出版，为海内外妈祖文化研究的专家学者建立学术联系，推动妈祖文化研究水平提升，促进妈祖文化传承与传播的重要载体。

《妈祖文化志》由福建省地方志编纂委员会与台湾妈祖联谊会联合组织两岸专家学者，编成《妈祖宫庙与文物史迹》《妈祖祭典、活动与民俗》《妈祖文学艺术与学术研究》《妈祖信仰组织》四卷，首次较为全面系统地记述了妈祖信仰的形成、发展、流布、影响等，宣扬了“积善、立德、大爱”的妈祖精神，展现出爱国文化、和平文化、寻根文化和美德文化等妈祖文化内涵。2018 年 10 月 17 日，海峡两岸 40 多名专家学者历时 8 年多合编的《妈祖文化志》宣布编纂工程告竣。这是首部由两岸合编的妈祖文化专志，共计 4 卷 357 万字。

此外，2018 年，《妈祖宫庙艺术大观》丛书《楹联卷》《匾额卷》，《妈祖文化年鉴》（2015）、《妈祖文化年鉴》（2016）、《妈祖之光》五部新书出版发行，为广大专家学者和社会各界更全面地了解妈祖文化的内涵与发展研究动态，为弘扬和传承妈祖文化，进一步开展妈祖文化学术研究提供了相关资料和有力依据。

（2）科研项目

2018 年度，多项与妈祖文化研究相关课题获得了国家社科基金和省部级科研项目立项。其中，宋建晓教授的课题《“一带一路”与妈祖文化传承发展研究》被立为 2018 年度国家社会科学基金特别委托项目，《福建湄洲妈祖庙会》获准入选 2018 年国家社科基金重大委托项目《中国节日影像志》子课题，黄少强研究员的《妈祖海洋文化及其在海上丝路建设中的价值研究》被立为 2018 年中国海洋发展研究会重点研究项目，另外还有连晨曦博士获得 2018 年教育部青年基金项目《琉球归属与东亚国际秩序嬗变研究》，以及 2018 年福建省社科研究基地重大项目 5 个研究课题立项。

（3）学术成果

2018年国内外妈祖文化相关研究成果颇丰，其中以多领域、跨学科的论文与研究报告为主要成果。

妈祖文化研究的综述成果丰硕。彭建升[①]认为妈祖学研究内容涉及多个领域，通过多元、融生、话语、开放、流动、合力、增殖等学科交叉机制逐步形成自己的学科范式及研究方法。针对妈祖学存在的认识局限性、障碍和人才队伍匮乏等问题，提出了观念创新、管理创新、队伍创新学科设置障碍、学科评价等具体学科建设建议。王霄冰、任洪昌[②]认为以湄洲岛妈祖祖庙为最高组织机构，以各地的妈祖宫庙为主要活动场所，各种不同的祭拜形式，以及相关的传说故事和习俗等，构成了“妈祖信俗”的核心内容。妈祖信俗的重新命名与再定义，不仅证明了传统民间信仰的自我更新能力，而且为我们提供了一个民间信仰在当代社会语境中迅速走向制度化和组织化的典型案例。潘志宏[③]提炼出妈祖文化的哲学思想，总结妈祖文化在当代的价值意义。张宜强[④]指出妈祖信仰研究存在的四个主要问题，以期推动妈祖信仰研究的进一步提升。罗丹、林明太[⑤]认为妈祖文化文献产出量持续增加、影响力增强、研究力量壮大、研究热点聚焦于“妈祖文化”和“妈祖信仰”，向外延伸并形成了五大具有承袭性和关联性的研究聚类主题，研究主题显现愈加宽泛的趋势。张宜强[⑥]认为近年来新兴学科不断介入，通过分析妈祖信仰在国家认同中的作用，进而透视国家力量和民间社会的关系，并对

① 彭建升：《妈祖学学科交叉机制、现实困境与建设路径》，《妈祖文化研究院》2018年第1期。

② 王霄冰、任洪昌：《妈祖信俗的概念与内涵——兼谈民间信仰的更名现象与制度化问题》，《文化遗产》2018年第2期。

③ 潘志宏：《妈祖文化思想研究》，中共中央党校博士学位论文，2018。

④ 张宜强：《20世纪以来妈祖信仰研究的回顾与思考》，《莆田学院学报》2018年第3期。

⑤ 罗丹、林明太：《妈祖文化研究学术群体、热点演进及主题脉络——〈莆田学院学报〉（2001～2017）数据分析》，《莆田学院学报》2018年8月。

⑥ 张宜强：《我国妈祖信仰研究现状分析》，《重庆文理学院学报》（社会科学版）2018年9月。

未来妈祖信仰研究进行展望。陈颖[①]认为妈祖文化研究“呈现出逐渐由信仰考察到文化研究再到学科构建的发展趋势”，妈祖学的雏形也见微知著。纵观妈祖文化研究成果，虽已取得不少可喜成绩，但仍存在一些不足，值得反思。海翔[②]认为莆田贤良港天后祖祠相关研究日益增多的情况下，对其进行归类整理，有助于理清当前的贤良港妈祖信仰研究进展与不足，拓展新的领域。

妈祖研究的田野调查还在继续。陈祖芬[③]团队经过6年的艰辛，对城厢区实地查访了70多座宫庙，形成了专著《宫庙概览》。赵洪娟[④]以庙岛显应宫为依托，结合当地特色的妈祖祭祀活动，妈祖文化在庙岛地区的地位逐渐凸显，并带来了深远的影响。林翠生[⑤]的调查团队对福建湄洲岛朝圣者进行了调查，结果发现景区环境和人文服务发挥着重要的作用。文章据此提出相应的忠诚度提升对策。刘淑丽[⑥]对青岛田横岛地区春节信仰仪式的调查，探讨了沿海渔民是如何借助各种神灵信仰以及春节时对各种神灵的拜祭增强对家族和集体的认同感与归属感，甚至增强了对村落及其生活背景的认同感。

妈祖文化的元素符号不断呈现。许叶蓁[⑦]认为湄洲妈祖祭典音乐是传统祭典音乐和莆仙音乐的巧妙融合。许苏嘉[⑧]对妈祖服饰文化内涵进行探究，旨在为如何促进莆田妈祖服饰文化的有序传承与发展研究适用提供一些思

① 陈颖：《问题与出路——妈祖文化研究述评》，《中国史研究动态》2018年10月。

② 海翔：《莆田贤良港妈祖信俗研究综述》，《海峡教育研究》2018年12月。

③ 陈祖芬：《从田野中来》，《湄洲日报》2018年1月14日，第2版。

④ 赵洪娟：《山东沿海地区春节信仰活动研究——以青岛田横岛为例》，“International Conference on Humanities and Social Science Research 会议论文集”，2018年4月25日。

⑤ 林翠生：《福建湄洲岛朝圣者忠诚度提升研究》，《宁德师范学院学报》（哲学社会科学版）2018年第2期。

⑥ 刘淑丽：《山东庙岛妈祖文化研究》，齐鲁大学硕士学位论文，2018。

⑦ 许叶蓁：《两岸文化交流的桥梁——湄洲妈祖祭典仪式音乐初探》，《北方音乐》2018年第1期。

⑧ 许苏嘉：《浅析莆田妈祖服饰语言及其文化内涵研究》，《文化创新比较研究》2018年第3期。

路。林丽芳、黄朝晖①以现代艺术设计的视角对福建莆田湄洲岛妈祖服饰的艺术价值进行探究，旨在根据当前服饰产业发展动态结合妈祖服饰艺术价值分析的基础上研究妈祖服饰产业开发及其发展。王英暎②对妈祖图像的地域化问题、图像中雕塑作品与绘画作品的关系问题、妈祖图像的中外文化交流问题等进行深入研究，提出在图像人类学理论和研究方法方面，仍需要继续深化和完善。吴贞贞③研究认为：妈祖民俗体育是在以妈祖信众较为集中的居住地区，人们创造并形成传统而继承下来的一种身体活动习惯。对于参与妈祖民俗体育的消费现今成为一种人们在满足基本生活消费之后的更高层次追求和消费行为。黄明礼④阐述了妈祖民俗活动中体育元素的开发思路，提出了妈祖民俗体育与高校民俗体育教育的融合途径，对实现妈祖民俗体育文化的价值起到了借鉴和参考作用。毛青丽⑤以时间线为轴，从竖向上探索妈祖神轿的发展，进而激发人们对传统工艺的兴趣与思考。张翔⑥认为历史的沉淀、翔实的内容、灵动的形式、精心的营造、鬼斧神工般的雕刻技艺是芷江天后宫这座内陆妈祖庙的门坊建筑最值得研究和关注的“视角”。

妈祖文化的旅游价值的研究。郑志越⑦对湄洲岛进行信效度分析、方差分析以及 SEM 分析，根据研究结果对案例地的非物质文化遗产旅游发展提出了建议。王琳⑧利用结构方程模型进行假设检验，为莆田湄洲岛如何提升

---

① 林丽芳、黄朝晖：《妈祖服饰的艺术价值及产业开发研究》，《湖北第二师范学院学报》2018 年第 5 期。

② 王英暎：《〈由凡至圣　由圣至凡〉——〈妈祖图像研究〉述评》，《中国文物报》2018 年 1 月 23 日，第 6 版。

③ 吴贞贞：《妈祖民俗体育田野调查——参与人群消费调查》，《运动精品》2018 年第 3 期。

④ 黄明礼：《新课程改革背景下妈祖民俗体育融入高校体育的价值研究》，《山东农业工程学院学报》2018 年第 6 期。

⑤ 毛青丽：《妈祖神轿的演变研究》，《大众文艺》2018 年第 19 期。

⑥ 张翔：《内容的解构与观念的重释：芷江天后宫门坊雕刻研究》，《美术学报》2018 年第 2 期。

⑦ 郑志越：《社区居民旅游感知对价值共创参与的影响研究——以妈祖信俗为例》，暨南大学硕士学位论文，2018。

⑧ 王琳：《游客感知价值、地方依恋与重游意愿的关系研究——以莆田湄洲岛为例》，暨南大学硕士学位论文，2018。

游客重游意愿，促进当地旅游可持续发展提出了若干意见和建议。林明太等[①]以妈祖文化发祥地湄洲岛为例，妈祖祖庙建筑装饰艺术、妈祖祭典、妈祖服饰、妈祖饮食、妈祖文学艺术与传说故事等妈祖文化景观中包含着海洋性元素，着重分析妈祖文化景观所具有的海洋性元素，可以为其海洋性旅游开发提供具有实践性意义的建议。章牧[②]等提出赤湾天后宫改进建议，从而促进妈祖文化旅游的发展，以此推动妈祖文化的传播。李亚恒等[③]文章以中国知网作为统计源，依据知识图谱相关理论，利用 Citespace 软件对 1990 ~ 2018 年来自对妈祖文化旅游的相关文献进行可视化分析，利用 Netdraw 软件描绘关键词的网络关系，从研究机构、高产作者、发文期刊、研究热点和趋势进行分析。提出未来应该加强合作交流，推动多学科合作与交流，深化理论研究。

妈祖文化与高校工作结合的研究有新突破。徐维玮[④]采用问卷调查法，提出妈祖文化在高校传播的可行性策略。宋建晓[⑤]在“一带一路”背景下探讨妈祖文化对高校发展所起的作用，将妈祖文化与高校管理相结合，使之成为能够助推高校治理方式创新的一股重要力量。

妈祖文化在台湾有众多的信众，因此研究台湾的妈祖文化都是重头戏。张宜强[⑥]归纳总结 20 世纪以来闽台民间研究的学术发展历史，认为闽台民间信仰研究仍有提升的余地。曾佳雯[⑦]以台湾妈祖文化旅游信息资源为例，

① 林明太、连晨曦、林幼梅：《妈祖文化景观的海洋性元素分析及旅游开发研究》，《黄河科技大学学报》2018 年第 4 期。

② 章牧、罗玲、李优兰：《深圳妈祖文化与宗教旅游》，《特区经济》2018 年第 7 期。

③ 李亚恒、陈金华：《基于知识图谱的妈祖文化旅游研究综述》，《广西经济管理干部学院学报》2018 年第 4 期。

④ 徐维玮：《大学生妈祖文化认知现状与思考——基于福建省 9 所高校的实证调查研究》，《莆田学院学报》2018 年第 1 期。

⑤ 宋建晓：《试论高校传承和弘扬妈祖文化的意义——以莆田学院的实践为例简》，《形象史学》2017 年第 2 期。

⑥ 张宜强：《20 世纪以来闽台民间信仰研究的回顾与展望》，《福建江夏学院学报》2018 年第 2 期。

⑦ 曾佳雯：《基于主题图的台湾文化旅游信息资源组织研究——以妈祖文化为例》，《图书馆研究与工作》2018 年第 6 期。

提出构建面向大陆旅客的台湾文化旅游系统平台，为游客提供更好的文化旅游体验，同时，为台湾文化的保护与开发提供思路。谢雅卉[①]使用资料分析、田野调查等方法，通过对大甲镇澜宫妈祖的文创实践的个案研究，探讨台湾民间信仰文化创意的发展策略与路径。黄诗娴[②]论证台湾妈祖文化正在向常民文化发展的趋势，即信众信仰由区域性的信仰圈，扩大至地域性的文化圈，再扩大至整个台湾的观光圈形态。

妈祖文化与“21 世纪海上丝绸之路经济带”关系的研究仍有新视角。刘育滩[③]通过对辽宁妈祖文化活动新闻报道的主题进行归纳，从而推动了辽宁与“21 世纪海上丝绸之路”的对接。蔡天新[④]认为研究古丝绸之路沿线国家和地区的妈祖文化传播，有深远的历史意义和积极的现实意义。林明太、连晨曦[⑤]分析了我国海上丝绸之路沿线的莆田、泉州、广州、天津、福州、漳州、南京、宁波、蓬莱等一些城市妈祖文化旅游资源的赋存情况，提出了我国海上丝绸之路沿线城市妈祖文化联合旅游开发应遵循的原则和建议。戚剑玲[⑥]认为妈祖信仰作为世界海洋文化的组成部分，对于促进 21 世纪新海上丝绸之路国家和地区的跨文化对话和政治互信，推进我国“一带一路”倡议具有积极的现实意义。

关于妈祖文化在国外传播的研究。松尾恒一、梁青[⑦]在试图揭示长崎的妈祖信仰传承的同时，也对作为现代社会的非物质文化遗产之一的妈祖信仰

---

① 谢雅卉：《台湾妈祖文化品牌建设对社会影响的传播作用——基于大甲镇澜宫的实证研究》，《妈祖文化研究》2018 年第 3 期。

② 黄诗娴：《台湾民间信仰的文化创意实践——台中大甲镇澜宫妈祖个案研究》，《中国文化产业评论》2018 年第 1 期。

③ 刘育滩：《辽宁妈祖文化活动的新闻报道研究》，沈阳师范大学硕士学位论文，2018。

④ 蔡天新：《妈祖信仰的由来及其古丝路传播的时空研究》，《妈祖文化研究》2018 年第 3 期。

⑤ 林明太、连晨曦：《我国海上丝绸之路沿线城市妈祖文化的联合旅游开发研究》，《牡丹江大学学报》2018 年第 11 期。

⑥ 戚剑玲：《文化涵化与地域认同的庙堂表征——“一带一路”视域下北部湾地区妈祖庙研究》，《广西师范学院学报》（哲学社会科学版）2018 年第 2 期。

⑦ 松尾恒一、梁青：《明清中日欧民间贸易与旅日华侨妈祖信仰的历史与传承》，《文化遗产》2018 年第 2 期。

及其仪式的意义进行论述。林晶[1]认为近现代以来，妈祖文化得到海外学者的极大关注，尤其成了一批日本学者研究的重点。在全球化背景下，认识与剖析妈祖文化的海外研究，有利于我们站在“他者的视角”和“世界的眼光”审视自身的文化内涵。刘春燕[2]以“马来西亚槟城华侨华人妈祖信仰的特点”为主题，以槟城海南会馆天后宫为例，通过田野调查与个案分析相结合的方式，阐明槟城华侨华人与妈祖信仰的渊源，进而尝试总结华侨华人妈祖信仰的特点。据此，进一步挖掘槟城华侨华人妈祖信仰的意义。李宏伟、阳阳[3]认为妈祖信仰在日本传播的路径体现了中、日之间的政治、经济互动，还揭示了文化层面的融通，对于当今的区域联通理念及战略具有启发意义。梁曦[4]认为天妃信仰之所以能传入琉球进而生根发芽，原因就在于其本土原先就存在着与之相似的守护航海安全的女神信仰。

从以上成果可以看出，2018 年与妈祖文化相关的研究成果呈现多学科视角交叉的趋势，并且成果所发表的刊物等级较之前更为优质，可见当前学术界对妈祖文化学术研究的重视程度越来越高。

（4）学术交流

2018 年 10 月 24 日，莆田学院妈祖文化研究院与韩国济州女性家族研究院签署合作协议，搭建了中韩海洋女性文化合作研究平台，增进了双方学者之间的相互了解与友谊，对于进一步推进妈祖文化研究国家化战略和服务国家“一带一路”倡议有着重大的意义。

重视妈祖文化学科建设，将社会学（妈祖文化）列入学术型硕士学位培养点，并推荐申报省级应用学科和福建省哲学社会科学研究团队。首届妈祖文化传播人才培养特色班的 50 名学员顺利结业，福建师范大学与莆田学院共同合作招收培养社会工作（妈祖文化）3 名专业硕士研究生。

---

① 林晶：《多学科视域下日本学界关于妈祖文化的研究——以日本 CINII 系统为中心》，《中国史研究动态》2018 年第 2 期。

② 刘春燕：《马来西亚槟城华侨华人妈祖信仰的特点——以海南会馆天后宫为例》，华侨大学硕士学位论文，2018。

③ 李宏伟、阳阳：《妈祖信仰传入日本路径研究》，《八桂侨刊》2018 年第 2 期。

④ 梁曦：《琉球航海女神信仰研究》，《陇东学院学报》2018 年第 4 期。

（四）文化创意与慈善

1. 戏曲影视

随着现代传媒的高速发展，以妈祖为主角，正面描述妈祖生平，为妈祖立传的戏剧、影视剧本开始雨后春笋般地涌现出来。在古典戏剧作品里，大多从侧面描写了妈祖形象。明代以来，有一些相关内容涉及妈祖或以妈祖文化为背景的剧本。如明代杂剧《奉天命保下西洋》、晚清传奇《天风引》、清末民初的传奇《天妃庙传奇》等。台湾妈祖剧本《圣女妈祖传》完成于1954年10月初，除了拍成电影外，亦被演为“话剧”，1963年《圣女妈祖传》又被搬上舞台，同年亦重新出版该书。20年后，妈祖事迹也以歌仔戏形式被搬上舞台，公开上演。①

2018年通过推进大型室内剧“千秋妈祖”进驻永久会址常态化演出，弘扬妈祖文化。大型音诗乐舞《千秋妈祖》由省文联、市政府、海圣文艺创作工作室联合打造。舞剧以妈祖一生为故事载体，借用歌舞诗剧的结构形式，通过现代创新艺术手段，以人与大海、湄洲默娘、焚屋引航、大爱宏愿、普救众生、千秋妈祖等章节，融合科技与创意，史诗般地再现了妈祖由人到神的历程。

2018年7月6日至17日，福建省莆仙戏剧院创作的新编传奇剧莆仙戏《海神妈祖》赴新加坡、马来西亚开展文化交流巡演活动。此次文化交流团一行65人在新加坡、马来西亚马六甲、吉隆坡、霹雳共举行7场《海神妈祖》演出，并开展了与莆仙戏艺术相关的讲座等文化交流活动。

2. 文创产品与活动

（1）推动出版《妈祖》连环画

经过近5年的构思创作，漳浦连环画家黄灶顺的最新连环画作品《妈祖》于2018年10月底发行。从2012年9月到2017年9月创作期

① 王见川：《1946～1987年的台湾妈祖信仰初探——以北港朝天宫转型和妈祖电影、戏剧为考察中心》，《莆田学院学报》2006年第1期。

间，他从搜集素材、实地采风，到撰写脚本，绘制草图，反复修改，铅笔画底稿，毛笔描正稿总共创作了240多幅，脚本字数约为14000字。这部以中国画工笔白描传统技法完成的大型连环画作品，由164幅精品画作构成。《妈祖》一经付梓，便在第九届世界华文论坛的“海上丝绸之路视野下的妈祖与海外华文传媒”主题论坛上展示，得到莆田市和漳州市领导很高的赞誉。2018年将继续推动出版《妈祖》连环画，打造妈祖文化国际品牌。

（2）2018 Q版妈祖创意台历及贺岁红包

默娘文创2018年Q版萌萌妈祖台历，有12幅萌萌妈祖赐福插画与小伙伴们共同度过平安吉祥的2018年12个月份，插画正面也分别附应每个月的妈祖保佑祝福语录。2018年贺岁红包采用Q版妈祖喜庆插画作为正面大图，以金色贺字加祥云图案作为主色，寓意平安吉祥。以“玉如意”的纹路作为红包封口，有万事如意寓意。此外，红包背面还增添“妈祖赐福”“天下第一印”“湄洲妈祖石雕像”等元素，给红包的整体包装增添丰富内容，成为一款极具文化创意的新年贺岁和喜事祝福红包。

（3）首届“妈祖文创奖”

2018年3月20日至5月7日，以“大爱联结世界，平安点亮生活”为主题，以“全世界致力于文化创意设计和研发的企业、机构、高校、团体或个人，或海内外以妈祖文化和民间信俗为设计和研发对象的创作主体”为参赛对象，活动项目包括有文创产品类（三二三妈祖平安节吉祥物、平安灯、饰品如胸花吊坠、香袋）和服饰设计类（“大爱妈祖，平安使者”形象服饰如服装、标志）的妈祖文创大赛举行。此活动由湄洲妈祖祖庙创立并发起，旨在搭建妈祖信俗与妈祖文化领域的文化创意竞赛、研讨、展览、推介、人才培养、产业对接平台，促进妈祖文创发展，弘扬妈祖文化，让文化创意融入妈祖信俗，让平安大爱绽放创意光芒。

（4）第十一届海峡两岸（厦门）文化产业博览交易会

2018年11月2日至5日，第十一届海峡两岸（厦门）文化产业博览交易会在厦门国际会议展览中心举办。其中，由福建省莆田市湄洲岛党工委宣传部牵头设立的“妈祖文创馆”，展出妈祖文创展品四大系列，300 余款、5000 余件作品。

（5）大爱妈祖、美丽莆田——首届全国美术名家邀请展

2018 年 2 月 8 日至 13 日在莆田市群众艺术馆举办“大爱妈祖、美丽莆田——首届全国美术名家邀请展”，此次展览共展出来自全国各地名家名作近百幅作品，内容涵盖山水、人物、花鸟等，品质高格。

（6）第九届中国西部文化产业博览会

第九届中国西部文化产业博览会于 2018 年 9 月 7 日至 10 日在西安举办，以“弘扬丝路精神，凝聚产业力量”为主题。共有 1 场展览、1 个主论坛、4 个分论坛、赛事、演出、推介会等多项配套活动，让来自国内外 800 余家展商，增强丝路交流，迎来合作契机，实现共赢目标。9 月 7 日上午，妈祖文化惊艳亮相。此次展会湄洲岛展出妈祖文创精品共五大类，分别为珍善美、食之味、瓣香礼、绘生活及台湾文创产品，共计 300 余件，其中多件妈祖文创产品荣获过“福建好礼”百佳旅游商品、福建文创奖等奖项。

（7）第二十届湄洲妈祖文化旅游节

2018 年 11 月 18 日，第二十届中国・湄洲妈祖文化旅游节在“妈祖故里”福建省莆田市湄洲岛启幕。本届妈祖文化旅游节举办第三届“湄洲女发髻”表演赛、《祥瑞湄洲》民俗歌舞表演、莆仙戏表演、妈祖文化灯光秀、中韩妈祖文化油画展、电影《妈祖回家》杀青仪式、湄洲妈祖巡安菲律宾等多项活动。

3. 慈善服务活动

妈祖文化的核心是扶危济困、救苦救难。这与现代社会推行慈善、帮扶是一致的。历年来，湄洲妈祖祖庙、各地妈祖文化交流协会等机构组织多次举办各项慈善服务活动。如支持文教卫生事业、实施“送温暖”工程、对突发事件的救助、支持重灾区重建家园等择善而举之事。

每年均有来自大陆与台湾的多个机构开展妈祖主题奖学助学活动，向优秀学生、优秀教师和贫困家庭优秀子女发放奖学金。2014 年北京妈祖仁爱慈善基金会启动仪式举行。该基金会确定以传承妈祖仁爱精神，弘扬公益慈

善理念为宗旨，服务内容包括支持妈祖文化遗产、文献整理和文物保护工作，资助有利于传承妈祖仁爱精神的救灾救济、扶贫救助、医疗卫生、支教助学、促进就业等方面的公益慈善活动。

近几年，每遇重大自然灾害，各妈祖相关机构都及时为灾区人民捐款、捐物，其中较为突出的有：支持东南亚海啸灾区、四川汶川地震灾区、青海玉树地震灾区、甘肃舟曲泥石流灾区，台湾“八·八”水灾等，为灾区人民送去妈祖的大爱，帮助他们重建美好家园。2018 年，湄洲妈祖祖庙董事会向老少边岛优秀教师、贫困学生颁发奖教和助学奖学金共计 229.4 万元，并资助经费用于开展妈祖文化教学和研究。2018 年 2 月 23 日，妈祖大爱慈善协会成立。2018 年度妈祖助学仪式（莆田站）也于中华妈祖文化交流协会妈祖大学堂隆重举行。

二　当前妈祖研究存在的问题

（一）妈祖文化的传播问题

在妈祖文化的传播问题上，与海外学者交流不足，还未高效率地吸收、利用海外学者的研究成果，引进力度不够。妈祖文化传播的研究展示了妈祖信仰的纵向与横向发展脉络，但是目前的研究较多把妈祖文化传播作为独立存在的现象，尤其对妈祖文化传播过程中的在地化问题关注较少，对比研究不足，也无法突出当地的传播特点。更重要的是目前还缺少对于妈祖文化的传播主体——中国海商的研究。

（二）学科研究缺乏系统的理论建构

从学科建设的角度来看，妈祖文化应该是中国海洋文化系统中的重要内容。目前，尚缺乏整体的理论建构，研究方法还比较单一，尚未规模化。但当前妈祖文化从多学科视角的切入，为学科建设塑造了很好的环境。结合当前全球治理的理念，应弘扬妈祖文化，“充分发挥其在‘一带一路’建设中文化使者的作用，让和平的薪火代代相传，让发展的动力源源不断，让文明的光芒熠熠生辉，为世界贡献中国的智慧和力量”。[①]

（三）妈祖文化的现象与解读问题

从整体上看，理论模式的构建与思考还处于起步阶段，停留于单一现象的叙述或记录的研究比较多，仅限于将妈祖作为一个独立的、单一的神灵，还未将其嵌入中国海洋文化发展的大的社会背景框架下进行研究。关于妈祖信仰与国家发展、社会发展的联系缺少关注。

三　对策与建议

（一）扩大妈祖文化现代传播网络

在信息时代，妈祖文化的广泛传播与发展已不再是粗糙的对外宗教输出，而是具备了向全世界传输中华文化价值的功能，并且逐步受到国外人士的关注和青睐。积极推动与海上丝绸之路沿线媒体合作，以世界说妈祖的形式向世界各地传播妈祖文化。充分拓展宣传媒介，利用高科技技术和互联网应用，全方位展示世界妈祖文化的魅力的特征。要建立并完善学术交流机制，通过开展多种形式的学术交流，邀请不同领域的专家学者进行探讨，营造鼓励不同学术观点的氛围，有助于挖掘新的研究热点，提炼出崭新的学术思想，激发不同领域的专家发现自己感兴趣的切入点，并进一步促进妈祖研究与其他学科的深度融合。

（二）完善学科体系与理论建构

伴随着多种学科、多重视角研究的发展，妈祖文化的研究已开始逐渐成为一门新兴的文化学科。在黄瑞国主编《妈祖学概论》（2013）中首次

---

① 宋建晓：《全球治理视野下妈祖文化的独特价值》，《光明日报》2017 年 12 月 22 日。

提出了“妈祖学”概念，并从多学科角度，对妈祖学加以系统论述。“这是第一部努力将妈祖文化进行理论化、学科化和时代化的著作，对夯实妈祖学理论基础，打造妈祖学学科体系，凸显妈祖文化学术价值等均具有重要现实意义和深远的影响”①，呈现逐渐由信仰考察到文化研究再到学科构建的发展趋势。②

（三）创建世界妈祖文化交流中心

以“传承与弘扬中华传统文化”的重要讲话精神为指导，以培养和弘扬社会主义核心价值观为根本任务，与实施“21 世纪海上丝绸之路”紧密结合，把妈祖文化融入国家发展大局之中。加强与联合国教科文组织等国际知名机构的联系与对接，发挥世界各地妈祖文化交流协会的组织作用，通过世界妈祖宫庙缔结友好宫庙关系，实施“走出去”“请进来”工程，积极开展妈祖金身巡安活动，继续开展“妈祖下南洋，重走海丝路”活动，加大对港澳台、东南亚、东北亚等国家和地区的巡安活动，推动“一带一路”沿线国家民心相通、文化互鉴，构建人类命运共同体。让妈祖文化走向世界，并以寄托美好生活和谐共荣为目标，倡导人与人，人与社会及人类与自然之间，友好相处协调发展，在族群社会各阶层、过渡区域、政治见解等方面，形成认同，达到互助互惠、和谐共赢的新高度。

---

① 王震中：《〈妈祖学概论〉评介》，《莆田学院学报》2015 年第 1 期。

② 孙晓：《妈祖学与妈祖藏》，《中国史研究动态》2015 年第 3 期。

B.7

2018年中外海事博物馆交流展览报告

尤泽峰*

摘　要： 随着国家海洋强国战略的发展，以及“一带一路”的建设愿景，中国的海事博物馆建设迎来的全面发展时期，与此同时中外海事博物馆的合作交流也迈上了一个新的台阶。本论文回顾了2018年中外海事博物馆合作的项目，着重分析与英国国家海事博物馆合作的多个项目，并且以“讲好海丝故事”“凝聚中外精品”以及“呈现水下考古”为主题罗列了一年里中外海事博物馆展览合作的成果，并且介绍了收藏在海外的相关中国海事藏品。

关键词： 中外交流　海事博物馆　海洋文化

21世纪是海洋的世纪，也是海洋文化大发展、大繁荣的时代。伴随国家海洋强国战略以及“一带一路”建设愿景，中国航海类博物馆迎来全新的发展时期。与此同时，国内外海事博物馆的合作交流也迎来了全新的发展机会，2018年更是中外海事博物馆合作丰收的一年。

一　海事博物馆简介

海事博物馆是展示一个国家或地域海洋贸易、港口变迁、航海造船技

* 尤泽峰，宁波宝德中国古船研究所副所长，国际海事博物馆协会执行理事，研究领域：中外海事博物馆、中国传统舟船工艺。

术、传统渔民风俗、海战等一系列与海洋相关联的活动状况为主的专题性博物馆。① 根据国际海事博物馆协会提供的信息，目前全球登记在册的共有超过100多家海事博物馆。中国博物馆协会航海博物馆专业委员会于2014年6月在上海成立，目前共有26家正式会员单位，主任委员单位及秘书处挂靠单位均为上海中国航海博物馆。② 我国的涉海类博物馆虽然数量不多，但包含有一批如泉州海外交通史博物馆、中国甲午战争博物馆等国家级博物馆。2018年是中国海事博物馆建设重要的一年，其中包括位于海南省琼海潭门的中国（海南）南海博物馆于2018年4月26日正式开馆。位于天津的国家海洋博物馆2018年也进入最后冲刺阶段，预计明年中旬开馆，广州海上丝绸之路博物馆的建设也历经了重要的一年。海事博物馆逐渐受到地方政府的重视，逐渐走进民众的视野。

二　深入全面的中外合作

2018年是中外海事博物馆合作交流成果颇丰的一年。2月16日正值中国的农历大年初一，位于英国伦敦格林尼治的英国国家海事博物馆张灯结彩，热闹非凡，人头攒动，人们齐聚一堂，欢庆中国新年。现场逾300位观众共同领略中国传统文化的魅力。活动现场气氛热烈，欢声笑语不断。这是在英国国家海事博物馆举办的第16届中国春节庆祝活动。中国新年庆祝活动已经成为英国海事博物馆重要固定活动之一。在英国国家海事博物馆的中国新年庆祝活动也正式拉开了2018年中外海事博物馆交流合作的序幕。

英国国家海事博物馆是皇家格林尼治博物馆下属四馆之一（这四馆分别是国家海事博物馆、皇家天文台、女皇屋以及凯蒂萨克号古帆船），博物馆坐落于联合国教科文组织世界文化遗产格林尼治海事遗址之上，馆藏有世

① International Congress of Maritime Museums，国际海事博物馆协会，https：//icmmonline. org/about-us/icmms-role，2019。

② 弘博网：《“海专委”联合中国涉海类博物馆，共同建设21世纪的海洋文化》，http：//www. hongbowang. net/news/yj/2019-01-11/11475. html，2019年1月11日。

界上最重要的英国航海的历史文物，包括船舶模型、地图、手稿、航海仪器、计时器与天文台等。同时还拥有世界上最大的与海事历史相关的图书馆（收藏达十多万册），最古老的书籍可追溯至15世纪。[①] 该博物馆是世界同类型博物馆中规模最大，也是访问人数最多的博物馆。英国国家海事博物馆收藏了大量跟中国相关的藏品，包括中国古船模型、外销油画、中国近代航海影像资料等。2018年，英国国家海事博物馆、英国海事博物馆与中国相关机构展开了深入的合作交流。

（一）“海上丝绸之路——南海Ⅰ号”文物特展合作

在中英两国高级别的人文交流机制活动中，与海洋文化交流相关的活动在2018年成果显著，主要有以下几项。国务院副总理刘延东与英国卫生大臣吉里米·亨特共同见证了数项合作协议的签署，国家文物局水下文化遗产保护中心副主任宋建忠等领导参加了由英国文化教育协会牵头举办的中英文化遗产交流高层圆桌会议，英格兰遗产委员会、英国国家海事博物馆等英方文物保护专业机构十余人参加了会议。[②] 其中最引人注目的项目之一要属“海上丝绸之路”文物特展赴英项目，此展览计划展出从南宋古沉船“南海Ⅰ号”打捞出水的300多件文物，展期初定于2021年3月至7月，首先在英国国家海事博物馆展出，并计划最多在三个国际（欧洲）场馆巡展。这也将是广东海上丝绸之路博物馆（“南海Ⅰ号”沉船博物馆）与国外文博机构合作的首次展览，将向西方观众展示中西方贸易和交往历史，诠释中国“一带一路”倡导的重要意义。

5月31日，“海上丝绸之路”特展备忘录签署仪式在广东海丝馆举行，此次签署仪式由国家文物局水下文化遗产保护中心、英国国家海事博物馆、

① Royal Museum Greenwich，英国皇家格林威治博物馆，https：//www. rmg. co. uk/work-services/what-we-do，2019。

② 国家文物局水下文化遗产保护中心：《中国国家文物局水下文化遗产保护中心与英国国家海事博物馆合作协议书在伦敦签署》，http：//www. uch-china. org/newsdetail. aspx？ cid = 250&lid = 9。

广东省文物考古研究所、广东海上丝绸之路博物馆以及广东省博物馆共同举办。① 五家单位代表正式签署了“海上丝绸之路”特展备忘录，为进一步推动“南海Ⅰ号”文物赴英展出的筹备工作迈出了重要的一步。

（二）“舢板女孩的微笑”展览合作

3月28日，《舢板女孩的微笑——源自英国皇家格林威治博物馆的影像图片展》在广州博物馆专题展览厅开幕。这次展览积极响应了国家“一带一路”的倡议，以中国传统木帆船为主题，展出了近百幅英国摄影师大卫·威利·沃特斯（David Willie Waters 1911－2012）在20世纪30年代所拍摄的我国沿海一带以及东南亚越南、新加坡地区传统木帆船与风土人情影像图片。展览作为广州博物馆年度国际合作交流展，为广州市民倾力奉献了历史人文与艺术气息兼备的特展，积极推动了中英文化交流。②

12月13日，《舢板女孩的微笑》移师新加坡，在新加坡海事局美术馆顺利拉开帷幕。摄影师沃特斯先生镜头下的中国传统木帆船再次吸引了新加坡当地媒体和观众。这是继宁波站和广州站之后，《舢板女孩的微笑》展览第一次走出国门，在海外展出，取得了十分良好的效果。

《舢板女孩的微笑》展览项目缘起收藏在英国海事博物馆图书馆的一批珍贵影像资料。该资料记录了20世纪30年代，英国海军中校大卫·威利·沃特斯（David Willie Walters）来到亚洲，拍摄了600多张中国和东南亚沿海一带港口与舟船的图片，捕捉了船上人家的日常生活。这也是目前国内外发现最多最完整的反映中国近代航海的影像资料，弥补了研究中国近海航海历史的空白。③ 英国皇家格林尼治博物馆与宁波宝德中国古船研究所自2016年起已开始在藏品研究和分享与展览交流等方面进行了深入的合作。该展览

① 广东革命历史博物馆：《广东革命历史博物馆应邀赴英国格林威治皇家博物馆签订合作意向书》，http：//www.xwgd.gov.cn/xwgd/whzc/201711/b9873bc5e2604796af4710fe1cf40375.shtml，2017年11月2日。

② 《舢板女孩的微笑——源自英国皇家格林威治博物馆的影像图片展》，广州博物馆，https：//www.guangzhoumuseum.cn/2018－03－28。

③ 尤泽峰：《舢板女孩的微笑》，上海古籍出版社，2018。

自2016年6月在三桅古帆船“凯蒂萨克号”上发布后，先后在宁波浙东海事民俗博物馆，广州博物馆和新加坡海事局美术馆顺利展出。2018年5月，由上海古籍出版社出版的同名书籍《舢板女孩的微笑》正式出版发行，也成为研究中国近海航海历史必不可少的资料。

（三）“19世纪中国晚清海军战旗”研究合作

英国皇家格林尼治博物馆与广东革命历史博物馆通过多次洽谈，就馆藏的中国近代旗帜研究项目达成了合作。这批近代中国旗帜对研究中国晚清民国时期的海军战事极具意义。广东革命历史博物馆一行在合作之前专程赴英，双方就研究项目进行交流和探讨，签署了合作意向书，确定具体合作计划。[1] 2018年12月5日至8日，“威权的象征——英国国家海事博物馆藏中国旗帜学术研讨会”在香港城市大学举行。会议汇聚了十余位来自伦敦、香港、澳门、上海与广州的学者及博物馆从业人员。会议由香港城市大学中文与历史学系程美宝教授主持，著名中国近代史学者、澳门大学茅海建教授，英国皇家格林尼治博物馆研究与资讯部主任 Blish Stuart 等专家与学者均提交了论文报告，并先后发言，通过热烈讨论，对这批中国旗帜的用途、背景有了更清晰的解读。这是广东革命历史博物馆英国项目研究的关键一步，特别是在国内博物馆旗帜类藏品收藏与研究相对空白的情况下，这次会议将历史文献资料与博物馆藏品相结合，是博物馆藏品研究方面的一次重要尝试。

三　展览合作

在中外海事博物馆合作交流过程中，展览通常是博物馆之间交流最直接也是效果最好的合作。2018年中外海事博物馆的展览合作主要以政府行为为主导，众多博物馆依托政府平台出境交流，展览种类丰富，藏品质量普遍较高。

---

① 《广东革命历史博物馆一行赴香港参加“威权的象征——英国国家海事博物馆藏中国旗帜学术研讨会”》，广东革命历史博物馆，http：//www. gemg1959. cn/article. aspx？menuid = 1304&tab = tab_ News&tabid = 609，2018年12月17日。

（一）讲述“海丝”故事

“海上丝绸之路”是指起始于古代中国，连接亚洲、非洲和欧洲的古代商业贸易海上路线。随着“一带一路”倡议的提出，“海上丝绸之路”已然成为博物馆展览中的热门话题。对于博物馆而言，“海上丝绸之路”展览主题是具有巨大时间、空间跨度的主题。在2018年，多家海事博物馆诠释了这一主题，其中不乏策划精致、展品精美且数量众多的展览，有多家海事博物馆走出国门，探究“海上丝绸之路”上中国与世界的文化共享，以及文明之间的交流互鉴。

1. 故宫博物院

展览名称：东风西韵——紫禁城与海上丝绸之路

展览地点：葡萄牙里斯本阿茹达国家宫

展览时间：2018年12月3日至2019年3月31日

2018年12月3日，正值中国国家主席习近平对葡萄牙进行国事访问，由国家文化和旅游部、葡萄牙文化部和葡萄牙文化遗产总局支持，故宫博物院和葡萄牙阿茹达国家宫合作举办的“东风西韵——紫禁城与海上丝绸之路”展在葡萄牙里斯本阿茹达国家宫开幕。这次展览是2018年初，文化和旅游部就与葡萄牙文化部互办“文化节”达成了共识，是为了庆祝2019年中葡建交40周年。本次展览即2019年葡萄牙“中国文化节”的重要项目之一。展览精心甄选了故宫博物院馆藏的陶瓷、玉器、科学仪器和玻璃器、珐琅器等各类代表性、珍品文物共66件（套），集中反映了明清两朝与外部世界的交流与互动，诠释了海上丝绸之路不仅是频繁的商贸之路，更是联系古代中国与世界文明的纽带。①

2. 广东省博物馆

展览名称：东西汇流——十三至十七世纪的海上丝绸之路

展览地点：德国汉堡国际海事博物馆

展览时间：2018年6月8日至9月10日

① 王迪、裴广江：《“续写海上丝绸之路友谊”——“东风西韵——紫禁城与海上丝绸之路”展在里斯本开幕》，人民网，https：//www. yidaiyilu. gov. cn/xwzx/roll/73638. htm，2018年12月5日。

作为中德建交45周年系列文化活动重点项目之一，由广东省博物馆策划制作的“东西汇流——十三至十七世纪的海上丝绸之路”展览于2018年6月8日在汉堡国际海事博物馆开幕。展览以13～17世纪为时间轴，从商品交换、宗教发展、文化交流、文化史迹等角度，展示了100多套文物珍品，呈现古代海上丝绸之路诞生、发展的历史面貌。本次展览作为广东省博物馆与汉堡国际海事博物馆首次合作的成果，汇集了包括“南海I号”南宋沉船出水文物在内的众多精美藏品，展现了海上丝绸之路对中国与世界相互交流、贸易发展与繁荣所起到的重要作用。[①] 汉堡国际海事博物馆是欧洲介绍世界航海历史的重要机构，其创始人彼得·塔姆教授生前一直积极推动国际交流，并希望与中国的博物馆联合办展。博物馆馆长赞扬此次展览不仅带来了令人着迷的展品，让海上丝绸之路再度闪耀，还将进一步增进德中两国的友谊。

3. 广州博物馆

展览名称：海丝映粤文物精品展

展览地点：葡萄牙埃武拉博物馆

展览时间：2017年9月21日至2018年1月20日

作为“广州文化周·海丝映粤文物精品展”首次走出国门，在葡萄牙埃武拉博物馆进行为期100天的展览。[②] 展览是由广州市文化广电新闻出版局、葡萄牙埃武拉市政府、广州博物馆、葡萄牙埃武拉博物馆和葡萄牙中国观察协会联合举办。展览精选文物展示海丝文明魅力，积极贯彻落实了国家“一带一路”倡议，响应广州市委市政府“推进21世纪海上丝绸之路建设三年行动计划”的工作要求，从广州博物馆馆藏的文物中，精选秦汉时期琉璃珠饰、陶俑座灯、唐代长沙窑的瓷器，南汉的铅钱、宋代西村窑瓷器、明代孟加拉银币以及清代的外销瓷、外销画等精品海丝主题文物共30件（套），分秦汉、唐宋、明清三个部分展出文物。

---

① 彭大伟：《“南海一号”文物首度“出海”海上丝路珍品亮相汉堡》，中国新闻网，http：//www. chinanews. com/cul/2017/06－09/8246022. shtml 2017，2017年6月9日。

② 《2017“广州文化周·海丝映粤文物精品展”在葡萄牙顺利开幕》，广州博物馆，http：//caec. org. cn/a/zixun/gedizixun/2017/0930/10856. html。

（二）汇聚中外文物精品

越来越多的观众走进博物馆，观众对藏品质量的要求也越来越高。2018年，众多海事博物馆对于展览可谓做足了功课，策展人基于对文物的深入研究和理解，充分使展品的内涵与背景，文物个性与时代性结合。为观众呈现了一场又一场高质量的展览。

1. 香港海事博物馆

展览名称：花旗飘洋——1784～1900年远航来华的美国商人

展览地点：香港海事博物馆

展览时间：2018年12月14日至2019年4月14日

这在香港海事博物馆展出的展览，“龙与鹰”分别象征着中国和美国，形象深入人心。在18世纪末，中国是世界上古老的帝国，而美国则是刚成立的年轻共和国。1784年2月22日，乔治·华盛顿生日当天，第一艘美国商船“中国皇后号”从纽约启程航向广州，正式造就了龙与鹰的相遇。特色鲜明的星条旗在船上迎风飘扬，启发了中国人称美国为“花旗国”。[①] 这次大型展览是由香港海事博物馆筹备数年，精心策划，旨在揭示18世纪末至19世纪中美早期贸易的历史。展览分为“梦想东方”“口岸通商”“火船万里”“居家搜藏”及“异乡生活”五部分。展品选自香港海事博物馆、纽约大都会艺术博物馆、温特图尔博物馆、费城艺术博物馆、迪美博物馆、费城独立海港博物馆、哈佛商学院贝克图书馆、凯尔顿基金会、太古集团香港历史档案服务部、汇丰历史档案部，以及本地和美国藏家的重要珍藏。通过展出珍贵的贸易商品、外销工艺品、航海仪器、档案文献等，呈现中美两国在海上贸易、商业经济、航海技术、社会文化方面的互惠互利，并为公众提供一个回顾历史的平台。

2. 泉州海外交通史博物馆

展览名称：华夏瑰宝

① 《花旗飘洋——1784～1900年远航来华的美国商人》，香港海事博物馆，http：//www.hkmaritimemuseum.org/chi/whats-on/special-exhibitions/91/，2018年12月14日。

展览地点：沙特阿拉伯利雅得国家博物馆

展览时间：2018 年 9 月 13 日至 11 月 23 日

“华夏瑰宝”展览是由中国国家文物局、沙特旅游及民族遗产总机构主办，中国文物交流中心承办，旨在为进一步推动中沙两国文化交流。展览在沙特阿拉伯利雅得国家博物馆展出，国内 13 家文博机构联合展出 264 件展品，其中文物展品 173 件，一级品数量 38 件①。本次展品来源于故宫博物院、徐州博物馆、福建省泉州海外交通史博物馆、陕西历史博物馆、洛阳博物馆、秦始皇帝陵博物院、河南省文物考古研究院、洛阳市文物考古研究院、焦作市博物馆、邳州博物馆、国家文物局水下文化遗产保护中心、广东省文物考古研究所、中国文物交流中心，共 13 家文博机构。其中泉州海外交通史博物馆作为国内历史最悠久，馆藏最丰富的海事博物馆之一，共有 27 件展品参展，包括元代伊斯兰教石刻 5 件，其中一级文物 3 件。此次展览是中国文物首次大规模赴沙特展出，展览以历史发展为顺序，展出自新石器时代至清代的精美考古遗存及传世珍品。此次赴沙特“华夏瑰宝”展览加入了中国与阿拉伯地区交往的篇幅，生动再现了自古以来中国与阿拉伯地区源远流长的交流与对话。展览分为“文明伊始与礼制建立”“一统盛世、巩固与发展”“包容多元的对外交往”“商业萌芽与海洋贸易”“宫廷气度与宫廷艺术”五个部分。泉州海交馆的展品在第四单元“商业萌芽与海洋贸易”展出，本单元介绍了瓷器艺术、海洋贸易，以及中国与阿拉伯地区在宋元明时期的贸易与人员交往。这一单元中，不仅展出了故宫博物院收藏的明宣德青花云龙纹天球瓶，用阿拉伯文装饰的明正德款瓷器，也展出了陕西历史博物馆收藏的元代阿拉伯数字幻方铁板。泉州海交馆选送元伊斯兰教奈纳·穆罕默德石墓碑参展，并用复原的船舶模型体现郑和下西洋的澎湃场景，从多维角度呈现这一时期文化与贸易的广阔性和包容性。

① 泉州网：《入列“华夏瑰宝”27 件泉州文物赴沙特展览　近半数展品为首次出境》，http：//fj. people. com. cn/n2/2018/0906/c181466－32021698. html，2018 年 9 月 6 日。

（三）呈现水下考古成果

近些年，公众对于水下考古的兴趣越来越浓烈，都希望能从展览中了解考古工作的内涵，近距离观察到考古发掘的器物。2018 年，多家博物馆推出了考古成果展。海事博物馆作为水下考古成果的重要展示场所，也陆续推出了一系列的水下考古相关展览。

中国航海博物馆、宁波博物馆

展览名称：China 与世界：海上丝绸之路沉船与贸易瓷器大展

展览地点：中国航海博物馆

展览时间：2018 年 5 月 8 日至 8 月 7 日

本次在国内几个博物馆展出的水下文物展览分为“唐风西尚，跨越重洋”“东方神瓷，行销世界”“牵海过洋，铸创辉煌”“中国风情，舞动西方”以及“华夏智慧，全球共享”五部分，对唐代至清代的海外贸易政策、航海技术革新以及外销瓷器种类的变化进行了梳理，展示了“海上丝绸之路”随着唐代航海技术的发展而日渐繁茂，到宋元海外通商的政策推行而达到贸易鼎盛，再到明清人类文明的交流所实现的智慧共享，反映了“海上丝绸之路”的发展与变迁。展览也被列入 2018 年“5·18 国际博物馆日”“7·11 中国航海日”上海市中国主会场的主要活动之一。①

四　海外拥有中国海事藏品的博物馆和机构

位于比利时安特卫普的海事博物馆是目前世界上拥有最多中国帆船模型的场所之一，共有 125 艘古船模型，部分不全，现正式展出 85 艘，这批船模是 19 世纪末制作，曾经是中国清政府参加 1904 年美国路易斯世界博览会和 1905 年比利时列日世界博览会的一组展品，最后成为该海事博物馆的重

① 《CHINA 与世界——海上丝绸之路沉船与贸易瓷器大展》，中国航海博物馆，http://www.shmmc.com.cn/Home/ExhibitionDetail? id = e7bd8f2eafdaa08f，2018 年 9 月 17 日。

要藏品，深受世人关注。[①] 国内专家认为，这是一组比较完整的中国造船的珍品，可惜它们却流落海外，陈列在他乡异国的海事博物馆里。

从19世纪以来，不断有西方人关注并开始研究中国帆船。夏士德（G. R. G. Worcester）这位在20世纪初曾当过中国海关水上督察的英国人，他所写的以《长江的帆船与舢板》为代表的一系列独到而精彩的关于中国木帆船的研究著作，一直是后人研究的重要参考资料，他所监督建造的19艘精致的中国船模，也一直陈列于伦敦科学博物馆内。

皮博迪·埃塞克斯博物馆（The Peabody Essex Museum of Salem）位于美国马萨诸塞州波士顿近郊的塞勒姆市。塞勒姆则是当时北美对外贸易，尤其是与中国进行贸易的一处重要港口。这所"1799年由航海家们建立的皮博迪·埃塞克斯博物馆"堪称美国最早建立的博物馆之一，该馆在美国博物馆界素以丰富的中国古代外销瓷收藏而著称，其中由科普兰港女士（Lammot du Pont Copeland）于1984年捐赠给该馆的我国清代外销瓷堪称精品。这些藏品包括康熙时期的素三彩、五彩外销瓷以及雍正、乾隆时期的粉彩、广彩外销瓷等品种，其中以康熙素三彩外销瓷为主。[②]

五　结语

21世纪的海洋文化建设方兴未艾。面对海洋强国战略、21世纪海上丝绸之路建设的时代需求，作为海事博物馆还任重道远。海事博物馆将坚持以创新、共赢为目标，进一步提高博物馆本身质量与标准，积极开掘国内海事博物馆各项业务资源，继续增强同国外海事博物馆和相关机构的对话与合作，争取打造一个个精品项目。千帆竞发，同舟共济，做好国内海事博物馆更好的发展，共同助力"一带一路"的建设。

① MAS Museum（比利时安特卫普海事博物馆），https：//www. mas. be/en。

② Peabody Essex Museum（皮博迪·埃塞克斯博物馆），https：//www. pem. org。

案 例 篇

Case Topics

B.8

南海文化博物馆：地方资源与国家战略的契合

陈小琼　邸泽军*

摘　要： 南海文化博物馆在建馆之初就确立了立足本地资源优势，服务高校转型发展，助力海洋强国建设大业的办馆目标，自觉地将地方文化资源的挖掘、整理和发挥与高校人才培养工作、国家海洋保护与开发事业紧密联系，开展了一系列卓有成效的地方特色文化传承保护与开发建设活动。经过几年的快速发展，南海文化博物馆已经逐渐创立并形成以海洋文化、历史文化、民族文化等优势资源文化为主体，兼顾海岛生态文化、红色文化和华侨文化的展宣新路，建馆特色鲜明，藏展

* 陈小琼，海南热带海洋学院南海文化博物馆馆员，研究领域：博物馆学、黎族文化、海洋文化；邸泽军，海南热带海洋学院讲师，研究领域：思想政治教育、党建工作。

价值彰显，与国家海洋强国战略、“一带一路”倡议的推进高度契合。当前，南海文化博物馆正继续遵循国家、地方和高校发展要求，主动强化地方优势文化的应用开发功能，为建设高质量品牌功能馆坚定发力。

关键词： 南海文化博物馆　高等院校　地方资源

为推动海南地方特色文化的传播与普及工作，服务学校转型发展，助力海洋强国建设大业，2013 年 3 月，海南热带海洋学院正式组建了南海文化博物馆筹备工作组，聘请北京师范大学退休教授、博士生导师施建中先生担任筹备组组长，全面主持博物馆筹建工作。南海文化博物馆在筹建之初，就决定以海南特色文化资源为传播载体，精准定位其办馆职能。经过六年的发展建设，已初步形成完善的组织机构，建立了四个展厅，拥有了一批馆内外结合的专业团队，一个独具特色的高校博物馆在蓬勃发展中逐渐成形。南海文化博物馆的建立，既有利于加强学校海洋类学科专业建设，促进人才培养、科学研究、社会服务，又有利于扩大学校的社会影响力，服务三亚城市文化和社会功能建设，对于促进本校与国内国际的交流与合作，提升人们的海洋保护与开发意识，营造良好的海洋科研和学术氛围，助力国家海洋强国战略和“一带一路”倡议均具有重要而深远的现实意义。

一　海南特色文化资源

海南特色文化资源极其丰富，主要文化形态有历史文化、红色文化、海洋文化、生态文化、民族文化和华侨文化等文化资源。

海南历史文化源远流长。南北朝时期冼夫人在海南平定匪乱，促进族群和谐，引进移民发展经济文化，深受海南人民爱戴。1300 多年来，海南民间每年都举行“军坡节”纪念、祭祀冼夫人。周恩来总理称冼夫人为“我国历史上第一位巾帼英雄”，江泽民同志号召大家学习冼夫人的爱国主义和民族团结精神。宋末元初黄道婆在海南期间，融合黎、汉纺织技术，加以改进、传播，成为杰出的棉纺织家。明代琼籍政治家海瑞清正廉洁、为民请命，被誉为“海青天”“南包公”。中国历史上各朝代的贬官在海南开设学堂，教化当地民众，推动了海南文化教育事业的发展。如苏东坡的学生姜唐佑，是海南历史上第一位中举者。崖城学宫（又称崖城孔庙），被誉为中国历史上最南端的高等学府。丰富的海南历史文化，是博物馆策划主题展览的重要资源。

海南红色文化资源非常丰富。琼崖革命纵队 1927 年从椰子寨战斗掀起全琼武装总暴动，到 1950 年接应解放军解放海南岛，“孤岛奋战，坚持二十三年红旗不倒”,① 创造了伟大的琼崖革命精神。琼崖“红色娘子军”英勇作战，威震海南，轰动全国，以其事迹改编的芭蕾舞剧，成为海南红色文化的名片。1950 年渡海战役时，解放军“木船打军舰”，成功登陆临高角，创造了我军战争史上的奇迹，后来被拍摄为电影《碧海丹心》。这些海南特色红色文化资源，同《我爱五指山，我爱万泉河》《万泉河水》等海南题材的红歌经典一起，都是大学生爱国主义教育的宝贵财富，也是高校博物馆策展的题材来源。

海南省管辖着二百多万平方千米的蓝色国土——中国南海，是中国面积最大的省份。海南是传承海洋文化的主课堂、国家海洋安全的桥头堡、海洋强国战略的主阵地。习近平总书记指出：“建设海洋强国是中国特色社会主义事业的重要组成部分。”②“要进一步关心海洋、认识海洋、经略海洋，推动我国海洋强国建设不断取得新成就。”③ 海洋文化，与农耕文化和游牧文化一起并列为中华文化的三种文化形态，其主要分布在东部和东南沿海地

① 海南史志办公室：《仲恺村史》，海南史志网，http：//www. hnszw. org. cn/data/news/2013/03/58152/。

② 《习近平谈建设海洋强国》，人民网，http：//politics. people. com. cn/n1/2018/0813/c1001 - 30225727. html，2018 年 8 月 13 日。

③ 《习近平：进一步关心海洋认识海洋经略海洋　推动海洋强国建设不断取得新成就》，人民网，http：//cpc. people. com. cn/n/2013/0801/c64094 - 22402107. html，2013 年 8 月 1 日。

区。“海洋文化，是人类在开发利用海洋的社会实践过程中，逐渐发展形成的精神成果和物质成果的统称。海洋文化是人类文化重要的组成部分，是人类与海洋的互动中，认识、研究、开发、利用、经略海洋而生成的。”① 海南海洋文化资源主要包括：“海洋制度（历史）文化、海洋农业文化、海洋商业文化、海洋科技文化、海洋生态文化、海洋民俗文化、海洋宗教文化、海洋文学艺术、海洋语言文化、海洋旅游文化等文化类型。”② “海南海洋文化是缘于海南岛及周边南海诸岛的海洋而生成的一种滨海型地域文化，即海南人民认识、开发、利用海南岛及周边南海诸岛的社会实践中形成的物质成果和精神成果的统称。”③ 海南拥有历史悠久的海洋文化。如海南先民经略南海的《更路簿》文化、海南渔民世居海上的“疍家文化”、融合了海洋民俗和海权思想的祭海文化、至今仍保留着的古老制盐工艺的盐业文化、维护国家海权的海洋军旅文化，“海上丝绸之路”文化以及海洋科技文化、海洋生态文化、海洋渔业文化，等等，把这些彰显海南海洋文化特色的主题纳入南海文化博物馆展览的范畴，不仅有利于普及海南海洋文化知识，而且有助于增强大学生的海洋文化意识、海洋文明观念、国家海权思想和海洋强国理念。

“生态文化”最能体现海南的特色和优势。习近平总书记指出：“青山绿水、碧海蓝天是建设国际旅游岛的最大本钱，必须倍加珍爱、精心呵护”，④ 总书记对海南推行生态文明寄予厚望，希望海南一直保持青山绿水、碧海蓝天、优质空气，成为“生态文明”省，创建中国特色社会主义实践范例。碧海银沙、蓝天白云、绿水青山、热带风光成为海南最大的软实力，不仅吸引着国内外游客蜂拥而至，还汇集了来自四面八方的资金、技术、人

① 张国凤：《“一带一路”背景下海南海洋文化旅游发展现状及趋势探究》，《旅游纵览（下半月）》2017 年第 8 期。

② 叶冬娜：《浅析海洋文化哲学》，《淮海工学院学报》（社会科学版）2013 年第 9 期。

③ 吴建华、李秀斌：《试论海洋文化行为及其社会学本质》，《广东海洋大学学报》2008 年第 5 期。

④ 《习近平总书记系列重要讲话读本》，人民网，http：//cpc. people. com. cn/n/2014/0901/c164113 –25580891. html。

才等发展要素。依托海南卓越的生态文化资源，将人与自然和谐相处的生态文明理念融入南海文化博物馆主题展览中，使大学生及各层次观众在参观过程中潜移默化接受生态文明理论，充分彰显了高校博物馆的教育职能。

民族文化相映生辉是海南文化的特色。除了汉族，海南岛还有黎、苗、回等民族。以黎族为例，黎族有世界非物质文化遗产黎锦文化和国家非物质文化遗产黎陶文化，有崇尚善良和爱情的“鹿回头”文化，也有渗透在建筑、服饰、节庆中的各种民俗文化。每年“三月三”节，黎族人民都会赶到黎祖大殿举行隆重的祭祖仪式“袍隆扣”，以感恩先祖，祈求国泰民安、福泽万代。改革开放以来，内陆移民加快了海南的发展，促进了岛内各民族的文化交流和融合，也在一定程度上丰富了民族文化。新时代如何在民族地区传承民族文化、弘扬先进文化，充分发挥优良传统文化的时代价值，促进区域经济社会发展，是南海文化博物馆展宣工作面临的重大课题。

作为我国第三大侨乡，海南的华侨文化资源丰富。海南现有常住人口不足 1000 万，但“海外琼属华侨华人和港澳台同胞有 300 多万人”。[①] 尤其是海南文昌，海外华侨 100 多万人，超过祖籍地人口。华侨文化广泛渗透在海南社会生活的方方面面。海南“骑楼”老街是典型的华侨建筑文化，海南“老爸茶”是特有的华侨餐饮文化。琼剧《下南洋》展现了海南先民勇闯东南亚的历史。文昌宋氏祖居生动展现了宋氏家族为代表的海南华侨对中国革命事业的鼎力支持。以爱国爱乡为内涵的海南华侨文化资源是博物馆策划主题展览的主要题材。

二　南海文化博物馆：地方资源与国家战略的深度融合

随着中国经济、文化、科技、教育事业等方面快速发展，综合国力日益强大，中国成为世界第二大经济体。与此相应，“当代中国博物馆事业也进入了一个前所未有的繁荣时期。不仅馆数量剧增，等级提高，设备更新，管

① 海南史志网，http：//www. hnszw. org. cn/xiangqing. php? ID = 61638。

理改善，更重要的是，当代中国博物馆的功能，已经从传统的标本收藏展览、文化教育基地和主流意识形态传播，上升为实现国家战略和中华和平崛起宏伟目标的一个重要助力或方面军。”① 刘延东于2016年11月出席国际博物馆高级别论坛时表示“中国政府高度重视文化遗产的保护和利用，已经将博物馆事业上升为国家战略”②。在当前大环境下，南海文化博物馆自筹建之初，就有意识地致力于地方特色文化资源与国家战略的契合，明确了办馆宗旨是收藏、保护、研究、传承和展示传播海南特色优秀文化，既服务于学校学科建设和地方文化建设，服务于本校学生的实习实践及地方中小学第二课堂学习活动，又服务于国际旅游岛旅游建设、“一带一路”及国内国际文化交流活动。南海文化博物馆应以地方特色文化资源和学科建设为引领，走特色化发展道路。

与此相应，目前南海文化博物馆重点以海洋文化、海南民族文化、“一带一路”文化产品以及深海科技文化等相关藏品及资料，作为博物馆重点收藏、展示和传播的文化资源。

1. 海洋文化

海南四面环海，自古以来，海南沿海居民过着耕海牧渔的生活。据琼海谭门、文昌辅前一带老船长回忆，他们小时候就跟随父辈到西沙、中沙、南沙捕鱼，对南海诸岛每个岛礁的形状、距离、风向、海流、物产等各方面如数家珍，他们祖辈根据每个岛礁的形状用海南话命名，并根据渔船时速测岛礁之间的距离，在南海诸岛人民的长期生产实践中，绘制了手抄本《更路簿》，这是海南渔民的航海图，是海南人民自古以来在三沙生产、生活实践经验的总结。南海文化博物馆珍藏着儋州版的《更路簿》手抄小册，琼海谭门老船长苏承芬珍藏的《更路簿》手抄本的复印件，以及船员证、海防图等海洋文化艺术遗存物。这些藏品，见证了海南人民长期在南海诸岛生产

① 钱杭：《机遇与挑战：当代中国博物馆面临的几个问题》，《传统中国研究集刊》，2017年6月。

② 陈黎：《国务院副总理刘延东：博物馆与地方产业事业上升为中国国家战略》，https://www.meipian.cn/8sd7qpm。

生活的事实。

海南制盐业历史悠久，主要分布在海口、三亚、儋州、清澜、潭门等18个沿海地区，制盐工艺有晒盐和煮盐两种形态，其中最具有典型代表的是洋浦古盐场。海南洋浦古盐场是我国最早使用日晒制盐的盐场之一，也是至今唯一保留着原始制盐工艺的千年古盐场，有1200年以上的历史。古盐场里有1000多个形态各异的晒盐石砚密布海滩，如今仍有三十多名盐工沿袭着古老的制盐工序。南海文化博物馆通过收藏、研究和展示洋浦古盐场的晒盐石砚及相关图片资料，向观众传达了富有特色的、因地制宜的海南盐业历史文化。

南海文化博物馆在海洋生物标本、海底化石标本及其活体珊瑚、海藻以及海洋文化艺术遗产等展品的征集、合作展览等方面有着资源优势。博物馆推出的第一期展览是以南海为题，主要通过图文宣传板块形式，重点介绍南海历史文化、民俗文化、民间信仰以及中国和周边国家对南海的开发与利用等南海专题篇，结合海洋生物标本、海洋文化艺术遗存物、南海出水文物、海洋民俗文化产品等几大类展品200余件套进行展览。隔年，海洋展厅全面改版为认识海洋、走向海洋、经略海洋三部分主题板块，另外补充了海洋生物标本及海上丝绸之路出水文物、民俗文物等实物展品。在改版前后的两期展览中，南海文化博物馆把视觉从南海转向海洋，对南海历史文化和人类认识、开发利用海洋的历史进行了重点展示。

2. 黎族文化

黎族人口主要分布在琼南地区3个市和6个县，三亚市是黎族地区唯一的地级市，有距今一万多年的旧石器时代人类文化遗迹“落笔洞遗址”。2010年1月，海南岛因其优越的地理位置和重要的战略地位被国务院批准成为“国际旅游岛”，三亚市成为“国际旅游城市”。此后，海南本土文化日益引起人们的重视，作为本土文化的代表——黎族文化开始走进人们的视野，并逐步走向世界舞台。

数千年来，黎族人民与陆续到达本岛的汉、回、苗族一起共同开发海南岛，在漫长的历史长河中创造了璀璨绚丽、精彩纷呈的物质文化和精神文化。如因地制宜的民居文化、独具特色的饮食文化、绚丽多姿的服饰文化、具有神秘色彩的宗教信仰、悠扬悦耳的竹木器乐、古老原始的制陶技艺……

黎族文化属热带海岛文化，黎族人民在民居建筑、饮食、民俗、服饰、生产活动等多方面都具有海洋文化的特色。如民居方面，最古老的船形屋是以倒扣船形的形状建造的。饮食方面，黎族人民喜食水产，鱼、螺、虾、螃蟹等水产是他们日常饮食来源之一，过年过节时有制作“鱼茶”招待贵宾的习俗。三亚市落笔洞遗址中挖掘出的动物化石，大部分为海生贝类软体动物，表明古代三亚人通过海边捕捞获取生产资源。生产方面，晋华《博物志》记载：“南海水有鲛人，水居如鱼，不废织绩，其眼能泣珠。”这是对黎族人民早期从事鱼耕及纺织活动的诠释。黎族人民最早使用的传统交通工具是独木船、葫芦舟等，在浅海和河溪渔猎。服饰方面，黎族织锦图案中的鱼纹、龟纹、螃蟹纹、波浪纹、椰树纹等无不体现了黎族人民对海洋的认识和利用的特色。乐器方面，凤尾螺是黎族民众天然的吹号器材。在《螃蟹精》《三月三传说》等黎族民间文学中，黎族地区遭受洪水侵袭淹没大地，与海侵导致海平面的抬高有着密切的联系，据地质研究表明，南海海岸历史上有九次海侵，八次海退，由此可推断海侵是黎族地区遭受洪水淹没的主要原因。黎族文化融入许多海洋文化的元素，是热带海岛海洋文化中具有代表性的组成部分。南海文化博物馆收藏和展示这些具有海洋特色的黎族文化产品及其相关图片资料，研究、保护和传承黎族文化，推动具有海南特色的海洋文化的普及和发展，服务国家海洋强国战略，服务国家“一带一路”建设和自贸区（港）建设，这也是南海文化博物馆办馆的宗旨和发展的目标。

南海文化博物馆的黎族文化展厅面积有 820 平方米，自 2013 年开展以来，黎族文化展厅经过数次改版，形成四个主题区域：黎族传统文化综合展、黎族原始制陶技艺、黎族传统纺染织绣技艺、黎族传统文化研究与传承。结合图文板块，展示了相应的黎锦、黎陶、竹木乐器、民间剪纸、独木用具和竹藤编制用具等实物展品。在传承区域，海南热带海洋学院黎锦协会通过让学员们掌握织锦技术，感受黎族文化魅力等活动，对黎族文化的科普和传承起到重要作用。

3. “一带一路”历史文化

海南作为古代海上丝绸之路的重要节点之一，是南海丝绸之路东、西、南航线的重要门户所在。海南岛孤悬海外，远离中央政府，较少受到明清海禁的影响。南海渔民自古以来在南海诸岛生产作业，从未中断。在与风浪的搏击中，海南渔民发现了许多海底的沉船，并试图发掘出其中的瓷器，如瓷碗、瓷杯、瓷壶、香炉等器物，以满足日常生活用品的需求。由于渔民对考古发掘缺乏基本知识，对易碎的沉船文物的打捞利用中出现一种简单粗暴的挖掘，也致使一些早期来自古代海上丝绸之路上南海沉船的出水瓷器呈现不完整的碎片形式。

海捞瓷，是从“海上丝绸之路”打捞出水的中国古代外销瓷器的总称，是历经唐、宋、元、明、清等朝代，随着中外贸易往来船只失事沉落到三沙海域，以及亚、非、欧等海上陶瓷贸易航线上的陶器分类。南海文化博物馆的海上丝绸之路古瓷文化展厅，珍藏着农工党海南省社会服务工作委员会副主任、海南省宇洋健康产业有限公司总经理郭东宇先生捐赠的海捞瓷片679件套，这些瓷片均来自南海诸岛附近海域的出水文物，经专家鉴定，分别为宋、元、明、清四个朝代的陶瓷。博物馆收藏的这些瓷片，以及自南海打捞出水的日本的马灯、英国的罗盘、东南亚的压仓紫檀木、永乐铜钱铜锭、非洲象牙等出水文物，许多还保留着海底的附着物，见证了古代海上丝绸之路商贸的繁荣和海上贸易的凶险。

“博物馆文物资源的实物性为‘一带一路’文化建设提供有力载体。文物作为实物载体，承载着‘一带一路’沿线地区先民的昔日记忆，印证着‘政治互信、经济融合、文化包容’的区域合作精神”①。未来，南海文化博物馆还将紧扣“一带一路”的历史文化主题，利用好博物馆的特色文化资源，以观摩研讨、学术交流、合作展览、交换展览、临时展览、文博人才培

① 谢梅：《博物馆如何参与“一带一路”文化建设》，《光明日报》2017年6月6日，第12版。

养等方式加强双边或多边合作，扩大交流互动，促进“一带一路”沿线地区（重点是与海南热带海洋学院有教育合作关系的非盟、东盟、东欧等国家和地区）民心相通和文明交融，促进区域文化经济融合发展。

4. 深海科技文化

社会的高速发展已引发全球对能源与空间的巨大需求与争夺，而海洋作为人类最后的资源宝库，蕴藏着极为丰富的矿产资源、生物资源、空间资源等，为人类可持续发展提供了能源和空间。世界上不少沿海国家把发展海洋经济、科技作为本国发展的大政方略。我国是海洋大国，建设海洋强国已上升为国家战略。发展海洋科技文化，提升全民海洋意识，已成为社会各界的广泛共识。近年来，我国海洋科技发展突飞猛进，具有世界先进水平的科研成果相继问世，标志着我国海洋科技和海洋产业迈入了全新的高速发展时期。

海南省委省政府高度重视学校转型后涉海学科发展建设的情况，为助力学校涉海学科的发展建设，为师生建设教学科研基础平台，大力培养海洋类应用型人才，服务海洋强国战略。在省委省政府以及中国海洋局、中国大洋协会等有关部门的支持和帮助下，南海文化博物馆筹建了以海洋科技为主题的深海科技展厅，展示各类海洋前沿科技模型和深海矿石样品。博物馆还征集了学校海洋信息工程学院师生制作的优秀航模作品及师生海洋创意作品等优秀的涉海作品进行展示，努力成为涉海学科教学的第二课堂、海洋科技文化教育的实践基地。

三　传播路径

博物馆是传播中华文明的世界窗口。南海文化博物馆通过举办展览、讲解宣传、印发图册、科普活动、学术交流、学术报告、纪实影片等方式，把当地特色文化的精神内涵提炼出来、展示出来，促进区域间不同文明的相互理解、彼此尊重和欣赏，为深化合作奠定坚实的文化基础，因而博物馆成为重要的文化客厅、城市名片、中外文化交流的支点。

（一）举办展览

1. “边展览边建设”

本着“边展览边建设”的方针，南海文化博物馆同时筹备四个展题，对率先完成筹备的展题，优先布展制作，推出展览。2013 年 11 月，在校领导的大力支持下，经过筹备组带领的专题筹备工作小组的共同努力下，初步完成了“三亚历史”“三亚旅游发展”“黎族纺染织绣技艺”三个专题展览的筹备工作，并尝试开放展览。此后几年间，黎族文化展厅以突出“民族”特色为主，先后推出“三亚旅游发展”和“三亚历史”两个主题展，对黎族文化不断地补充、调整和继续完善。至 2016 年，黎族文化展厅改版后形成四个主题板块，展出黎族文化产品 499 件套。在黎族文化传承区域，展厅设计了织锦互动环节，由学校黎锦协会学生在该区域利用传统腰织机、小型水平织机和大型水平织机，互相传授、学习、表演织锦技艺，与观众进行交流互动。该传承区域的互动环节把参观黎族文化展厅的活动推向一个高潮。经过两年多的努力，2015 年 9 月，南海文化博物馆正式成立，作为学校的一个机构正式出现在校园网教辅单位板块的链接中。

2. 加速筹建三大涉海主题展厅

2015 年至 2017 年，博物馆筹备组相继筹备建设了“海洋文化展厅”“海上丝绸之路古瓷文化展厅”“深海科技展厅”三个涉海展厅。2015 年初，在学校转型发展之际，南海文化博物馆接到校领导指示筹建海洋展厅。博物馆迅速组织精干力量成立筹备组，抓紧征集文物及学术资料搜集及研究工作，通过接受捐赠、转让、定制、移交、租借等多种渠道征集文物展品，分别分批征集了反映近现代南海沿岸海上渔民生产生活习俗的相关实物及资料，反映历史上与南海有关的历史人物和知名人士相关的实物及资料，反映海洋自然生物标本等实物展品。由于筹备时间匆促，经费缺乏、文物展品不足等原因，海洋展厅策划以海洋文化科普板块为主，结合海洋生物标本、海洋文化艺术遗存物、海洋出水文物等实物进行布展，馆内展出文物 212 件套。2017 年，重新改版，形成认识海洋、走向海洋、经略海洋三大主题板块，增加展品种类。“海上丝绸之路古瓷文化展”于2015年7月开始筹建，展厅内所有瓷片属于个人捐赠，校领导要求在学校转型更名前开放展馆。博物馆人员在文本撰写、平面设计、布展设置等方面紧锣密鼓、日夜加班，终于赶在2015年9月10日展厅顺利揭牌，正式对外开放。展厅面积300余平方米，以通史陈列、精品展示、场景模拟的方式，分别展出宋、元、明、清时期的海捞瓷片679件套。深海科技展厅自2016年3月开始筹备，经过近两年的努力，于2017年底试开放，展厅面积500多平方米，主要展示海洋前沿科技模型和深海矿石样品，如世界上下潜深度最大的作业型载人潜水器“蛟龙号”、技术性能指标及铰刀挖泥能力亚洲第一的“天鲸号绞吸式挖泥船”等海洋科技模型及相关图片资料。目前该展厅仍在建设当中。

3. 引进临时展览

临时展览是博物馆展览的重要组成部分，是基本陈列的补充方式，是博物馆保持常展常新的活力源泉，是维持吸引观众参观博物馆的有效载体，在科普教育中发挥着重要的作用。习近平总书记《在庆祝海南建省办经济特区30周年大会上的讲话》中指出：“坚持打开国门搞建设，坚持引进来和走出去并重。”[①] 作为刚成立的新馆，南海文化博物馆重视引进临时展览，相互学习借鉴，增强与校内外和国内外的沟通和交流。2018年，与中国岩画学会合作举办了“中国岩画展”和“中国岩画艺术新人才培养成果展”两个主题展览。目前正在积极引进“钓鱼岛主权图片展”等展览。临时展览有效解决了因资金不足，信息不足、人才缺乏导致的展览主题受限等问题，呈现跨区域、省内外资源共享的良好发展态势，为本馆乃至本地区未来博物馆的协同发展提供了新思路。

作为高校教学辅助机构，高校博物馆具有收藏保管、教育和科研的功能，为本校师生的教学科研、实习实践以及社会大众学习、观赏提供基础性服务。因此，南海文化博物馆在策划展览时，不断根据自身性质、藏品类型

① 《习近平在庆祝海南建省办经济特区30周年大会上发表重要讲话》，新华网，http://www.xinhuanet.com/politics/leaders/2018-04/13/c_1122680106.htm，2018年4月13日。

及地域文化的特点，深入挖掘馆藏文化内涵，以学校学科专业建设为导向，融入当地的文化元素，突出当地“非物质文化”和“海洋文化”的特色，在展馆的外观设计、文物展品选择和布展、板块主基调选择等方面都有意识地突出浓郁的地方文化元素，定期推出内容丰富、形式多样的专题展览，向社会大众主动宣展传承民族传统文化、海洋文化展品以及学科专业的科研成果、师生获奖作品、优秀毕业作品、创意制作等作品，让博物馆展示厅成为快乐学习、文化体验和科普教育的场所，成为广大师生和社会大众深入了解、掌握黎族传统文化技艺的平台，把特色文化展览变成独具特色的专业第二课堂，不断提升办馆专业化水平，实现特色化发展目标。

（二）做好讲解服务工作

博物馆讲解是参观博物馆的一个重要环节，也是博物馆为观众提供的一项重要服务。一场精彩的讲解，可以让观众在观赏文物中产生极大兴趣，享受知识大餐。基于此，南海文化博物馆依托高校的人力资源优势，招收了大批在校优秀学生志愿者担任讲解员，通过培训上岗与组织外出学习交流等形式，培训讲解员掌握过硬的专业讲解技能，从而为博物馆常规开馆提供优质的讲解服务。南海文化博物馆讲解员队伍常年保持在50人左右，分别在四个展厅轮流值班，对于团队和零散参观者均实行免费开放式接待和讲解。每逢节假日，均可通过预约参观方式提供讲解服务。由于大学生专业化讲解员人数众多，南海文化博物馆可以同时接待多个班级中小学生或社会团体来访参观，丰富优质的讲解资源为博物馆的高效运行提供了基本的保障。优质的大学生讲解服务既可以作为解读展品文化内涵和宣讲科普知识的抓手，也可以增强博物馆服务效能，美化博物馆服务形象。而博物馆通过多种形式培训讲解员，在促进讲解员自身能力不断提升的同时，可以实现高校博物馆、来馆观众和学生讲解员多方共赢，再次体现出高校博物馆重在育人的职能特色。

（三）开展丰富多彩的科普活动

高校博物馆作为大学生第二课堂，是开展科普教育的重要基地，承担着提高公民素质教育的义务。高校博物馆作为大学科普教育基地，具有特殊的作用，在展览形式、内容，讲解宣教、展馆设计等方面都能突出科普教育的特色和内涵。博物馆依托本地区和本校资源优势，紧密结合原有馆藏，把各学科建设的新成果特别是民族学科和海洋学科建设的新成果，以实物、图文、多媒体和非物质文化表演的形式展示出来，开展非物质文化展览、师生书画作品展览、毕业设计展、科技创新成果展、自制标本展等多种形式的展览活动，积极探索科普教育的方法和途径，力求以通俗易懂、简明扼要、生动形象的语言和唯美的图片来揭示文物蕴藏的文化内涵。以免费开放和免费讲解的形式为广大师生传播科普知识，弘扬海洋文化和民族传统文化。如开展系列琼州大学堂活动，邀请专家教授做学术报告，利用民族节日如三月三、山兰节等开展科普下乡活动，开展科普进中小学活动、撰写印制科普宣传小册免费发放等系列活动。科普宣展活动的出色开展，吸引了一批又一批参观学习者前来博物馆参观，参观群体覆盖面广，有本校师生、三亚市中小学学生、幼儿园小朋友以及广大市民、省内外专家学者、国内外贵宾等，南海文化博物馆已成为海南省各高校博物馆及陈列室争相学习、取经的样板高校博物馆，获评“全国优秀社科普及教育示范基地”“海南省社科联社科普及教育示范基地”“三亚市社科联社科普及教育示范基地”，“全国大中城市科普教育基地”等荣誉称号，得到了社会各界和业内同行的广泛认可。

（四）开展科研与学术活动

（1）为了丰富海南热带海洋学院校园文化，营造浓厚的学术氛围，促进学生综合素质的全面发展，根据海南省社会科学界联合会的要求，自2015年起，南海文化博物馆每年开设流动大讲堂，先后聘请海南省民族博物馆罗文雄博士、海南大学韩立丰教授、海南热带海洋学院民族学家高泽强副教授、符玉梅教授、宁波教授、赵振宗教授、李玉柱副教授、国防大学寒石教授等专家在琼州流动大讲堂做学术报告，内容涉及海洋知识、黎族传统文化知识、习近平总书记“4·13”重要讲话精神与海南自贸区（港）建设、中国书法艺术等内容。海南热带海洋学院学生踊跃聆听学术报告，课后积极与专家交流互动，取得较好的效果。

（2）科研工作对博物馆展览、征集、宣教的支撑是不可替代的。南海文化博物馆根据展览的主题、藏品、收集的史料等方面进行科学研究，在博物馆学范畴内开展征集、宣教、团队建设、博物馆建设等方面的学术研究。博物馆展宣部一手抓展览，一手抓科研，研究策划展览主题、展览内容、藏品征集、藏品内涵、宣教资料以及博物馆发展等相关内容，用科研成果指导展览工作。

南海文化博物馆在人手紧缺情况下坚持科研工作，共参加或主持国家级、省部级、学校级课题和相关活动 17 项，出版的著作、编著、教材等 8 部，在编或已完稿有两部，在学术刊物和论文集上发表论文 27 篇。编写了数种海洋文化科普图册、黎族传统文化图册以及《南海文化博物馆展宣资料汇编》《南海文化博物馆精品图册》（在编）等图书资料。博物馆在海南沿海村落的海洋文化研究也已开始进行，预计在未来三年内对海南沿海村落的海洋文化进行全面系统的田野普查，收集、记录、整理海洋文化的原始资料，以备参考和决策。

（五）利用网络媒体宣传报道

博物馆网站是外界了解和认识南海文化博物馆的重要平台和基本途径。南海文化博物馆十分重视宣传工作，对本馆开展的各项活动以及新闻动态，及时进行更新报道，对馆内发生的重大新闻，及时在本馆网站以及校园网站进行宣传报道，让大家及时了解到南海文化博物馆的展览和宣教工作新动态。

2015 年 6 月 8 日，时任海南省省长刘赐贵、国家海洋局局长王宏等，由教育厅、三亚市的领导陪同来到海南热带海洋学院博物馆参观，对博物馆的工作表示满意。刘赐贵当场号召全校师生、三亚市的机关干部、中小学师生、市民到南海文化博物馆参观学习。《海南日报》《三亚日报》《三亚晨报》、南海网、新华网等相关媒体网站对南海文化博物馆进行了相关报道，并给予很高评价。南海文化博物馆成了三亚地区乃至海南省大中专院校师生、中小学师生的社会科学普及示范基地，同时也吸引了三亚地区社会各界人士以及省内外高校同行前来参观考察。

四　南海文化博物馆未来的展望

1. 多渠道筹措资金，解决建设经费问题

通过对国内一些运作比较成功的高校博物馆的调研，我们发现他们在经费筹措方式上灵活多样，有的争取市政府支持划拨建设经费（如贺州学院民族博物馆、中南民族学院博物馆等），有的争取省厅支持划拨文物征集经费（如桂林理工大学地质博物馆等），有的通过申请课题获取文物征集经费（如海南大学博物馆等），有的由学校专项划拨（如华南农业大学博物馆等），有的通过收取门票筹集资金（如中国地质大学博物馆等），这些博物馆充分发挥各自资源优势，从不同的渠道筹措经费，解决财务难题。南海文化博物馆可考虑通过国家和海南省相关部门对民族地区博物馆的支持，申报各种类型的课题，解决部分建设经费的问题。利用学校资源和区位优势，针对海南游客资源丰富，服务旅游市场，发展博物馆经济、以商养馆，扩大资金来源。未来博物馆可利用本校艺术学院师生表演民族歌舞、黎族竹木器乐、八音器乐，开办民族大剧场，利用本校非遗工作室，开设黎陶制作、黎族剪纸、黎族乐器等有偿体验学习，与学校信息学院合作开设虚拟现实 VR 技术体验室，利用与活体珊瑚实验室和海藻培育项目的合作提供观赏学习的机会，与兄弟馆联合制作文创产品等，为地方旅游服务。通过组织各种形式的活动，如举办海洋文化博物馆日、海南黎、苗族非遗文化活动等，展现博物馆特色，同时吸引社会各界力量的支持，让更多的人了解南海文化博物馆，为博物馆建设献计献策。

2. 建立完善的藏品征集制度，提升布展质量和水平

展品征集和布展是博物馆建设的基础工程，也是衡量一个博物馆能否建设成功的核心要素。借鉴有些高校博物馆在动员社会力量参与藏品捐赠方面的成功经验，一是加强博物馆藏品征集制度建设。在藏品收集方面要给予博

物馆充分的自主权，充分发挥博物馆的主观能动性，简化报账程序，畅通报账渠道，保障藏品征集渠道畅通。二是广泛联系社会各界捐赠藏品。如积极与海关、国家珊瑚中心、中国大洋协会、文物局、考古机构等单位联系，争取相关单位的藏品划拨和移交或交由南海文化博物馆代管。三是建立灵活多样的捐赠方式。如桂林理工大学博物馆，把需要征集的矿石产品摆放在固定区域，参观者在参观过程中根据自身经济状况现场认购并捐赠给博物馆。四是动员师生力量捐赠。动员师生捐赠优秀的航模作品、创意作品、书画作品等；动员来三亚开会、旅游、定居的著名书画艺术家捐赠书画作品等；把本馆需要购买的藏品划区展示，动员社会力量按博物馆所需进行认购捐赠；动员外出实习实践的师生将采集到的标本捐赠给博物馆。五是通过租借的方式租用文物收藏者的文物标本进行短时间的展览，或以馆际合作的方式整合资源进行某项专题展览。将常规展览和临时展览相结合，以常展为主，不断推陈出新，增加借展和合展，既为博物馆展览注入新鲜血液，又可以活跃校园文化，激发游客参观的兴趣，深化博物馆的文化氛围，促进博物馆之间的交流与合作。

3. “走出去和引进来”，增强博物馆的社会服务能力

一是加强与省内外高校博物馆及地方博物馆在人才培训、考古、科研、展览等方面的交流与合作，建立优势互补、资源共享、互惠互利的合作机制，不仅通过馆际合作方式打造专业化的博物馆建设团队，而且在展览方面建立流动展览或互换展览等合作模式互通有无。二是积极开展与“一带一路”沿线国家和地区交流合作。学校已与东南亚、非盟、东欧十多个国家和地区有广泛的合作关系，有着人才交换培养的基础和条件，博物馆未来可与东南亚、非盟等“一带一路”沿线国家和地区在人才培养、学术交流、地方特色文化展览等方面开展交流与合作，设置东南亚各国展厅或非洲联盟展厅，探索通过“引进来”，“走出去”或巡展的方式展示宣传东南亚及其他“一带一路”沿线国家和地区的历史文化、民俗民风、科技、教育等领域，把南海文化博物馆打造成一个中外文化交流的支点。三是结合三亚自贸区（港）建设，未来南海文化博物馆从人才培养、展览展示、学术交流、

社科普及等方面服务三亚自贸区（港）建设，打造成一所独具特色的中国最南端的高校博物馆，丰富海南自由贸易试验区和中国特色自由贸易港的文化内涵。

4. 加强专业人才培养，提升博物馆可持续发展能力

人才是博物馆建设和可持续发展的重要资源。针对学校文博专业人才短缺问题，需大力引进具有博物馆相关专业背景和经历的专业人才，“聘任一批兼职教授，组建博物馆学术委员会，充分发挥退休教授的专业优势。建立专业人才实践基地，着力培养不同专业背景的优秀学生，经考核合格者，可聘任至博物馆网络维护、新闻宣传报道、展览设计、文物保管与维护、展厅讲解等岗位，健全馆员和讲解员常态化培训制度，大力培养专业人才，吸收更多的同学加入博物馆讲解员队伍中，进一步提升馆内讲解员素质，优化讲解员队伍。建立博物馆馆际互动，加强双方或多方合作，尤其是人才的培养、交流与合作”①。加强与本校历史与文博专业、涉海专业、艺术专业、旅游专业、民族专业等学科师生联手协作，培养一批不同专业背景的博物馆人才梯队，切实解决博物馆人手紧缺的问题。

5. 紧扣人才培养根本任务，深入挖掘博物馆的育人功能

博物馆是一个国家和地区展示人类文明、传播历史和科学文化知识的重要场所，是社会教育的重要基地。“它是引导人们回顾过去、展望未来、认识现在的重要文化课堂”②。高校博物馆与社会博物馆的区别之处，就在于高校博物馆要紧紧围绕“立德树人”这一根本任务。“要更加注重以文化人、以文育人，广泛开展文明校园创建，开展形式多样、健康向上、格调高雅的校园文化，广泛开展各类社会实践”③。这就向我们提出了“以文化人，以文育人”的要求。

鉴于南海文化博物馆目前只做教学参观使用，利用率不高，育人功能还未

① 陈小琼：《高校博物馆发展的瓶颈与对策》，《山西档案》2018 年第 5 期。

② 林南红：《浅析博物馆纪念馆与青少年素质教育》，《都市家教（下半月）》2010 年第10 期。

③ 汪淑娟：《文化育人视域下校园文化创新探析——以吉首大学“立人教育”为例》，《湖南广播电视大学学报》2017 年第 4 期。

充分发挥，未来我们将着重从以下几方面提升南海文化博物馆的育人功能。

一是利用现代技术手段，如利用手机 App、微信等多媒体载体，多途径、全方位、多层次，加大对博物馆的宣传和开放力度，提高知名度，扩大育人的覆盖面。二是加强调研，充分了解观众的需求，遵循博物馆展览宣传的规律和特点，本着以人为本的原则，贴近观众审美特点，从展品表现形式、展馆的陈列布置、服务到位、科学管理等方面加强博物馆建设，增强博物馆自身吸引力。三是主动联系学校其他部门、国内外其他博物馆，建立合作育人机制，开展交流，增强实效，充分发挥博物馆的育人功能。

回顾南海文化博物馆筹建六年来的发展历程和所取得的成就，我们感到无比的骄傲和自豪！面对国家和海南新的战略目标以及学校转型发展过程中海洋类学科建设的需求，南海文化博物馆人深感责任重大，决心在校党委的坚强领导之下，更加坚定办馆信心，继续坚持沿着特色化发展道路，深入挖掘、充分发挥海南地方特色文化资源优势，通过文物资源等有效载体，举办各种形式的展览活动，开展多种形式的宣传与学术交流活动，扩大对外交流与合作，建立与“一带一路”沿线国家的文化交流与互动，努力促进“一带一路”沿线国家的文化经济的融合发展，义不容辞地肩负起服务国家海洋强国战略、“一带一路”倡议的历史使命和责任担当。

B.9
蓝丝带海洋保护11年

杨馥毓*

摘　要： 海洋保护一直是牵动中国社会各界的焦点议题，NGO组织能够帮助和推动政府、企业、个人等构建起海洋保护的屏障，从而平衡由于利益相关者的差异性和监管的复杂性而导致的“公地悲剧”。三亚蓝丝带海洋保护协会作为NGO组织在11年的发展历程中积累了许多成功经验：与政府形成了彼此信赖、支持、相互促进的合作关系；与高校、研究所中爱海护海的专家们共同参与了国际、国内的重大科研项目，并取得了广泛的社会认可和丰硕的科研成果；组织青少年、大学生、社会各界人士共同建立了多个海洋保护社团，组织具有高度社会影响力的活动，进一步提高海洋保护的观念和公民素养；从海洋保护角度出发与军队开展合作，丰富了军队建设的内容和驻岛官兵们的业余生活的同时也提升了南海面向世界的海洋国际形象和军队形象。蓝丝带海洋保护协会未来将继续联合各方力量，在合作国际化、学术研究专业化、影响力扩大化、志愿者管理正规化等领域推动和支持中国海洋保护事业的发展。

关键词： 蓝丝带　NGO　海洋保护

---

* 杨馥毓，三亚学院丝路商学院讲师，三亚蓝丝带海洋保护协会专家，研究领域：区域经济、管理学、数学。

一 蓝丝带海洋保护协会发展背景与发展历程

（一）蓝丝带海洋保护协会成立的背景

1. 时代发展背景

中国旅游业改革开放 40 年，与中国经济的高速发展密切相关。有专家学者将中国旅游业发展分为三个阶段：1978～1991 年的对外开放和初步改革阶段、1992～2011 年的对内开放和加快改革阶段、2012 年至今的双向开放和深化改革阶段。① 第一个阶段在改革开放初期，高度集中的计划经济体制下，需要解决如何启动改革、扩大开放的突破口，旅游业具有体量轻、发展空间较大、发展多样性的特点，从而成为改革开放的前沿产业。第二阶段则是中国在 2001 年正式加入 WTO 以后，为了进一步提升对外开放水平，同时国内民众平均收入水平显著提升的双核心共同驱动的情况下，旅游业进入蓬勃发展阶段；国内民众的平均收入从 1978 年的 190 美元增加到 2002 年的 1100 美元，经济领域更是出现了两位数增长，GDP 相继超过了法国、英国，并在 2010 年超过日本成为全球第二大经济体，中国制造业也开始走向全球市场，人们对旅游的需求也从近距离走向了远距离，甚至走出国门出境旅游，从而也将我国旅游业推向了大众旅游阶段。第三阶段则是侧重和加强游客旅游体验从而形成消费规模阶段，中共十八届三中全会制定的全面深化改革若干决定体现出国家对刺激消费并激活旅游市场的重视，旅游市场中所承载的文化信息元素、环境信息元素、知识与趣味性相融合等有助于进一步刺激旅游消费人群感官体验的内涵被挖掘出来。

2. 蓝丝带保护协会成立的背景

蓝丝带海洋保护协会的成立离不开时代发展的大背景，它的成立也顺应

① 夏杰长、徐金海：《中国旅游业改革开放 40 年：回顾与展望》，《经济与管理研究》2018 年第 6 期。

了产业经济、旅游业发展到一定阶段对环境监管形成巨大压力以后的需求。

（1）成立环境：旅游业的发展与环境承载能力之间的矛盾

大小洞天景区位于三亚市南山西南隅，山、海、林、泉是独特的自然资源，同时亦是道教文化风景区。2006年正是旅游业向纵深发展的第二阶段，人们有钱有“闲”愿意到更远的地方旅行，同年来三亚旅游的游客数井喷，时任海南省三亚市大小洞天景区董事长兼三亚市旅游协会会长孙冬先生，在日常企业管理巡察过程中注意到景区内沙滩和整体海洋环境在急剧恶化，不仅对景区内环境卫生的清洁造成较大压力，而且不文明的旅游行为导致垃圾堆积，也会影响到以自然资源、海洋资源为直接经济效益的涉海旅游景区长期可持续发展问题。

（2）成立初衷：影响更多人，关注海洋环境

基于“保护好海洋和沙滩环境就能够保护好可持续的自然旅游资源”的朴素思想，也基于道家文化中“道法自然”哲学思想的影响，孙冬先生联合三亚市涉海旅游企业的其他负责人共同成功组织了多次净滩活动，在他的带领下，海南长驰控股集团有限公司董事局主席、海南省青年联合会第六届委员会副主席、新一任蓝丝带海洋保护协会会长郑文春先生为协会捐款20万元和一辆商务车。同时，孙冬先生在“海洋卫士”项目中提出的“每人守护一公里海岸线”的活动计划由郑会长任内继续完成，企业家之间关注公益、公益接力的精神正是涉蓝涉海企业界合作的基础，也是未来蓝丝带海洋保护协会成立的基石。由于净滩活动影响力较大，一些关注海洋环保的公众人物也加入这个行列中来，因此受到更多公众的支持和欢迎。

（3）成立动因：影响政府，带动其他组织

随着净滩和海洋环境保护主题活动的开展，孙冬先生在不认识任何一位相关领域政府官员，却坚信这是一件有利于区域环境、有利于三亚未来旅游业发展的好事的情况下，十分有底气地在海口直接拜访了时任海南省海洋与渔业厅的政府机构负责人陈刚处长，交流正式成立一个以“海洋环境”保护为主要责任的民间团体的相关事宜。陈刚处长虽然对孙冬先生以一个企业负责人的身份想要成立以海洋保护为宗旨的民间公益组织的勇气

表示赞赏，但对其目的、动机和能实现的结果仍然充满疑虑。孙东先生对在日常工作管理中遇到的海洋环境保护现状、旅游区内环境垃圾清理的困境和对旅游行业长期可持续发展未来的担忧一一释疑，逐渐打消了政府官员们的质疑，甚至也激发了相关领域的政府内部专家也逐渐开始关注环境对海南省未来的影响。在多次交流、充分取得了政府部门内部专家信任的基础上，孙东先生在陈刚处长及其他关注三亚市海洋环境问题的政府官员的大力支持下，蓝丝带海洋保护协会（以下简称“协会”）于 2007 年 6 月 1 日在三亚注册成立。

协会是以海洋保护为主旨的中国民间公益社会团体，成立至今，一直致力于海洋保护宣传教育、海洋垃圾清理、海洋生态资源保护、建设中国民间海洋保护网络等工作，促进中国海洋保护事业发展，围绕海洋的可持续发展议题开展了一系列保护海洋的社会、科技、文化等公益活动。自协会成立以来，组织各类海洋保护活动 300 多次，向超过 1500 万以上公众进行海洋保护的宣传，有数百万人次的志愿者参加“蓝丝带海洋保护”活动中来。

（二）蓝丝带海洋保护协会发展历程

1. 初创阶段（2007 ~2010年）

在《联合国海洋法公约》1994 年生效以后，一些沿海发达国家和地区以不同方式统筹发展海洋经济和陆域经济。我国“十一五”规划之后又批复多个沿海区域规划，使海洋资源对陆域经济能够产生更大的影响。从国家战略层面上说，明确海陆联动的战略定位有助于国民经济的进一步发展，从而引导陆域经济制造新引擎。在国家大战略的带动下，怎样发展蓝色经济也成为沿海地区政府需要关注的问题。而蓝丝带海洋保护协会成立并发展的初级阶段正是基于这一时代大背景的需求。

明确了未来工作的主要内容和宗旨，协会在海洋保护领域和民间 NGO 组织就如何管理和运作开始了艰难的探索，主要体现在两个方面：如何获得社会认可，如何融资。由于协会最初是由涉海企业家和高级管理者提议创建的，因此通过企业家协会的宣传，依赖于海洋环境生存和发展的涉海企业首先回应了蓝丝带的响应，积极捐赠，提供蓝丝带运营资金，企业家们基于自身的企业文化、环境健康切合企业自身经济效益、协会提供给企业家们的人际平台等因素考量也愿意投入海洋保护中。会员数量从不到 10 个短期内扩张到 34 个，捐赠单位更是达到了 22 个。从会员单位的数量和分布情况来看，协会成立之初均为涉及旅游、酒店等密切关注海洋环境的企业，随后加入的会员单位则以高新技术、信息科技、通信及文化产业为主；捐赠单位则是以“海洋”或“水”为题材产品的企业为主，如海南司南杯大帆船赛、KOSE 雪肌精、雅诗兰黛、LA MER 海蓝之谜等。

在此期间，蓝丝带专注于“三亚净滩”项目和“蓝丝带”品牌在社会上的影响力和认可度上，即品牌认可阶段。例如 2009 年三亚海岸徒步行走和 2010 年在国家和地方海洋主管部门的支持下蓝丝带海洋保护协会组织的“长江校友蓝丝带海洋环保中国行活动”，前者获得了三亚市政府的高度重视及全国知名媒体的广泛报道，后者则是让全国公众形成并提高了对“蓝丝带”这个环保组织品牌的认可度。

2. 快速发展阶段（2011 ~2017年）

2011 年到 2017 年是“蓝丝带”快速发展阶段，在此阶段协会注重志愿者服务社和志愿者服务队的网络建设。

（1）志愿者服务社

2009 年 11 月，蓝丝带海洋保护协会在高校的第一个大学生服务社在三亚学院成立，有超过千名大一新生通过面试审核加入了志愿者队伍，而报名申请加入者则超过了 2000 人。“三亚学院蓝丝带志愿者服务社”由于开展了一系列特色化的海洋环保活动，而获得了国家海洋局等部委颁发的“2014 年度海洋人物”集体荣誉，成为“蓝丝带”志愿者已经成为一种荣誉，同时大学生志愿服务社也是协会的中坚力量。这让“蓝丝带”看到了志愿者队伍的强大力量能够带动更多年轻人参与到海洋环保中来。

除此之外，协会在三亚的其他院校以及海口、湛江、舟山、青岛、烟台、威海、大连、连云港、秦皇岛、天津、西宁等地的 40 所大学还分别建有海洋保护社团，它们分别是海南省热带海洋学院、三亚航空旅游职业学院、三亚城市职业学院、三亚理工职业学院、海南大学、海南师范大学、海口经济学院、广东海洋大学、淮海工学院、青岛科技大学、青岛农业大学、青岛黄海学院、青岛滨海学院、中国海洋大学、中国农业大学、山东大学（威海）、哈尔滨工业大学、大连海事大学、中国人民大学、河北工业大学、中国环境管理干部学院、青岛理工大学琴岛学院、海南职业技术学院、上海海洋大学、浙江海洋大学、青海大学、南航金城学院、青岛幼儿师范学校、山东烟台大学等，[①] 这些社团逐渐形成了蓝丝带志愿者服务网络。

（2）志愿者服务队

志愿者服务队主要由在校大学生之外的社会人员组成，使得服务队参与蓝丝带海洋环保活动时方式更简单灵活，人员流动性较高，来去自由，主要召集对海洋环保事业特别关注的企业及企业人员、社会人员等社会力量。例如定期为大小洞天发展有限公司、海南南山文化旅游区、蜈支洲岛、天涯海角景区、西岛旅游区、三亚亚龙湾公司、三亚银泰阳光度假酒店、仙人掌度假酒店、三亚瑞吉酒店等涉海企业普及海洋文化、海洋保护的科普知识，累计科普达5000人次。在南京建立了“蓝丝带海洋保护南京志愿者服务站”，与佳兆业（绥中）有限公司在东戴河共同建立了“东戴河蓝丝带海洋保护基地”，与万宁乌场共同建立了“蓝丝带海洋保护乌场大洲岛志愿者服务站”，与海南边防医院共同建立了“蓝丝带海洋保护海南边防医院志愿者服务队”，在海南陵水与富力湾游艇会共同建立了“蓝丝带海洋保护协会富力湾海洋环保社”，与三亚一中、三亚第九小学及青岛市南区10所小学共同成立了“中小学蓝丝带志愿者服务社”等，这些网络建设都对海洋环境保护起到了至关重要的作用。

3. 再上新台阶阶段（2018年至今）

党的十九大报告深刻阐述了生态环境与生产力之间的关系，明确了以生态伦理作为价值导向，生态农业、生态工业、生态旅游等协同发展观能够帮助新经济优势的形成。“蓝丝带”基于这一国家战略开启了发展的新征程。

---

① 《蓝丝带十年纪念册》，2018年6月。

2018年至今，是“蓝丝带”启动新战略和新发展思路阶段。2018年6月1日，在蓝丝带海洋保护协会的十周年庆典上，邀请了政府官员、高校专家、会员单位、海洋环境保护领域各大基金会的专业人员一起为蓝丝带的未来发展把脉，共商未来发展大计。会议上将“蓝丝带”未来5年到10年的战略发展定位于再次提升“蓝丝带”海洋品牌影响力、“团结一切可以团结的力量，共同保护我们美丽的海洋”“恢复美丽纯净的原生态蓝色海洋环境”上，以“保护海洋就是保护我们自己”作为协会始终如一的价值观，能够在不远的将来达到“每一代人都能够享受健康的海洋”这一愿景，建立“具有全国领先地位的海洋保护公益组织”。[1]

（三）“蓝丝带”作为涉海NGO组织发展的特色

著名学者莱斯特·萨拉蒙提出了非营利组织或非政府组织的几个共同特征：一是具有组织性；二是具有民间性，具有一定的独立性；三是非营利性，不参与企业分工；四是自治性，可以对于本组织内部事务进行自主的决策与自主进行活动开展等；五是志愿性，即组织的成员是由众多秉持志愿精神的人所志愿组成的。[2]

国内NGO组织，尤其是涉海NGO在与国际NGO组织的共性对比上没有差别，但在发展过程中随着地区政策、开放程度和经济发展现状不同而出现显著差异。蓝丝带海洋保护协会最初是由一些对海洋环境敏感的涉海企业家（旅游区高级管理者）共同自发组织的便于开展海洋环境保护和活动的社会团体，而国内大多数涉海NGO组织的发端是由政府部门独立出来逐渐成为社会团体，或是国外NGO组织在国内直接成立的办公机构。因此，蓝丝带海洋保护协会有更广泛的群众基础和更多的企业支持。

由于协会建立的基础是企业家和爱海护海的公众，因此11年的发展历程中逐渐形成了包容性、多元化的组织文化，每一个接触过协会的专家、学

---

① 《蓝丝带海洋保护协会十周年庆典》，2018年6月1日。

② Salamon, Lester, *Global Civil Society: Dimensions of Nonprofit Sector* (Vol. 2), S. Wojciech Sokolowski and Associates ed. Kumarian Press, 2004, 9. pp. 9 - 10.

者、社会人士都能在协会中找到自己能做的事，协会也会给予各类人才足够施展的平台，因此进一步积累并拓展了人脉资源和社会认可度。

蓝丝带海洋保护协会始终尊重人才、尊重知识，逐渐形成了一种崇尚学习的组织文化，专家和学者们带领志愿者们一起做科研项目，志愿者也在这个过程中不断积累科研经验，而这种学习型 NGO 组织正是国际知名 NGO 组织能够成功的关键。

二　蓝丝带海洋保护协会发展路径与成功原因探析

（一）专业化

1. 国际项目的广泛参与

（1）专家引领

82 岁的罗九如先生是国家海洋局海水淡化所研究室原主任，2002 年退休后到三亚定居。这位将她毕生精力都投入中国海洋事业中的老专家，在结识协会并成为协会的顾问后继续为海洋保护、水鸟群落及栖息地修复、珊瑚礁生态系统的保护及海洋渔业资源的可持续发展奔走疾呼。在她的指导和帮助下，协会前后申报并实施了三个联合国开发计划署、全球环境基金会小额赠款等项目。[①] 2008 年海南省第一批民间 NGO 组织的受聘专家如海南大学海洋学院的李洪武教授等加入了“蓝丝带”，2009 年至 2015 年先后和协会合作《造礁珊瑚固碳理论研究》《太阳湾珊瑚产卵期调查与人工育苗技术开发》等科研项目，应邀参加雅诗兰黛、LA MER 海蓝之谜“6·8”世界海洋日宣传活动，在演讲报告中公布了海南省珊瑚礁生存的恶劣态势（2008 年至 2009 年海南岛可观测区域珊瑚礁大量死亡），以及珊瑚礁对生态的重要作用。这篇研究报告在会议上反响强烈，让公众意识到海洋不仅可以为人类提供食物，也是化妆品或其他化工产品原料的重要来源，进而产生对海洋资

① 报告中其他人物姓名出现处未加以特别说明的，均表明素材来自人物访谈。

源有限性的保护意识。海南省海洋与渔业厅环保处原处长陈刚也是最早加入蓝丝带协会的来自政府专业部门的相关专家，他不仅以他前政府官员的身份为蓝丝带协会提供政策和法律资讯，还身体力行利用周末时间针对旅游企业管理人员和大学生、中学生的珊瑚礁保护开展科普活动。科普活动不仅让当地旅游企业管理人员和学生了解了珊瑚礁被破坏的严重后果，而且吸引和鼓励这些人员参与到珊瑚礁保护的行动中来。

（2）项目带动

2013 年开始实施联合国开发计划署、全球环境基金小额赠款项目“海南省梅联村渔业共管示范”提供了整改渔村环境，改善当地生活环境的契机，通过发展其他经济产业方式弥补渔民的收入。此次项目虽然立项到结项时间短（2013 年至 2015 年），但其影响力和影响人数远超预期。

项目之初先以“蓝丝带”志愿者，也是梅联村的村民赵克攀的家为民宿试点，让渔民的捕鱼工具由小网眼换成了大网眼，收入不足的部分则通过开办家庭旅馆或民宿的形式进行补贴，共管项目取得了巨大成功，在村民中也获得了广泛的认可。环境的改善吸引了更多的游客和候鸟族群来到梅联村，村民们开始效仿“蓝丝带”志愿者的家，也开起了家庭旅馆或民宿，收入不减反增。旺季时每天有上千人光顾梅联村及附近海滩，每间房至少会为村民带来 1000 元/月的收入，最高能租到 1500 元/月。梅联村不建高楼大厦，走“小而美、小而精”的发展路线，在项目的推动下也做出了大特色，实现了经济可持续发展模式。

2016 年 8 月梅联村新上任的书记兼村主任看到了该项目实施所带来的新的发展思路，希望继续维护项目在梅联村的环境影响效果。目前梅联村正进一步大力整顿污染严重、资源枯竭发展模式下的鱼塘和虾塘，转向修复式的“一村一品”产业发展模式，面向游客开放当地特色海产品的自然培育、自然采摘、渔家体验项目，带领村民成立了“三亚聚众渔业有限公司”，继续发展休闲渔业。

除此之外，协会在 2008 ~ 2010 年开展中意环保组织“可持续发展远程培训”项目。来自政府、企业的工作人员及志愿者 139 名学员参加了环保远程培训学习，并有10名人员赴意大利学习考察。2008年至2012年蓝丝带协会参与实施由联合国开发计划署和全球环境基金资助、国家海洋局执行的“中国南海沿海地区生物多样性管理”项目。

未来“蓝丝带”将与梅联村继续开展其他方面的合作项目，如垃圾分类治理、海滩环境修复等融入生物技术、物理或化学技术、环境工程学等更专业化的科技、科研项目，后续项目和经验将继续指导其建设成一个具有示范性效应的、小而美却蕴含丰富海洋文化特色的美丽乡村，并逐步帮助梅联村打造“魅力渔村”品牌。

2. 国内项目的广泛参与

（1）科学严谨，慎思躬行

2009年12月至2010年3月“蓝丝带”专家组织了大量的志愿者沿三亚市辖区内海岸线徒步行走，利用实地测量、数据处理、地图绘制、现场拍摄等方式对沿途的环保及生态情况进行调查，对三亚的海湾现状进行全面、科学、系统的分类分析，也为未来海洋环境和生态研究提供科学依据。调查项目内容包括①水质取样。沿途分段采集海水、入海口河水、排污口等样本，用于环保监测和环保地图绘制。②海岸垃圾污染情况调查。对沿途海岸垃圾的数量和类型进行观察记录，并对垃圾污染的状况做出定性评估。选取部分区段进行垃圾的分类收集、清点、称重，形成较准确的调查数据。③海防林状况调查。对沿途海防林的情况进行观察、测量、记录，包括林带的长度、宽度、密度、树种、树龄、生长状况、破坏情况、恢复情况等。④沿岸功能区域及设施情况调查。对沿途海岸线及邻近海岸线区域的功能类别进行观察、区分、记录，对临海的人工设施情况进行记录。⑤地图标绘。对上述各项调查对象的地理位置进行测量标记，对沿途的地质地貌及道路情况进行标绘。⑥照片拍摄。配合上述调查内容进行照片拍摄，重点拍摄海岸垃圾、海防林、临岸设施、沿途地形地貌及调查活动情况，同时拍摄沿途的自然风光、人文景观。[①] 调查区段及时间如表1所示。

---

① 《三亚海岸线徒步环保调查报告》，2010。

表1　调查区段及时间划分

编号	时间	调查队	名称	起止位置	长度（公里）
1	2009年12月26日	1号队	角头湾	乐东界—鼻头角	4
2	2009年12月27日	2号队	崖州湾西段	鼻头角—崖州湾中段	9
3	2010年1月9日	1号队	崖州湾东段	崖州湾中段—宁远河口	6
4	2010年1月10日	2号队	扇贝湾	宁远河口至南山港	6
5	2010年1月16日	1号队	红塘湾	塔岭脚—担油港—大小洞天	8
6	2010年1月17日	2号队	三亚湾西段	凯宾斯基至海虹路口	7
7	2010年1月23日	1号队	三亚湾东段	海虹路口至凤凰岛	9
8	2010年1月24日	2号队	大、小东海	南边海—文华东方	9
9	2010年1月25日	1号队	六道湾	六道村至虎头岭脚	5
10	2010年1月26日	2号队	亚龙湾	亚龙溪口至假日酒店	5
11	2010年1月27日	1号队	后海、海棠湾南段	铁炉港—蜈支洲码头—湾中	11
12	2010年1月28号	2号队	海棠湾北段、土福湾	湾中—藤桥河口—陵水界	11

基于上述调查基础，协会于2010年8月向三亚市政府提交了一份《三亚海岸线徒步环保调查报告》。报告中指出，三亚海岸线每公里的垃圾重量是全球平均值的3倍，每公里海岸线的垃圾件数是全球平均值的17倍。三亚市政府高度重视此次报告的内容，主动将这份报告披露在了三亚市政府网站上，新浪、网易、凤凰网、南海网等主流网络媒体都转载了这份报告。从这份报告的主动公开行为上看，三亚市政府并没有采取拒绝和反对的态度，而是积极主动地解决问题，这是因为旅游业是三亚经济发展的主要产业，海洋环境的破坏和不可持续将会为三亚市带来长期不可修复的损失，掩盖或拒绝报告的实际情况虽然会维持短期的经济收益，但显然不利于长期的社会和经济利益。而与当地政府的第一次正面成功合作，也成为未来10年协会与三亚市政府之间保持良好的长期合作关系的开端。2011年“两会”期间，蓝丝带以协会和孙冬委员的名义，向三亚政协提交《关于强化三亚海岸线环境保护的提案》，政协经济委员会委员和协会专家及志愿者组成专项调研小组，对提案中的问题现场考察，提出解决方案。NGO组织与政府虽然在

社会角色和组织职能上各站不同立场，但由于政府部门自有服务公众的属性，因此不具备互相排斥的基础，甚至可以携手一起共谋问题的解决之道，共同完成公共利益的维护，并促进政府进一步提高服务公众的意识和受益于公共利益得到保护之后带来的新的经济产业发展模式。

（2）群行群止，众川赴海

2010 年，在国家和地方海洋主管部门的支持下，蓝丝带海洋保护协会组织了“长江校友蓝丝带海洋环保中国行活动”，途经 14 个主要沿海城市，行程 1.8 万公里，最终到达首都北京［三亚→海口→北海、东兴（南端点：中越交接的北仑河口）→广州→深圳→厦门→杭州→上海→南京→青岛→天津→大连→丹东（北端点：中朝边境的鸭绿江口）］。在途经的城市举办了大型海洋保护宣传活动，在北京组织了成果汇报会，旅游卫视、腾讯网、《京华时报》、三亚电视台等 45 个媒体对本次活动全程跟踪报道，发布新闻报道 106 篇/次，百度搜索关于本次活动的网络链接多达 1320000 条。三亚大小洞天发展有限公司和长江商学院校友会各地校友分会，共同承担了 90% 以上的活动经费。在这次与企业的合作中，沿途发放宣传品近 63736 万份，在 14 个沿海城市吸引了上百万的参与者，共招募到 2112 名“海洋卫士”，其中不乏各地知名企业家、海洋专家以及关注环保公益的公众人物。此次活动参与的广度与深度前所未有，在响应国家关于海洋保护号召的同时，激发了群众广泛参与的热情，下至 8 岁的儿童主动跟随参与海岸线徒步行并沿途捡拾海边垃圾，上至 82 岁老人带领全家加入“海洋卫士”来表达对海洋的热爱；艺术界人士和公众人物现身说法，呼吁大家热爱海洋，更有在中国工作、生活或学习的外籍人士也加入“海洋卫士”的行列中，主动和“中国行”志愿者们一起向沿途市民派发海洋环保宣传资料。这些特殊的志愿者，通过自己的实际行动感动其他人，也触发了蓝丝带海洋保护协会更深层次的思考：如何更有效地调动公众参与的意识；如何更深入了解并填补公众对海洋知识的空白区；如何提高活动设计的科学性和影响力等。这些思考也坚定了海洋文化结合蓝丝带自身组织文化是未来发展之路的信念。通过不断开展海洋环保活动，社会影响力也不断提升证实，与企业，尤其是与具备海洋保护社会责任意识的企业保持良好合作关系是可复制的有效经验。

“蓝丝带”主持和参与的其他项目也取得了重要的影响力和进展，如太阳湾珊瑚产卵期调查与人工育苗技术开发、三亚市造礁珊瑚固碳理论研究、IHG减灾空间项目、三亚市港口污染源调查、三亚市沙滩垃圾碎片调查、三亚市红树林类群调查、三亚市亚龙湾海滩垃圾调查、三亚市疍家人海洋文化调查。在其他地区的项目推动工作也有较大的进展，如在青岛开展海洋保护徒步调查与海岸海洋生物多样性调查、在威海开展海草房调查、在湛江开展红树林污染调查等，这些活动为有效地在沿海地区开展海洋保护工作提供了坚实的基础。

（二）海洋环保主题活动的设计能力

2015年“未蓝计划”由“蓝丝带”志愿者发起，国家及地方海洋局、团中央及地方团委、省民政厅、市民政局等相关部门给予了大力的支持。“未蓝计划”在三亚、海口、湛江、烟台、青岛、大连、上海、天津、连云港、威海、西宁和玉树等城市开展了426场进校园宣教活动，辐射63个小学，26个幼儿园，捐赠海洋科普类书籍7000本，参与志愿者5600人次，项目影响受众32000余人，先后受到《人民日报（海外版）》、CCTV、《海南日报》、南海网、凤凰网、央视网等70多家媒体对此报道。“未蓝计划”小使者桂茜榕（绣球）从8岁开始就与海洋结下了不解之缘。从成为“未蓝计划”小使者那天起，绣球就开始为海洋环保事业默默地奉献着。从用画笔表达对海洋的爱意到加入“蓝丝带”海洋保护活动，成为蓝丝带海洋保护协会的一名小志愿者，五年时间将她创作的1000册海洋绘画读本和出版社给她的版税12000元捐赠给“未蓝计划”项目，并到三亚、海口、湛江、玉树等市的小学和幼儿园给小朋友们讲述她与海洋的故事，从做一名负责任的“海洋小使者”到呼吁更多的小朋友加入“海洋环保小卫士”行列，都融入了她对海洋环保事业的热忱与爱心。① 2017年“蔚蓝领袖”蓝丝带

① 《“未蓝计划”小使者桂茜榕（绣球）发言稿》，2016年9月。

深蓝形象大使进行评选，“蔚蓝领袖”也是由志愿者个人发起，将志愿者身处的游艇行业与蓝丝带所宣传的公益环保理念相结合，共同推出能够代表“蓝丝带”的形象大使，每届“蔚蓝领袖”任期1年，这1年内在成为游艇体验师的同时，也要参加海洋公益活动，行程途中以身作则积极宣传海洋环保，并协助参与海洋相关公益宣传片的拍摄。

上述两个案例都是蓝丝带的志愿者个人发起，结合自身行业和专长，希望通过公益环保宣传带动更多的人关注海洋环境、海洋环保和海洋文化。前者不仅关注沿海地区孩子的海洋教育与科普，更是把海洋文化和知识宣传到了藏区，让孩子们理解地球是个大家庭，一个不文明的行为会对整个地球带来影响；后者则是关注海洋运动与海洋公益宣传，不仅要对参评者的外在形象进行评选，还要考察他们对海洋文化的理解、海洋环保的认知和海洋公益的认可度，通过综合、全面的评审方式和可持续的公益宣传节目影响更多年轻一代。

（三）公众教育与科普活动的开展

青少年科普。蓝丝带海洋保护协会非常重视青少年及儿童的海洋科普、海洋文化及海洋情怀的培育。三亚市第九小学是以“海洋文化教育”为主要特色的全国著名的学校，这与蓝丝带海洋保护协会不断地为三亚市第九小学提供海洋保护题材的课外辅导、开设“海洋文化大讲堂”、定期组织相关专家进校园对孩子们开展科普讲座等活动不无关系。共同开展“海洋文化大讲堂”等活动以拓展“海蓝精神”，培养一批具有海洋文化、海洋环保意识的孩子，创建出一所属于海洋的特色学校是双方合作的基础。

对涉海企业员工的海洋科普培训。涉海企业更关注海洋健康，同时也关注员工对海洋保护素养的培训，蓝丝带通过与更多涉海企业合作，员工在培训的过程中逐渐认识到海洋保护的重要性，不断维护海滩环境是企业得以发展的唯一渠道。目前，一些旅游景区的会员单位已经逐步设立了自己的海洋保护区，按时清理垃圾，积极参与净滩活动，为潜水教练提供海洋科普培训课程，根据珊瑚的分布情况划分不同的区域，再根据旅游淡旺季，对潜水的游客进行有效科普和行为约束，最大限度地保护珊瑚及珊瑚礁所在区域，及时养护海底珊瑚健康，清理海底垃圾。涉海企业无论从海洋科普培训的开展，还是涉海活动的安排都体现了对海洋环境保护的重视，也是在所有会员单位中对海洋环境敏感度最高、能够积极参与蓝丝带各种活动的并给予极大支持的企业群体。

（四）军民融合

2011 年大学毕业的蔚涛泽来到美丽的三沙驻防，并与蓝丝带结识，在三沙公安边防支队建立起志愿者服务队，服务队的志愿官兵们经常利用训练闲暇清理海滩垃圾，巡航过程中也会主动把漂浮在海面上的垃圾打捞清理出来。2015 年由于蔚涛泽工作调动离开三沙，但其他边防战士仍然驻守三沙、志愿者服务队的旗帜仍然飘扬在永兴岛。2015 年 6 月 8 号台风“鲸鱼”登陆永兴岛，三沙边防志愿者服务队的官兵们即刻投入垃圾清理工作中，不怕苦、不怕累，用实际行动遵守着志愿者服务队的诺言：“守护这片海，不能仅仅是守护，还要给它足够的爱”；官兵们用朴素的精神践行着他们作为军人的职责，更是超越了这份责任，为祖国的海域边防工作赋予更多的内涵：捍卫国家主权的同时，维护祖国每一片海洋的美丽与尊严。自三沙公安边防支队成立志愿者服务队以来，开展垃圾清理数百次，大型净滩活动数十次，每年至少两次专门为渔民和渔民的孩子们举办各种类型的海洋知识展、海洋图片展等活动，开阔视野，进行有效的科普宣传。这不仅拓展了三沙公安边防支队党建工作的活动内容，提高了边防宣传的有效性，丰富了边防支队的文化生活，增加了支队官兵的海洋知识储备，在开展科普宣传的过程中也提高了渔民和渔家子弟对海洋保护的意识，提升了对国家海域海权的概念认知，让渔民的孩子重新认识海洋和海洋文化，同时也加深了渔民与支队官兵之间的友情，更有助于进一步实现行之有效的军民融合、军地融合。

（五）志愿者培育与培训

每年协会都会组织数量庞大的大学生志愿者服务社参与净滩日、科普进校园、海洋环保知识公众意识提高教育等系列活动。这些大学生社团有的通过在社团中的表现和活跃度来推选出新一届社长，有的则通过学徒式的“传、帮、带”方法产生新一届社长。这种扎根大学校园，专心扶持和帮助大学社团建设的专注文化也成了“蓝丝带”志愿者网络建设的一个重要特色。从志愿者服务社中每年都涌现出大量的优秀人才，最后会选择留在协会继续为环保事业贡献力量，如海口“蓝丝带”的张菁华、青岛“蓝丝带”的初腾飞等。

除了数量巨大的大学生志愿者和大学生志愿者服务社，随着志愿者队伍的壮大，有更多的社会人士加入“蓝丝带”志愿者团队中来，在各个地区或单位成立“蓝丝带志愿者服务队”。

在蓝丝带海洋保护协会工作 8 年的老员工，“海南青年五四奖章”获得者，当选全国青联委员的蒲冰梅，把自己全部的时间和精力都投入到海洋保护中，带领志愿者们积极加入环境整治、环境教育问题，与企业谈判，与政府沟通，更影响和带动了她的整个家庭都加入了志愿者的行列里，无条件地为公益环保事业贡献力量。这种模范作用在志愿者网络建设过程中对其他志愿者十分有影响力和感染力，能够让志愿者们不断对标模范人物，不断激励其他志愿者通过实际行动影响更多人，对志愿者们整体活动能力、策划能力的提升也能够起到积极的示范作用。

三　蓝丝带海洋保护协会未来的展望

（一）发展过程中的瓶颈

1. 融资困境

从蓝丝带海洋保护协会建立之初就与涉海社会企业保持着良好的关系，但随着来三亚旅游的游客数量的变化，一些会员单位由于经济效益问题出现了拖延或少交会费的状况，一些会员单位甚至退会，这对工作人员薪水的发放、项目的配套资金、活动的开展等都造成了影响。

融资能力和资金的稳定性一直是涉海NGO组织和国内其他NGO组织需要面对的主要问题。目前涉海NGO组织获得资金支持的渠道主要有三个：各大基金会、政府专项环境保护资金和会员单位支持。这也导致了NGO组织只能不断地发展会员单位，同时只能通过基金会的项目来获取更多的资金支持。项目推动导致两个结果：一是涉海NGO发展战略过度关联项目需求方，而无法在相关环境保护领域展开其他方面的工作，从而进一步导致NGO组织同质化现象严重；二是失去了成为国际知名NGO组织的话语权和发展活力。纵观国际知名或已取得联合国咨商地位的NGO组织的成功经验，每一个NGO组织都保持着自己的独特性和在某一个特殊领域的高度权威性和专业性，而目前受限于国内的基金会对项目的要求，很多特色化的环保活动和工作无法获得支持。

2. 人才困境

NGO组织需要大量的具有综合能力的专业人才，而多专多能的人才是非常稀缺的。涉海NGO组织日常工作需要有极强的活动组织策划能力、书面语言报告能力、口头汇报能力、与企业和政府谈判能力、与各行各业的人交流的能力、参与科学问题调查的能力、用数据进行统计分析的能力等，这些综合能力既要求有创新性又要求具有高度的专业性。这也是国际知名NGO组织对相关人才的基本定义。在涉海NGO组织招聘的过程中经常出现单方面能力较为突出，但综合能力人才相对稀缺的状况。

培育自己的专业人才和对外交流能力较强的人才，既要有大量的专业知识储备又具有交流方法、交流渠道和取得交流效果，目前国内NGO组织对这类综合性人才的需求是十分巨大的。但目前从国家人才储备上来看，缺乏针对NGO运营、融筹资、项目设计与规划等相关的专门人才培育体系；尤其也缺乏能够熟练使用英语面向国际环境无障碍沟通的专门人才。针对综合性、具有国际化视野的人才的培训体系和技术开发课程资源相对匮乏，同时也缺乏针对NGO组织的留住人才的专项保障机制。

3. 保障机制困境

减少人才流失的机制困境。国内NGO组织面临的重要问题是人才短缺和人才流失比较严重，尤其是地方性的 NGO 组织由于资金来源不稳定，导致专职工作人员出于生活压力的考虑逐渐流向薪酬较高的企业或政府机关。

转型升级困境。国内 NGO 组织通过项目方式运营，一些缺乏配套资金的 NGO 组织很难维持项目运营这个模式，项目的资金获得渠道单一也导致了想要做出品牌，并升级成在国际上具有话语权的 NGO 组织十分困难。

注册制度空白。对于 NGO 组织的权益和在地区发展过程中的独特作用缺乏保障机制，尤其是志愿者权益的保障，注册制志愿者机制一直是国际上主流的保障体制，但目前在我国缺乏正规的注册和信息认证的志愿者平台和渠道。

服务和购买服务意识困境。政府与 NGO 组织的关系一直存在着微妙平衡的关系，地方政府十分清楚来自 NGO 的声音非常重要，环境保护也是人类的共同话题，但在 NGO 对环境做出基本评估结果后，政府往往倾向于直接使用该结果，而没有有意识地为过程和服务付费，这也导致了 NGO 组织做了很多工作，也为全社会提供了大量数据证据、现象描述和视觉作品，但却没有获得应有的回报。这说明整个社会对 NGO 的工作缺乏购买服务的意识，对 NGO 组织的日常工作、经费来源和利用有着天然的误解或理解偏差。

目前对国内涉海 NGO 组织的保障机制和管理机制经验上的总结较为匮乏，对保障机制的建立渠道、方法、协商对象、建立路径等也没有一套完备的成熟经验。蓝丝带海洋保护协会也将继续肩负起这第一面以保障机制为目标的旗帜，为国内其他涉海 NGO 组织继续探路，设计人才培养方式，激活组织功能，实施强有力的保障机制，也为其他涉海 NGO 组织提供保障路径和经验。

4. 与政府建立信任感困境

涉海 NGO 组织与政府的经济产业规划之间仍然存在矛盾，如政府要大力发展船舶行业，而涉海 NGO 组织则关注船舶行业导致的排污问题。政府往往会囿于地区经济发展需求而向环境要 GDP，从而对 NGO 组织采取防范、禁止甚至警惕的态度。

因此，蓝丝带海洋保护协会正逐步推动向地方政府定期沟通交流的机制建设。首先要加深和巩固蓝丝带海洋保护协会在海南省的影响力，围绕着海洋和环境问题做足文章，才能获得政府的更多支持。其次，在其他区域也要主动定期沟通、交流和披露海洋相关信息，提升政府对“蓝丝带”的信任感。有了各个地方政府的支持，“蓝丝带”才能获得更大的发展空间和更多的认可；地方政府也需要对发展多年的NGO组织培育信任感，为NGO组织提供更多的发展空间和更大的扶持力度，像培育优势产业一样帮助NGO提升地区、国内乃至国际上的影响力。最后，“蓝丝带”针对政府的定期交流机制应该基于更完善的组织机制设计和完备的行为流程控制体系，即“蓝丝带”需要向政府及时、准确披露自己在开展各项活动中的行为准则、评价标准、达到的目标、风险控制方法、组织内部管理的规则明细等，让各级政府愿意和能够更相信“蓝丝带”的实力和能力、风险防控意识、目标的准确性以及目标能够达成的高度。政府也能够通过协会准确地反映出社会与公众的现实环境问题，为政府制定政策提供依据和支持。

（二）蓝丝带未来的展望

1. 专业化

专业科研团队的建设。专业科研团队合作的实力需要先从自身做起，依靠科研机构、大学、政府部门形成网络，无论是申报项目还是自己推动项目都要站在比较高的位置和具有国际视野，组织国内的海洋科研力量，从而构建起全国的科技、科研网络。

对外交流专门人才的召集。进一步加强具有较强外语沟通能力的专门性人才的召集活动，招聘评价体系的构建和青年志愿者选拔培训等也需要步入正轨。

2. 与时俱进，自我成长的组织文化

未来NGO组织面临的挑战不仅局限于科研和专门性上，更有可能是对海洋文化的整体认知上，以及与时俱进、自我成长的能力上。找到更多的艺术家为海洋文化、海洋知识、海洋科普写出好故事，拍出好电影，制作出优质的公益广告，在海洋文化创意产业中做大做强，才能向公众更好地普及海洋环保理念。

例如，海洋画在国外的创作题材里并不陌生，甚至一些画作已经成为世界名画，然而中国对海洋画的历史、题材的把握、画法的创新还需要进一步梳理和凝练。国际主流收藏界对海洋画的收藏是一个相对成熟的板块，但目前国内还缺乏对海洋画的收集、梳理工作，涉海 NGO 组织极少涉猎海洋画作的创作过程和主动参与创新题材画法的过程。

目前 NGO 组织直接参与或主创的海洋题材的动漫作品、文学作品、儿童作品、纪录片、电影、公益广告素材相对缺乏，其他已经出版发行的作品影响力和受众群也不够深、不够广。对于一些可视化的文化作品则存在着审美元素同质化较为严重，音乐制作形式简单、题材单调、故事情节呆板等短板，需要进一步挖掘和积累以“海洋文化”为主题的素材，制作出类似于影版《追鱼》《八仙的传说》《渔童》《大鱼海棠》等此类高质量、高水准、受观众喜爱的海洋及海洋保护等题材的作品。蓝丝带作为海洋保护方面的 NGO 组织需要对海洋文化进一步梳理和总结，以海洋环境顾问、主创出品人、推荐专家等多种形式主动参与到海洋文化系列作品的创作过程中。

艺术与文化作品能够加深人们对海洋的认知，也能够让人们更容易接受海洋文化，因此，NGO 组织需要在文化产业领域不断深耕，进一步拓宽对海洋文化不同视角、不同领域的理解范畴，为自己，也为公众找到新的文化科普方法和渗透方式。做公众喜闻乐见的海洋文化题材作品，能够以 NGO 组织者的身份出品具有自主知识产权的海洋文化创意产品，将成为蓝丝带海洋保护协会未来追求的更高目标。

3. 培育志愿者，形成种子文化

每一个志愿者都是一颗种子，无论他们是否还在“蓝丝带”，他们都带着对海洋的向往和对海洋环保的关注，影响着自己的职业选择或影响着其他人。每个志愿者在不同的工作岗位上、不同的职业生涯中、不同的人生际遇里与蓝丝带海洋保护协会携手并行的这一段经历都足够影响其未来的行为，也足够将蓝丝带海洋保护协会的环保精神和理念带到志愿者的未来里，从而影响更多人。因此，需要进一步加强志愿者的网络建设，将种子文化延续下去，等待着不断壮大的志愿者团队在全国乃至世界各地散播开来，并最终能够开花结果，为公益事业培养后备人才。

4. 国际化

国家海洋局国际合作司原司长李景光、蓝丝带海洋保护协会创始会长孙冬、现任会长郑文春在谈到未来的期待和展望时，都不约而同地提到了国际化，NGO 组织只有走上国际化道路才能进一步打开视野。国际上非常重视海洋环境、海洋气候、海洋资源和海洋生态四个方面的问题，但国内 NGO 组织目前还缺乏国际化交流的能力、国际专业科研团队合作的实力和国际影响力。

目前国际合作机会很多，国际上保护海洋的力量也很强，“蓝丝带”要进一步加强与国外在海洋科技、海洋环保理念等领域的沟通，争取国际项目基金的支持，并争取联合国的咨商地位。

附　　录

B.10 中国涉海博物馆与世界主要海事博物馆统计

尤泽峰*

表 1　中国海事博物馆一览

序号	名　称	简　　介	地　址
1	中国航海博物馆	我国首个国家级航海博物馆，占地 4 万多平方米，馆内一层设航海历史馆、船舶馆、海员馆以及渔船与捕鱼专题展区；第二层设置了航海与港口馆、海事与海上安全馆、军事航海馆以及航海体育与休闲专题展区	上海市浦东临港新城
2	泉州海外交通史博物馆	旧馆陈列出土宋代远洋海船及珍贵海外贸易文物，新馆陈列数百方外来宗教石刻，160 余艘古船模型以及古代石碇、木碇、铁锚等古代锚具和中国古代陶瓷器等	旧馆：福建省泉州市开元寺 新馆：福建省泉州市东湖
3	广东海上丝绸之路博物馆	占地约 13 万平方米，是以“南海 Ⅰ 号”宋代古沉船保护、开发与研究为主题，展示出水文物及水下考古现场发掘动态演示过程为特色的专题博物馆	广东省阳江市海陵岛十里银滩

* 尤泽峰，宁波宝德中国古船研究所副所长，国际海事博物馆协会执行理事，研究领域：中外海事博物馆、中国传统舟船工艺。

续表

序号	名称	简介	地址
4	中国甲午战争博物馆	属纪念遗址性博物馆,以“北洋海军”和“甲午战争”为主题,包括北洋海军提督署、龙王庙、丁汝昌寓所、水师学堂、铁码头等28处纪念遗址。馆藏历史照片1000多幅,北洋海军与甲午战争文物资料200多件,打捞舰船文物标本300多件,其中济远舰双主炮,为当今海内外所仅有,堪称“镇馆之宝”	山东省威海市
5	鸦片战争博物馆	鸦片战争古战场所在地,分为《林则徐禁烟与鸦片战争史实陈列》《鸦片战争中英海战陈列》《虎门故事展览》《全国禁毒教育基地展览》四个基本陈列,是一所收集、陈列、研究林则徐禁烟及鸦片战争文物史料的纪念性与遗址性相结合的专题性博物馆	广东省东莞市
6	武汉理工大学航海博物馆	位于武汉理工大学余家头校区航海四楼,由四个展区组成,主要展示造船模型、藏品、图片等1000余件。馆内的船舶模型藏品,驾驶设备模型对中国造船史、船舶航海发展史等进行了诠释	湖北省武汉市武汉理工大学
7	蓬莱古船博物馆	展示四艘中国、朝鲜古船,石碇、木碇、铁锚等古代锚具三十余件,从新石器时期至清代的海洋文物及朝鲜和日本等出水陶瓷器合计600余件	山东省蓬莱市
8	中国船政文化博物馆	中国第一个以船政为主题的博物馆,分为序厅、船政概览厅、船政教育厅、船政工业厅、海军根基厅、船政名人堂六个部分。通过珍贵文物、图片、模型以及各种仿真场景,运用声光电等现代手段展示了中国船政在中国先进科技、新式教育、工业制造、西方经典文化翻译传播等方面取得的成果	福建省福州市马尾区
9	嘉兴船文化博物馆	国内首家船文化博物馆,展示内容分四大块:舟船史话、水乡船韵、名船世界、船舶科技。其中三楼展厅,由中国古船、西洋古船、近现代战舰、现代民船四部分组成,模型精制,展示了世界航海史上众多的科技成果	浙江省嘉兴市栅堰路
10	浙东海事民俗博物馆	位于宁波市安庆会馆内,以全国重点文保单位安庆会馆为依托,配有《明州与妈祖》大幅连环画、《宁波与“海上丝绸之路”图片展》《千年海外寻珍图片展》以及妈祖祭祀实景、《妈祖与中国红》等陈列	浙江省宁波市江东区
11	长岛航海博物馆	为有关航海的综合博物馆,馆址设在庙岛显应宫内,开设中国航海史、中国航海技术史、航海起源、郑和纪念馆、天妃史迹五个专题陈列厅,收藏并展出了有关航海方面的文物、典籍、模型、图片1000余件	山东省长岛县庙岛

续表

序号	名　称	简　　介	地　址
12	韦氏古船模型展览馆	古船船模设计与制作爱好者韦文禧，他制作的船模与工艺品不同，它们严格按照真船比例制作，同样可以升帆、行驶、下仓，由他仿制的古船模型为多地古船博物馆所收藏。为此沙家浜景区为他建立韦氏古船模型展览馆，用以陈列各类古船模型	江苏省常熟沙家浜
13	中国海洋渔业博物馆	突出海洋捕捞为主题，展示舟山海洋渔业百余年来发展史。运用海洋生物剥制标本，大型生物骨骼、鱼类浸制标本以及各种类贝、藻类编织五彩缤纷的海洋世界；运用船具、船模、渔网等实物，展示舟山海洋渔业史及近代渔业捕捞知识；陈列渔行的水票、账簿、秤等工具及渔商、渔民生活用品等，是一个集科学研究、文物保存、科普教育为一体的综合性博物馆	浙江省岱山县
14	中国台风博物馆	运用图片、实物、台风模拟、台风科普投影等手段，展示灾害和抗台成果，模拟台风生成及行动过程，提供台风实地观赏台，并结合浙江省水利厅《海塘抗御超标准越浪能力的试验研究》的科研课题，对风暴潮和工程开展现场波浪要素、越浪量和波浪打击力进行观测，对海塘遭遇台风风暴潮时的情况进行实时监测，并通过信息系统将图文传输到各防汛指挥机构，为防汛防台决策提供重要参考，是融科普、旅游、科研诸功能于一体，演绎台风发生、发展和消亡的全国首家灾难博物馆	浙江省岱山县
15	中国灯塔博物馆	基本陈列为《世界灯塔历史文化和中国灯塔发展史陈列》，整个建筑是仿美国著名的波特兰灯塔造型，以1:1的比例建筑而成。陈列近300件事物图版，陈列以图片和实物相结合，介绍了世界灯塔历史文化和中国灯塔发展史	浙江省岱山县
16	中国岛礁博物馆	为露天开放式的海岛自然博物馆，拥有面积大于500平方米的岛屿134个、海礁69个，除8个岛现有人居住或渔民在鱼汛期临时居住外，其他126个岛皆为岛屿环境未遭破坏的原生态火山岛。充分利用海岛、海礁资源将海上观光、海岛保护与海洋科普有机结合起来	浙江省岱山县
17	中国海防博物馆	分为四大区域，利用600余幅图片和模型，展示从春秋战国到近现代及新中国成立以来的海防史，复原了原驻岛官兵用房的设施和场景，用实物真实再现海军生活，是集军事、历史、文化、娱乐为一体的多元化现代文化场所	浙江省岱山县

续表

序号	名　称	简　　介	地　址
18	上海交通大学董浩云航运博物馆	内设中国航运史馆和董浩云陈列室。中国航运史馆通过图片、文献资料和实物模型及航海贸易物品概况,反映中国古代自新石器时期以来的舟船及航运历史。董浩云陈列室,用照片、资料、实物,浓缩“世界七大船王”之一董浩云的传奇一生	上海市上海交通大学徐汇校区
19	武汉船舶职业技术学院海事博物馆	馆内陈列船模三十多艘,其中以当代船模居多	湖北省武汉市
20	哈尔滨工业大学船舶博物馆	展陈古今中外有价值的船舶模型、船舶辅助设施和属具模型(或实物),展示中外船舶发展史、船舶科技史、海军发展史、重要船厂的厂史、重要舰船设计院(所)史、重大历史事件中与船舶相关的实物、模型、图片、书籍、文字报道等	黑龙江省哈尔滨市
21	中国海军博物馆	内设中国人民海军史展室、海军服装展室、礼品展室,用以介绍中国海军的起源、发展及其维护国家主权和领土完整的重要作用,展出人民海军自 1949 年诞生以来各个时期装备的海军服以及 60 多个国家的军队赠送的珍贵礼品 300 多件,为一座全面反映中国海军发展的军事博物馆	山东省青岛市
22	海军上海博览馆	前身为长江舰纪念馆,占地 18000 平方米,包括主体展览馆、海洋科普与海洋艺术馆、海军历史馆、海军兵器馆以及轻武器实弹射击馆等七个展馆和上海宝山海军少年军校。展览馆通过图片、文字及实物等展示方式对青少年学生进行爱国主义和国防观、海洋观教育	上海市宝山区
23	南京郑和纪念馆	为仿明建筑群,以郑和下西洋的航海活动为主线,展现了伟大航海家郑和的生平和业绩。除实物外,还有模型、图表、照片、文献等 170 余件,囊括目前国内已发现的有关文物和遗迹,介绍了我国秦汉至宋元以来的航海科技成就、航海活动以及明代封建统一国家的建立和社会经济的发展,揭示了郑和大规模航海活动的时代背景,并展出 11.07 米长的大舵杆和巨型绞关木、铁锚、石臼等及按 1∶85 比例精制的郑和所乘大宝船模型	江苏省南京市
24	太仓郑和纪念馆	设于刘家港天妃宫内,内有郑和手握航海图的三米塑像,以及与郑和下西洋相关的图片、实物 200 余件,展示郑和生平和航海业绩	江苏省太仓市

续表

序号	名　称	简　　介	地　址
25	晋宁郑和纪念馆	位于郑和故里月山的郑和公园内,共六间展室,通过实物、图片、模型、复制品、拓片等向观众介绍郑和七次航海的壮举,并陈列了《郑和下西洋》电视剧的部分道具	云南省昆明市晋宁区
26	香港海事博物馆	包含中国海事文化、广州贸易、海岛海岸、维港掠影、中国航线发展、与西方列强的关系、航海通信、绘制地图、导航与领港、大海音韵、航运现状、港口蜕变、海上安全和中国海洋艺术等主题,除涉及中国、亚洲和西方的船艇、海洋探险、贸易和海战等古代发展史外,还介绍环球趋势和船务对香港经济的重要性等现代概况	中国香港八号码头
27	香港海防博物馆	为香港历史博物馆分馆之一,由旧鲤鱼门炮台修建而成。展出藏品400多件,全部与香港的海防历史有关,包括枪械、大炮、手提武器、军服及纺织品等	中国香港筲箕湾
28	澳门海事博物馆	位于妈阁庙对面,分为博物馆大楼、渔民天地、海上贸易、航海技术与交通、水族馆五个部分,介绍内容包含中国南部的捕鱼方法和传统渔船、科学技术和交通工具、葡萄牙和中国的海事历史	中国澳门妈阁庙前
29	台湾长荣海事博物馆	馆藏种类丰富的模型船,从中国古代的独木舟到西方的各式帆船、机械动力船、工作船,还有展现台湾海岛风情的竹筏以及具有宗教信仰意义的王船。同时,展出以海洋为背景的画作,年代跨越18世纪到20世纪	中国台湾台北市
30	台湾淡江大学海事博物馆	位于淡江大学校园内,前身为淡江大学商船学馆,专门为淡江大学培育航海、轮机科技人才,后改为海事博物馆,展示古今中外各类的船舰模型60余艘,包含15世纪至17世纪大航海时代到未来超导体电磁推进的各国船只模型	中国台湾台北县
31	中国港口博物馆	占地78亩,为正在建设中的国内规模最大的综合性港口专题博物馆,展陈框架由中国港口历史馆、现代港口知识馆、科技体验中心、"数字海洋"科普教育馆四部分组成,建成后将为观众介绍中国港口的历史,为探求港口未来的学者提供学术交流的平台	浙江省宁波市
32	中国国家海洋博物馆	为正在筹建中的综合性国家海洋博物馆。占地30万平方米,建成后将极大改善中国海洋文化的面貌,增强中国海洋强国的地位,成为集收藏保护、展示教育、科学研究、旅游观光等功能于一体的国家级爱国主义教育基地	天津市滨海新区

续表

序号	名　称	简　　介	地　址
33	宁海海事博物馆	筹建中的宁海海事博物馆展览中国古代船模130余艘,新石器至清朝水下文物数百件,以及大型木碇等古代航海文物	浙江省宁海县

表2　国际海事博物馆一览

序号	名　称	简　　介	地　址
1	奥兰海事博物馆	奥兰海事博物馆是位于芬兰奥兰群岛的一座博物馆。奥兰海事博物馆和奥兰博物馆并为奥兰群岛最重要的两座博物馆之一,也被认为是世界最好的商船博物馆之一	奥兰群岛
2	乌斯怀亚海事博物馆	乌斯怀亚海事博物馆在过去曾经关押过700个犯人,现在馆内的展品多为前往南极探险队的一些资料。这个博物馆建在一个巨大的监狱中,包括海事博物馆、监狱博物馆、艺术博物馆、南极博物馆四个部分,其实都是建在一个巨大的监狱里的	阿根廷乌斯怀亚
3	澳大利亚国家海事博物馆	澳大利亚国家海事博物馆是一家由澳大利亚联邦政府运营的海洋博物馆,于1991年开业。澳大利亚国家海事博物馆也是澳大利亚位于首都地区以外的,直接由联邦政府管理的博物馆。博物馆共有七个展厅,其中有一个展厅由美国政府资助,是世界唯一由外国资助的国家博物馆	澳大利亚悉尼
4	塔斯马尼亚海事博物馆	作为塔斯马尼亚重要的海港以及英殖民初期的重要城市,霍巴特有着丰富的海事历史。在这里可以了解到霍巴特在大航海时代的重要性,以及那个时期塔斯马尼亚人民与航海息息相关的生活状态	澳大利亚塔斯马尼亚
5	南澳大利亚海事博物馆	南澳大利亚海事博物馆位于阿德莱德,南澳大利亚海事博物馆展出了古老的船只,包括Nelcebee号,这艘船是英国劳饰船级社登记的第三古老的船。馆内还展出了一些早期移民的资料	澳大利亚阿德莱德
6	西澳大利亚海事博物馆	西澳海事博物馆邻近渔船码头,曾做过犯人与士兵存放粮食与衣物的仓库,改造后以陈列各种与海洋方面相关的物品与资料为主,包括海难沉船后所发现的各种零件与许多宝石、钱币等贵重物品以及澳大利亚土著的木舟等	澳大利亚
7	杜阿拉海事博物馆	博物馆位于杜阿拉,馆内展陈分为三部分:一层展示历史海岸;二楼展示传统船只和海军生活;三楼则有船型的模拟器	喀麦隆杜阿拉

续表

序号	名　称	简　　介	地　址
8	大西洋航海博物馆	大西洋航海博物馆靠近海边，外观非常抢眼。馆内除了介绍哈利法克斯大爆炸的历史，还展出了不少早期邮轮的模型。最值得一提的是，由于当年泰坦尼克号部分打捞至哈利法克斯港，因此博物馆也少不了关于泰坦尼克号的环节，包括打捞出来的沉船遗物、船的残骸，以及一些有历史意义的老照片	加拿大哈利法克斯
9	温哥华海事博物馆	博物馆位于加拿大不列颠哥伦比亚省温哥华，坐落于凡尼尔公园内，成立于 1959 年，侧重于展示温哥华的航海历史，为加拿大最重要的海事博物馆之一。50 年来，这个博物馆一直是了解加拿大太平洋地区与海事相关的历史、文化、艺术和工业的博物馆	加拿大温哥华
10	智利海军博物馆	博物馆主要介绍和展示了智利海军在 19 世纪与秘鲁和玻利维亚的战争中取得胜利的荣耀历史，其中收藏了 3000 多件实物展品和 3 万多部书籍与文献资料	智利瓦尔帕莱索
11	维京船博物馆	维京船博物馆位于罗斯基勒峡湾的博物馆岛上，距离哥本哈根仅 35 分钟车程。维京船博物馆是丹麦国家博物馆，展示了丹麦船舶、航海及中古世纪造船文化	丹麦
12	爱沙尼亚海事博物馆	博物馆位于塔林老城的胖玛格丽特塔内，此塔曾经是塔林老城背面沿海防御体系的一部分，在 16 世纪初期重建塔林中世纪城门的时候建立了此塔	爱沙尼亚塔林
13	福克兰群岛博物馆	博物馆展示了福克兰群岛的历史、早期人们的生活用品、福克兰群岛在两次世界大战时的作用及 1982 年英阿福克兰之战时英军的作战情况	福克兰群岛
14	芬兰航海博物馆	航海博物馆位于芬兰奥兰岛的马里哈姆镇，是一座 3 层的浅黄色船形建筑。该博物馆自 1946 年开始动工兴建，1954 年起对外开放	芬兰
15	巴黎国立海洋博物馆	是位于法国巴黎第十六区夏乐宫的一座博物馆。博物馆的历史可以追溯至 1748 年。1827 年波旁王朝复辟后，夏尔十世在卢浮宫设立海军博物馆。博物馆自 1937 年开始迁至夏乐宫，并在 1943 年 8 月 15 日正式开放。1971 年之后，博物馆成为法国国防部直属的一个机构	法国巴黎

续表

序号	名　称	简　　介	地　址
16	德国国立海事博物馆	博物馆位于德国重要的港口城市不来梅港，主要展示德国航海历史，也是德国八大学术研究机构之一	德国不来梅港
17	汉堡国际海事博物馆	汉堡国际海事博物馆是一座位于德国汉堡港城的世界最大的海洋文物私人收藏博物馆。博物馆选址在一家改造后的仓库里	德国汉堡
18	加拉塔海洋博物馆	加拉塔海洋博物馆主要展示意大利航海相关内容，展厅共四层，分为23个展厅，外加一个美丽的全景露台	意大利热那亚
19	摩纳哥海军博物馆	博物馆建立于20世纪，是世界上最早的海洋博物馆之一。它背山面海，透过正厅的巨型玻璃，可以看见浩瀚的地中海，里面陈列着从古至今的渔船模型、各种海兽海鱼的骨骼标本、各种各样的捕鱼工具和各种观赏鱼等，把科学性、艺术性有机交融	摩纳哥
20	荷兰国家海事博物馆	荷兰国家海事博物馆坐落在可以追溯至1656年的荷兰皇家海军兵工库的历史性建筑之内。博物馆的收藏与所属图书馆的藏书一起，形成了世界上最大的海事收藏规模。在这里可以充分地了解到海洋是如何造就了独特的荷兰文化，富于刺激性的互动式展览，为游客提供了兴趣盎然地探索500年航海史的机会	荷兰阿姆斯特丹
21	荷兰国立博物馆	荷兰国立博物馆真正的译名应为阿姆斯特丹皇家博物馆，该博物馆为荷兰规模最大的博物馆，藏有史前至今的各种展品，博物馆内有大量海事相关藏品	荷兰阿姆斯特丹
22	鹿特丹海事博物馆	博物馆内现陈列着15世纪至今的船只模型、航海地图及各种仪器，甚至还有废弃的莱茵河游船，参观这座博物馆相当于温习了鹿特丹的航海历史	荷兰鹿特丹
23	新西兰皇家海军博物馆	博物馆位于奥克兰北岸地区，游客来到这里就能了解到新西兰皇家海军的发展与作战史。虽然场馆不大，但是内容和藏品丰富。馆内有工作人员提供免费讲解。皇家新西兰海军有时会在这里举办官方活动	新西兰奥克兰

续表

序号	名 称	简 介	地 址
24	新西兰海事博物馆	博物馆展示了新西兰丰富海洋文化的精彩历史。讲述波利尼西亚先民如何来到此地和欧洲定居者曾面临的艰辛,展现现代海上英雄们缔造的伟大传奇	新西兰奥克兰
25	挪威航海博物馆	挪威航海博物馆位于奥斯陆博物馆半岛——比格迪半岛的东南部,与弗洛姆博物馆、Kon-Tiki Museum 三者呈现三足鼎立的状态,成为了解挪威航海史的最佳地点	挪威
26	波兰中央海事博物馆	博物馆主要展示了格但斯克辉煌的航海史。博物馆分为两部分,分别位于摩特拉瓦河西岸以及河中央的 Oowianka 岛上,之间由定点渡轮相连	波兰格但斯克
27	葡萄牙海军博物馆	海军博物馆坐落于里斯本的贝伦区,由路易国王于 1863～1963 年这 100 年中努力建成。博物馆是著名的热罗尼莫斯修道院的一部分,主要讲述了葡萄牙的航海历史,为葡萄牙最受欢迎的博物馆之一,也是葡萄牙游客最多的博物馆之一	葡萄牙里斯本
28	巴塞罗那航海博物馆	博物馆主要介绍了加泰罗尼亚地区的航海文化,以及西班牙的航海历史和当时世界一流的造船技艺。博物馆中处处都摆放着圆桶、木箱、缆绳、锚链,高高的木板将本来宽敞的军舰生产车间隔成一条条通道,使人仿佛走在狭窄的帆船甲板上	西班牙巴塞罗那
29	瑞典国立海事博物馆	博物馆是瑞典斯德哥尔摩的一座以海军历史、商船和造船为主题的博物馆,位于斯德哥尔摩市中心。博物馆修建于 1933 年至 1936 年,收藏有约 90 万张照片、5 万件物品和 4.5 万件绘画藏品	瑞典斯德哥尔摩
30	哥德堡海事博物馆	博物馆位于哥德堡海边,展馆分三层,底层是水族馆,规模较小,二、三楼是海事博物馆,主要介绍瑞典航海事业的发展和历史上比较有名的船只	瑞典哥德堡
31	伊斯坦布尔海军博物馆	博物馆位于土耳其伊斯坦布尔的 Beşiktaş 区。该博物馆收藏了一系列与奥斯曼海军有关的军事文物约有 2 万件。伊斯坦布尔海军博物馆收藏品种繁多,是土耳其在海事领域最大的博物馆	土耳其伊斯坦布尔

续表

序号	名　称	简　　介	地　址
32	玛丽玫瑰号基金会	玛丽玫瑰号基金会是一家位于英国朴次茅斯的有限慈善信托基金。其主要目的是保存、展示和传播有关1645年战舰玛丽玫瑰号沉船的历史，该战舰于1545年7月19日被索伦特号击沉，并于1982年10月被信托基金拯救。位于朴次茅斯历史造船厂内	英国朴次茅斯
33	“大不列颠号”博物馆	“大不列颠号”是英国一家船舶博物馆，位于布里斯托，它曾经是一艘蒸汽旅客船，行驶于布里斯托至纽约的航线上，1843年开始启用。现在“大不列颠号”是布里斯托港区主要的景点之一	英国布里斯托
34	皇家格林尼治博物馆	皇家格林尼治博物馆下设四馆，分别是国家海事博物馆、皇家天文台、女皇屋以及凯蒂萨克号古帆船，博物馆坐落于联合国教科文组织世界文化遗产格林尼治海事遗址之上，馆藏世界上最重要的英国航海历史收藏，包括船舶模型、地图、手稿、航海仪器、计时器与天文台等	英国伦敦
35	神秘港海事博物馆	神秘港海事博物馆是美国最大的海事博物馆。它收集了大量航海帆船，并重建了整个19世纪航海村，由60多座历史建筑组成	美国康涅狄格州米斯蒂克
36	皮博迪·艾塞克斯博物馆	博物馆(PEM)是东印度海洋学会的继承者，该学会成立于1799年，结合了前皮博迪塞勒姆博物馆和埃塞克斯学院的收藏品。博物馆通过画廊空间和捐赠等措施跻身美国前20名艺术博物馆之列。拥有超过84万件历史和文化艺术作品，涵盖美洲、亚洲、大洋洲和非洲艺术，亚洲出口艺术和两个大型图书馆，有超过40万册书籍和手稿	美国马萨诸塞州塞勒姆
37	水手博物馆	水手博物馆被国会指定为美国国家海事博物馆，是北美最大的海事博物馆之一。水手博物馆图书馆包含西半球最大的海洋历史藏品	美国弗吉尼亚州纽波特纽斯

B.11

沿海地区海洋文化产业季度统计报告

——以宁波市为例

郑珍远　李加林　马仁峰　张家辉*

一　宁波市海洋文化产业季报

（一）宁波市海洋文化产业的总体特征与区域分布

1. 总体发展现状

早在7000年前，宁波先民就已从事水上生产。春秋时期，句章（今宁波）海港在我国海港中占据显赫的地位。明清以来，凭借独特的区位优势、悠久的经商传统和优厚的海洋文化，宁波造就了驰名中外的宁波商帮。随着时间推移，宁波海洋文化内涵不断扩展，已经形成了包含海洋民俗文化、海洋宗教信仰文化、海洋景观文化、渔业文化、海防文化、航海文化等内容的海洋文化，充分展示了宁波人认识、开发、利用海洋的智慧与能力。[①] 宁波市海洋文化产业起源主要是妈祖文化和民间自发形成的开渔节，随着时间的推移，宁波海洋文化形成了一定的传统方式与规模形式，形成了渔文化丰富的象山开渔节、宁波中国港口博物馆以及当地独具特色的旅游节，将文化逐渐变为了产业，成为当地经济发展的方向与契机。

2. 主要海洋文化产业

海洋文化产业既包括海洋产业活动，也包括与海洋产业密切关联的其他

---

* 郑珍远，福州大学经济与管理学院副教授，研究领域：投入产出分析；李加林，宁波大学教授，研究领域：海洋经济地理、经济地理；马仁峰，宁波大学副教授，研究领域：地理学、经济地理；张家辉，自然资源部宣传教育中心助理研究员，研究领域：海洋文化。

① 苏勇军：《提升宁波海洋文化产业核心竞争力》，《宁波日报》，http：//www. chinacity. org. cn/csfz/cswh/283936. html. 2016 - 01 - 14 （10） /2018 - 03 - 12。

文化经济活动，目前发布的海洋经济统计数据、文化产业统计数据仅仅是对十几个主要海洋产业或数个主要文化产业行业的统计，其统计范围不仅没有包括海洋科研、教育、管理和服务等海洋文化核心行业，也没有包括与海洋文化产业密切相关的上下游文化产业，如利用海洋资源制造民间工艺品的行业、地方海洋博物馆设计与展示、海洋文化节庆等。

目前，学术界尚未界定海洋文化产业范畴、合理划分海洋文化产业。[①]因此，通过文献书籍阅读，根据现阶段研究成果，总结宁波海洋文化产业主要为四大类别（见附表1）。

附表1　宁波海洋文化产业分类体系

产业类别	产品及服务	主要资源罗列
海洋文化旅游产业	海洋自然风光游、海洋民俗风情游、海洋科技游、海洋体验游、海岛旅游、休闲渔业、沙滩体育娱乐、海洋体育娱乐、深海体育探险、海洋体育主题文化公园、海洋竞技体育观赏	林湖越窑遗址、天童禅寺、阿育王寺、天封塔、海运码头遗址、海防遗迹（包括威远城、月城、安运炮台、吴杰故居、吴公纪功碑亭、泮池—裕谦殉难处、俞大猷生祠碑记、金鸡山台、靖远炮台、平远炮台、镇远炮台、宏远炮台、戚家山营垒等）、码头锣鼓、鱼灯会渔民秧歌、渔家龙灯、马灯、渔区丝竹小调、渔工号子、昌国抬阁、海洋饮食文化、宁波帮主题公园、江北老外滩公园、宁波海洋世界、杭州湾休闲开发区、宁海户外基地、梅山国际游艇基地、东钱湖运动休闲基地、奉化阳光海湾、象山半边山旅游度假区、宁海湾运动休闲基地等
海洋节庆会展业	海洋文化节庆、海洋会展、博物馆	中国象山开渔节、象山海鲜节、徐霞客开游节、“三月三，踏沙滩”、“妈祖赛会”、“六月六迎神赛会”、“七月半放水灯”宁波国际港口文化节、宁波海上丝绸之路文化节、国际河姆渡文化节、河姆渡遗址博物馆、镇海口海防历史纪念馆、浙东海事民俗博物馆、宁波帮博物馆、宁波帮会馆、国家水下文化遗产保护宁波基地暨宁波·中国港口博物馆、宁波·中国大运河出海口博物馆等
海洋文学和工艺品制作业	海洋艺术展演业、海洋文学、海洋工艺品制作	王鲁彦的《船中日记》《听潮的故事》，陆蠡的《海星》《贝舟》，巴人的《六横岛》，楼适夷的《盐场》，穆时英的《咱们的世界》《生活在海上的人们》，郁达夫的《沉沦》，徐许的《风浪》《甲板上》，徐志摩的《海韵》《地中海》
海洋科学教育研究产业	高校涉海专业教育、海洋科学研究	海洋渔业研究院、宁波大学、宁波诺丁汉大学、浙江大学宁波理工学院、浙江万里学院、宁波海洋研究院等

资料来源：见赵洪涛《基于SWOT分析的宁波海洋文化产业研究》，《宁波职业技术学院学报》2016年第4期，第80～84页。

① 刘家沂主编《海洋文化产业分类及相关指标研究》，中国海洋大学出版社，2016。

（1）海洋文化旅游产业

《中国海洋统计年鉴 2016》显示，2015 年宁波接待入境游客人数 723960 人次。当前，我国旅游市场已由过去单纯的观光型旅游等转向特色鲜明、内涵丰富的多元化旅游。宁波积极打造、策划大型海洋体育赛事，培育有代表性的专业海洋休闲体育项目，并借助于宁波海洋运动会、东钱湖环湖自行车赛、滩涂趣味赛、沙滩排球赛、帆板拉力赛等休闲体育赛事发展海洋文化旅游产业，不断提高产业项目水平和对国际游客的吸引力。宁波海洋休闲体育项目还可依托与海洋文化有关的民俗、节庆活动进行开发，每年 6～9 月“夏伏休渔期”，宁波各渔业乡镇展开极富海洋特色的海滩拉船、爬缆绳、海上泅渡接力、爬桅、手拉起锚、拖网、织网、劈鱼鲞、海下潜泳、滩涂泥滑、海滩放鸢等具有浓郁海味的海洋体育休闲活动，有条件的地区可以策划、举办运动会，将这些项目聚集在一起，使海洋休闲体育运动项目更加系列化、大众化。[①] 此外诸如海岛探险、攀岩、蹦极、海洋帆船、冲浪、潜水等高端海洋体育运动，在专业人士的指导和陪护下，游客和民众也可以参与。

（2）海洋节庆会展业

①中国（象山）开渔节：创办于 1998 年 9 月，是在传统民间祭祀活动的基础上上升为海洋文化盛大典礼[②]，是集文化、旅游为一体的国家级海洋节庆，至 2018 年已成功地举办了 21 届。中国（象山）开渔节突出感恩海洋和海洋保护主题，倡导“善待海洋就是善待人类自己”，以弘扬海洋文化、丰富人民生活、推动经济发展为宗旨，活动内容和形式不断创新，活动规模和影响力不断扩大，逐步形成了仪式、论坛、文艺、经贸和旅游等板块。

②海上丝绸之路文化节：宁波三江口庆安会馆（天后宫）是宁波港口城市和“海上丝绸之路”重要的文化遗存，2001 年 6 月被国务院公布为第

① 陈万怀：《宁波海洋休闲文化主导产业的选择》，《宁波经济（三江论坛）》2013 年第 3 期。

② 王梦梦、杜珍珍、吴丹丹、王腾飞：《港湾利用与象山开洋节文化变迁》，《改革与开放》2016 年第 19 期。

五批全国重点文物保护单位，现改建为全国首家海事民俗博物馆。[①] 2001 年 12 月，宁波举办“宁波与海上丝绸之路”文化国际学术研讨会，会上提出了宁波、泉州、广州三大“海上丝绸之路”始发港联合申报世界文化遗产的建议，并形成《宁波共识》。此后宁波每年举办一届“海上丝绸之路”文化周（后改名为“海上丝绸之路”文化节）。

（3）海洋文学和工艺品制作业

为进一步推进海洋文学研究，宁波举办“海洋文学学术研讨会”，议题包括世界海洋文学的历史及现状、中国海洋文学的历史及现状、海洋文学与生态文明、海洋文学与人类核心价值体系等。同时，宁波深厚的文化底蕴也为宁波带来了五彩斑斓的工艺品文化发展，一是骨木镶嵌。骨木镶嵌是我国古老手工艺中的佼佼者，大约在隋唐时期一直被列为“贡品”。现在北京颐和园的乐寿堂内，尚有宁波制作的骨木镶嵌产品。二是金银彩绣。也称宁绣、仿古绣，始于唐宋，明清以来，宁绣的技艺逐步提高，销路扩大，曾与苏绣、湘绣、蜀绣、粤绣并驾齐驱。三是朱金木雕。又称漆金木雕，是宁波的传统工艺品“三金”（金银彩绣、泥金彩漆、朱金木雕）之一。宁波朱金木雕构图饱满，内容多是喜庆吉事、民间传说，画面充实，丰富多彩，形成独特的地方风格。四是泥金彩漆。是一种以泥金工艺和彩漆工艺相结合为主要特征的漆器工艺。明清之际到达鼎盛，现仅宁波市辖县宁海还保留此项传统手工艺。

（4）海洋科学教育研究产业

①海洋教育：宁波作为浙江重要沿海城市，积极培育海洋相关的学院以及专业，2017 年至 2018 年，宁波大学海洋学院在读本科生 672 人，在读研究生 524 人，在读留学生 17 人，拥有授权发明专利 260 项，省部级项目 32 项，市厅级科研项目 52 项[②]；宁波大学海运学院在读本科生 386 人，在读

---

① 王国安：《现代化背景下宁波海洋文化遗产的保护模式与开发路径》，《中共宁波市委党校学报》2013 年第 35 期。

② 宁波大学海洋学院学院概况，http：//haiyang. nbu. edu. cn/INTRO/xyjj. htm. 2017 - 03 - 15/2018 - 03 - 21。

研究生258人，拥有省部级科研项目数量达40项[①]；宁波大学科学技术学院、浙江大学宁波理工学院以及浙江万里学院也都开设了海洋相关的专业。高比例的海洋科学教育人才为海洋文化产业发展奠定了坚实基础，形成了海洋科技创新的原动力。

②海洋科学研究：宁波海洋研究院积极培育海洋生物和药物、海岛海岸带资源保护与开发利用、海洋环境监视监测和数据信息分析、海洋经济战略智库、海洋教育及文创开发等科研业务团队，截至2017年底，获批了原国家海洋局颁发的海域使用论证乙级资质、海洋测绘丙级资质；专著《海洋生态修复与环境保护》获第五届中华优秀图书出版物奖、“海岛生态修复技术研究与示范”项目获国家海洋科技创新成果二等奖。在海洋环境、海洋监测、海洋生物医药等研究领域申请国家发明专利6项，授权专利1项，发表学术论文16篇。[②]

3. 重点区县海洋文化产业发展状况

宁波市海洋文化产业呈现了螺旋式上升的良好发展态势，不同区县海洋文化企业数量相差较大，但整体表现为增加的趋势。根据各区县特色，宁波将海洋文化产业的发展重点放在了海洋文化底蕴深厚的象山县，象山县如今海洋文化产业发展迅速，渔文化吸引了大量海内外游客的关注。开渔节的活动内容，在改革传统习俗的基础上，赋予体现当代渔民精神风貌和社会文化特色的积极成分。以祭海、放海、开船等仪式表达政府和社会各界欢送渔民出海，祝愿他们出海平安，满载而归；引导广大渔民热爱海洋，保护和合理开发海洋资源。开渔节以“开渔”为号召，请来四方客人，举行带有“海”字文化特色的文艺活动，利用开渔节这一文艺舞台，演奏开发海洋、保护海洋、经贸洽谈、滨海旅游、学术交流等推动发展经济的交响曲（见附表2）。

---

① 宁波大学海运学院学院概况，http://hyxy.nbu.edu.cn/xygk/xyjj.htm. 2017-01-15/2018-03-21。

② 宁波海洋研究院成果概况，http://www.nbio.org.cn/. 2017-05-23/2018-03-28。

附表 2　象山县海洋文化企业数量变动情况统计

单位：家

	海洋文化旅游产业	海洋节庆会展业	海洋文学和工艺品制作业	海洋科学教育研究产业	合计
2017 年 10 月 1 日前企业数量	1030	1	37	113	1181
2017 年第四季度企业增加量	144	0	2	17	163
2017 年企业总数	1174	1	39	130	1344
2018 年第一季度企业增加量	107	0	0	6	113
2018 年 3 月 31 日前企业总量	1281	1	39	136	1457

（二）宁波市海洋文化产业管理与统计现状

1. 主要官方统计信息来源

对于宁波市海洋文化产业发展状况，目前没有完全收录所有产业信息的平台，本项目通常从当地旅游局官网、体育局官网、文化局官网、文化产业网、高校招生网站、教育局网站以及浙江省文化厅、中国海洋统计年鉴、浙江省经济普查数据第三卷等渠道获取宁波市海洋文化产业的相关统计信息，通过分类、筛选得到宁波市海洋文化产业相关数据。其中最主要的 3 个统计信息渠道是：宁波市海洋与渔业局、宁波市文化广电新闻出版局和宁波市委宣传部。

2. 海洋文化产业统计方法

主要参照张京成编著的《中国创意产业发展报告（2014）》以及 2018 年国家统计局出台的《文化及相关产业分类（2018）》，以及刘家沂主编的《海洋文化产业分类及相关指标研究》的分类方法。将宁波海洋文化企业分为四类：海洋文化旅游产业、海洋节庆会展业、海洋文学和工艺品制作业、海洋科学教育研究产业。通过查阅黄页、阅读各类参考文献以及浏览政府企业相关网站对宁波区域企业数据进行统计分析。采集宁波海洋文化企业的信息主要包括企业的单位名称、地址、主营业务、企业规模、所属行业、注册资金、经营模式以及营业收入额等相关数据。未查找到的企业相关属性数据，采用工业和信息化部、国家统计局、国家发展改革委、财政部制定的

《关于印发中小企业划型标准规定的通知》进行分行业属性赋值，同时采用电话访谈的形式对企业属性数据进行抽样筛查与核实。

（三）宁波市海洋文化产业2017年第四季度的统计报告

1. 总体情况

截至 2017 年 9 月 30 日，宁波市共拥有 18138 家海洋文化企业，其中海洋文化旅游企业 10900 家、海洋节庆会展企业 72 家、海洋文学和工艺品制作企业 3683 家以及海洋科学教育研究企业 3483 家。分年段对宁波海洋文化类企业年注册量进行统计（见附表 3），随着中国经济的不断发展，宁波海洋文化企业数量逐年增加迅猛，从 1964 年拥有第一家海洋文化类企业，一直到 2017 年海洋文化类企业年注册量达到了 7042 家，势头迅猛，发展前景广阔。

附表 3　宁波海洋文化企业年注册量

年份	企业注册量	年份	企业注册量	年份	企业注册量	年份	企业注册量
1964	1	1989	1	1999	43	2009	311
1978	1	1990	3	2000	70	2010	442
1979	1	1991	1	2001	96	2011	574
1981	2	1992	16	2002	105	2012	697
1982	1	1993	20	2003	141	2013	931
1984	2	1994	14	2004	130	2014	1606
1985	1	1995	11	2005	148	2015	2437
1986	2	1996	32	2006	197	2016	4377
1987	1	1997	30	2007	188	2017	7042
1988	3	1998	40	2008	218	—	—

将宁波 10 年海洋文化企业年度注册量进行曲线图分析（附图 1），从 2008 年至 2017 年，宁波海洋文化企业年度注册量呈现直线上升的趋势，年度企业增长率也处于不断攀升的发展状态，从 2008 年增长率 16.76%，飞升到 2017 年 54.61%，达到了从量变到质变的飞跃。

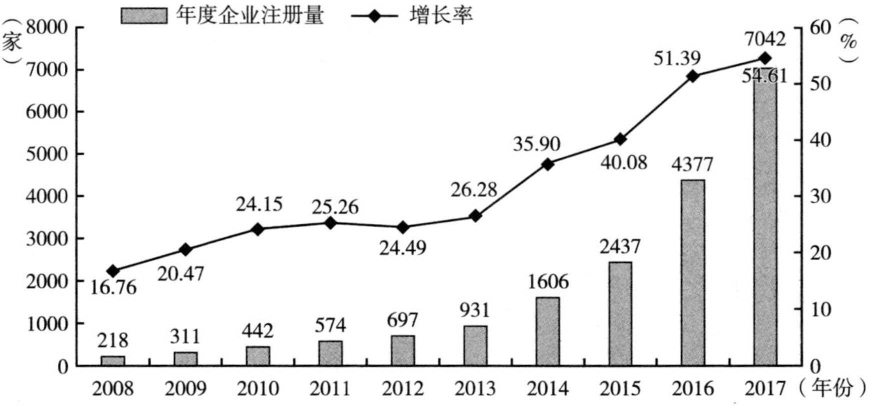

附图 1　宁波市 2008～2017 年海洋文化企业年度注册数量变化

注：增长率 = 某一年度企业注册数/企业基数；企业基数为截至上一年底的企业注册总数。

对宁波海洋文化企业 2017 年分季度数据进行分析（附图 2）。宁波海洋文化企业分季度注册数量不断上升，呈现波动式的增长趋势。前三季度海洋文化企业数量呈现直线上升的态势，第四季度海洋文化企业注册量虽有下降的发展势头，但相较于第一季度仍呈现上升态势。

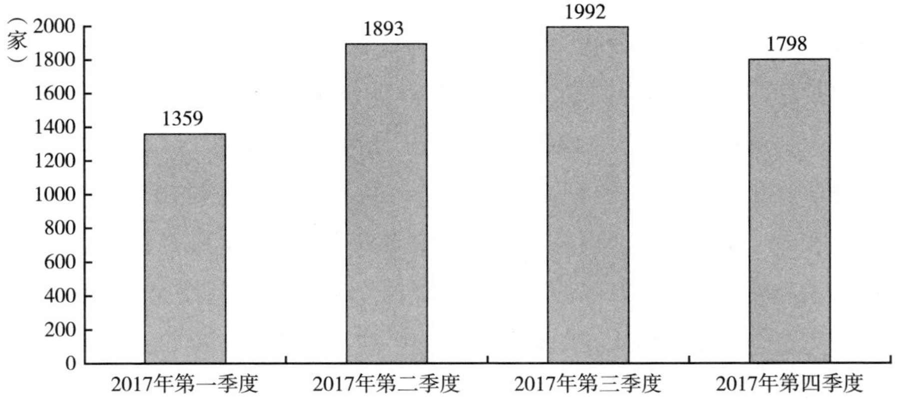

附图 2　分季度宁波海洋文化企业注册数量变化

对宁波海洋文化企业近十年来第四季度企业注册量进行分析（附图3）：2008～2017年宁波海洋文化企业第四季度的注册量呈现指数型增长的发展趋势，增加量迅猛，使得产业规模与产业结构逐渐完善。2008年至2013年，宁波第四季度海洋文化企业注册量平稳增长，2013年至2017年，季度海洋文化企业注册量呈现直线型急速增长的发展状况，这与政府政策支持有密不可分的联系。

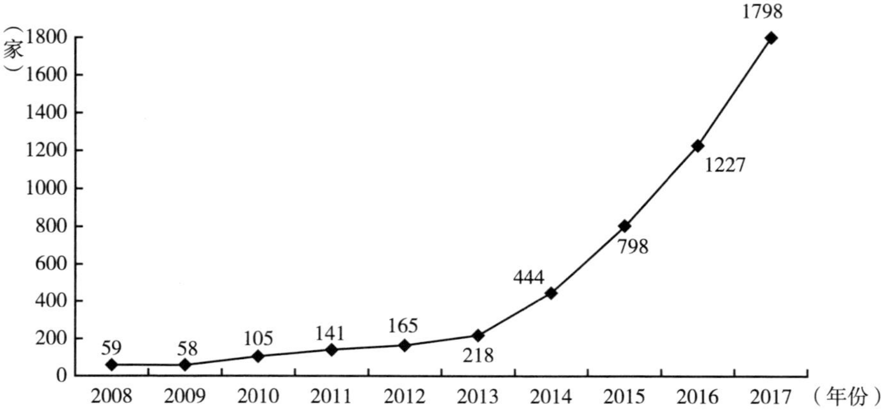

附图3　宁波近十年第四季度海洋文化企业注册量变化

2. 分行业属性数据状态

按照行业类型进行分析：宁波海洋文化企业分属13个行业类型，不同的行业类型的企业数量比重不同，其中租赁和商务服务业比重最高，达到39.77%。对占比最高的四类海洋文化企业分行业统计分析（附表4）显示，宁波海洋文化旅游企业的行业门类共有13类，企业主要集中于文化、体育和娱乐业，住宿和餐饮业以及租赁和商务服务业；海洋节庆会展业集中于一个行业门类——租赁和商务服务业；海洋文学和工艺品制作业涵盖了11个行业门类，企业主要集中于租赁和商务服务业，文化、体育和娱乐业以及批发和零售行业；海洋科学教育研究产业涵盖了6个行业门类，企业主要集中于租赁和商务服务业，信息传输、软件和信息技术服务业以及科学研究和技术服务业。

附表 4　宁波 2017 年第四季度新增海洋文化企业分行业数据构成

单位：家

行业 \ 分类	海洋文化旅游产业	海洋节庆会展业	海洋文学和工艺品制作业	海洋科学教育研究产业	企业数量（家）	占比(%)
电力、热力、燃气及水生产和供应业	3	—	—	—	3	0.17
房地产业	2	—	2	—	4	0.22
建筑业	8	—	1	—	9	0.50
教育	6	—	2	7	15	0.83
居民服务、修理和其他服务业	11	—	1	—	12	0.67
科学研究和技术服务业	1	—	—	87	89	4.95
农、林、牧、渔业	22	—	1	8	31	1.72
批发和零售业	65	—	56	—	121	6.73
文化、体育和娱乐业	321	—	108	7	436	24.15
信息传输、软件和信息技术服务业	31	—	4	156	191	10.62
制造业	20	—	19	—	39	2.17
住宿和餐饮业	118	—	15	—	133	7.40
租赁和商务服务业	443	1	119	152	715	39.77
合　计	1051	1	328	417	1798	100.00

3. 本季度较重要特征

对 2016 年、2017 年宁波新增海洋文化企业数据进行对比分析（附表 5 至附表 7、附图 4）。将 2016 年第四季度与 2017 年第四季度海洋文化企业注册资本进行分区县对比，2017 年宁波海洋文化企业第四季度注册资本相较于 2016 年第四季度下降了约 7.4 亿元，企业注册数量增长了 571 家，新增企业类型主要集中于小微企业，区域内只有镇海区，出现了企业数量下降的趋势，其余区县都呈现为上升的趋势。

附表 5　宁波市各区县 2016 年、2017 年第四季度海洋文化企业注册数和注册资本变动情况对比

县市区	2016 年第四季度企业注册数(家)	2016 年第四季度注册资本(亿元)	2017 年第四季度企业注册数(家)	2017 年第四季度注册资本(亿元)
鄞州区	407	25.7521	543	19.5456
海曙区	180	10.1965	241	8.3018
北仑区	65	1.9861	136	9.7218
江北区	175	8.4589	306	10.9948
奉化区	51	4.9635	75	4.9822
镇海区	82	9.1301	61	1.8374
余姚市	51	2.0161	79	1.4449
慈溪市	86	1.6908	111	7.1677
宁海县	54	3.1048	83	4.6764
象山县	76	13.3684	163	4.8298
合　计	1227	80.7673	1798	73.4024

附表 6　宁波市 2016 年、2017 年第四季度海洋文化企业注册数量及行业变动情况

所属行业	2016 年第四季度(家)	占比(%)	2017 年第四季度(家)	占比(%)	变化量(家)
电力、热力、燃气及水生产和供应业	0	0.00	3	0.17	+3
房地产业	0	0.00	4	0.22	+4
建筑业	10	0.81	9	0.50	-1
教育	11	0.90	15	0.83	+4
居民服务、修理和其他服务业	12	0.98	12	0.67	0
科学研究和技术服务业	77	6.28	89	4.95	+12
农、林、牧、渔业	18	1.47	31	1.72	+13
批发和零售业	105	8.56	121	6.73	+16
文化、体育和娱乐业	320	26.08	436	24.15	+116
信息传输、软件和信息技术服务业	96	7.82	191	10.62	+95
制造业	29	2.36	39	2.17	+10
住宿和餐饮业	46	3.75	133	7.40	+87
租赁和商务服务业	497	40.51	715	39.77	+218
交通运输、仓储和邮政业	2	0.16	0	0.00	-2
金融业	4	0.33	0	0.00	-4
合　计	1227	100.00	1798	100.00	+571

附表 7　宁波市 2016 年、2017 年第四季度海洋文化企业注册数量及产业变动情况

海洋文化产业分类	2016 年第四季度(家)	占比(%)	2017 年第四季度(家)	占比(%)	变化量(家)
海洋文化旅游产业	677	55.18	1051	58.45	+374
海洋节庆会展业	6	0.49	1	0.06	-5
海洋文学和工艺品制作业	281	22.90	328	18.24	+47
海洋科学教育研究产业	263	21.43	418	23.25	+155
合　计	1227	100.00	1798	100.00	+571

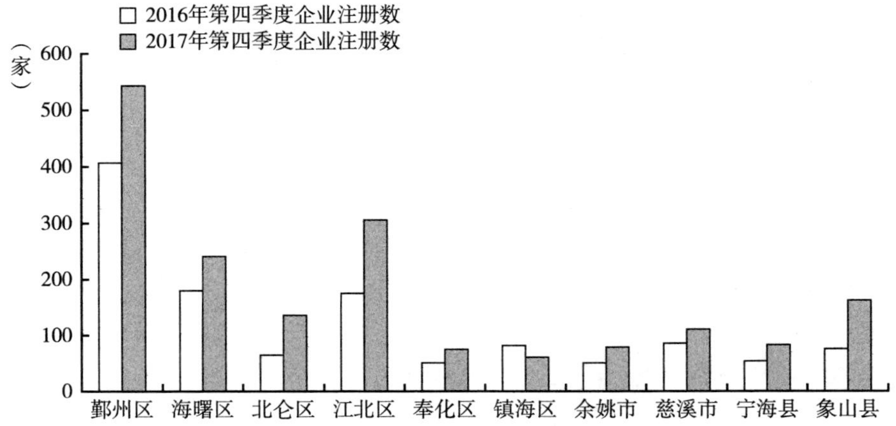

附图 4　宁波市各区县 2016 年和 2017 年第四季度企业注册数量变动

从行业分类情况来看，2016 年及 2017 年第四季度企业均分属于 15 个行业，其中居民服务、修理和其他服务业数量没有变化，建筑业，交通运输、仓储和邮政业以及金融业企业数量略微下降，其余行业都呈现数量上升的趋势；从海洋文化企业分类标准来衡量，节庆会展类企业数量下降，其余三类企业数量均呈现大幅度增加的发展趋势，海洋文化旅游产业企业数量增加值高达 374 家，海洋文学和工艺品制作企业同比增加 47 家，海洋科学教育研究产业企业数量同比增长 155 家。

4. 本季度企业的属性汇总

对企业数、从业人数和营业收入额的属性数据进行统计，分别按行业和区县进行罗列（附表8至附表10），截至2017年12月31日，宁波海洋文化企业19936家，从业人数529555人，营业收入492.1137亿元。按照区县划分，宁波海洋文化企业营业收入主要集中于鄞州区以及海曙区；营业产值不平衡现象也较为凸显，鄞州区海洋文化企业营业收入额占全市的29.78%，而余姚市仅占3.17%。

附表8　宁波市2017年第四季度海洋文化企业属性数据汇总（行业分类）

所属行业	企业数(家)	从业人数(人)	营业收入额(亿元)
电力、热力、燃气及水生产和供应业	16	1223	0.5731
房地产业	43	3000	40.2822
建筑业	153	30682	16.8589
教育	124	913	0.2911
居民服务、修理和其他服务业	158	4053	1.3744
科学研究和技术服务业	938	30260	11.3667
农、林、牧、渔业	438	9632	13.6606
批发和零售业	1778	26247	22.4089
文化、体育和娱乐业	4765	95905	28.6913
信息传输、软件和信息技术服务业	1458	51376	15.4040
制造业	821	57870	22.7389
住宿和餐饮业	1246	32884	16.6011
租赁和商务服务业	7950	181569	301.2026
交通运输、仓储和邮政业	17	3009	0.2944
金融业	31	932	0.3656
合　计	19936	529555	492.1138

附表9　宁波市2017年第四季度海洋文化企业属性数据汇总（产业分类）

海洋文化产业分类	企业数(家)	从业人数(人)	营业收入(亿元)
海洋文化旅游产业	11951	332472	351.3888
海洋节庆会展业	73	1452	2.7033
海洋文学和工艺品制作业	4011	107198	94.6641
海洋科学教育研究产业	3901	88433	43.3575
合　计	19936	529555	492.1137

附表 10　宁波市 2017 年第四季度海洋文化企业属性数据汇总（区县划分）

区县	企业数(家)	从业人数(人)	占比(%)	营业收入(亿元)	占比(%)
鄞州区	6914	168087	31.74	146.5586	29.78
海曙区	3411	84430	15.94	80.9521	16.45
北仑区	1399	42817	8.09	39.7908	8.09
江北区	2038	51443	9.71	46.2309	9.39
奉化区	707	34167	6.45	40.2950	8.19
镇海区	1126	34580	6.53	32.1623	6.54
余姚市	1033	18970	3.58	15.5933	3.17
慈溪市	1099	24614	4.65	23.3104	4.76
宁海县	865	30032	5.67	28.4646	5.78
象山县	1344	40415	7.63	38.6556	7.86
合　计	19936	529555	100.00	492.1136	100.00

宁波市 2017 年第四季度海洋文化企业集中分布于租赁和商务服务业，文化、体育和娱乐业以及批发和零售业，各行业企业数分布不均，极差为 7934；从业人员集中于租赁和商务服务业，文化、体育和娱乐业以及制造业；营业收入额最高的是租赁和商务服务业，截至 2017 年第四季度，该行业营业收入额高达 301 亿元。

宁波市第四季度海洋文化企业多集中于海洋文化旅游产业、海洋科学教育研究产业以及海洋文学和工艺品制作，拥有海洋文化旅游企业 11951 家，海洋文学和工艺品制作企业 4011 家，海洋科学教育研究企业 3901 家，与其相对比，海洋节庆会展业企业仅 73 家。庞大的企业基数，使得从业人数以及营业收入也呈现相应的大小比例变化。

对宁波 10 个区县市进行从业人数以及营业收入统计，海洋文化企业从业人数和营业收入占比较大的三个区县市分别是鄞州区、海曙区以及江北区。同时，也反映出宁波海洋文化企业发展极不均衡，鄞州区的营业收入达到了 29.78%，而余姚市仅仅只有 3.17%。

对宁波市 2017 年四个季度海洋文化产业营业额进行数据整理（附图 5），四个季度海洋文化产业营业额收入呈现直线上升的发展趋势，季度增长幅度约 10%。

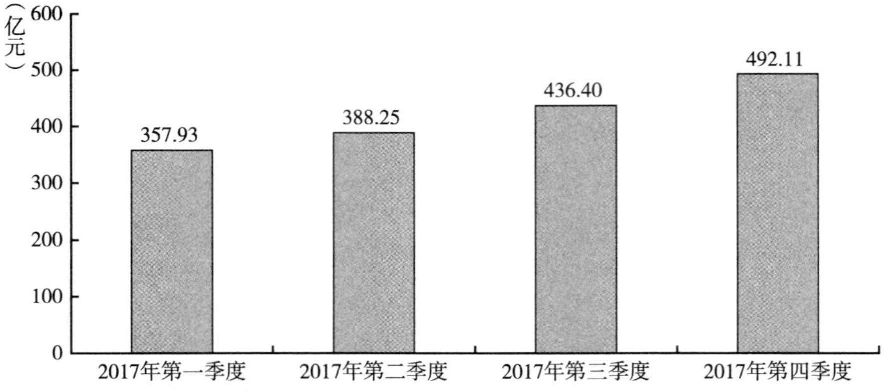

附图5　宁波市2017年四个季度海洋文化产业营业额

（四）宁波市海洋文化产业2018年第一季度的统计报告

1. 总体情况

截至2017年12月31日，宁波市共拥有海洋文化企业19936家，其中海洋文化旅游企业11951家、海洋节庆会展企业73家、海洋文学和工艺品制作企业4011家、海洋科学教育研究企业3901家。对宁波海洋文化企业近十年来第一季度增长量进行分析（附图6）：2009年第一季度注册量81家，2018年第一季度企业增量1458家。10年间，宁波海洋文化企业第一季度的

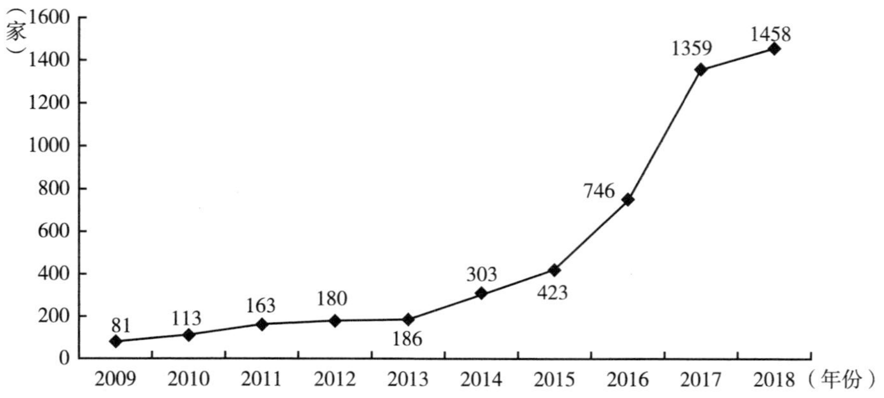

附图6　宁波近十年第一季度海洋文化企业注册量变化

注册量呈现指数型增长，增加量迅猛，产业规模与产业结构逐渐完善。

2. 分行业属性数据状态

按照行业类型进行分行业描述分析（附表 11）：海洋文化企业中，租赁和商务服务业所占比重最高，达 40. 19%，而电力、热力、燃气及水生产和供应业以及交通运输、仓储和邮政业所占比重仅 0. 14%，形成行业覆盖面广但发展不均衡的产业格局。

附表 11　宁波 2018 年第一季度海洋文化企业分行业数据构成

行业类型	企业数量(家)	占比(%)
电力、热力、燃气及水生产和供应业	2	0. 14
房地产业	3	0. 21
建筑业	11	0. 75
交通运输、仓储和邮政业	2	0. 14
教育	52	3. 47
居民服务、修理和其他服务业	9	0. 62
科学研究和技术服务业	93	6. 38
农、林、牧、渔业	27	1. 85
批发和零售业	133	9. 12
文化、体育和娱乐业	337	23. 11
信息传输、软件和信息技术服务业	107	7. 34
制造业	24	1. 65
住宿和餐饮业	72	4. 94
租赁和商务服务业	586	40. 19
合　计	1458	100. 00

对四大类海洋文化企业进行分行业统计分析（附表 12）：宁波海洋文化旅游企业的行业门类共 14 类，主要集中于文化、体育和娱乐业，批发和零售业以及租赁和商务服务业；海洋节庆会展业只有一个行业门类——租赁和商务服务业；海洋文学和工艺品制作涵盖 11 个门类，主要集中于租赁和商

务服务，文化、体育和娱乐业以及批发和零售行业；海洋科学教育研究产业涵盖了6个行业门类，主要集中于租赁和商务服务业，信息传输、软件和信息技术服务业以及科学研究和技术服务业。

附表12　宁波2018年第一季度新增海洋文化企业分行业数据构成

单位：家

分类 行业	海洋文化旅游产业	海洋节庆会展业	海洋文学和工艺品制作	海洋科学教育研究产业
电力、热力、燃气及水生产和供应业	1	—	1	—
房地产业	3	—	—	—
建筑业	7	—	4	—
交通运输、仓储和邮政业	2	—	—	—
教育	38	—	9	5
居民服务、修理和其他服务业	7	—	2	—
科学研究和技术服务业	1	—	—	92
农、林、牧、渔业	16	—	1	10
批发和零售业	74	—	59	—
文化、体育和娱乐业	241	—	88	8
信息传输、软件和信息技术服务业	16	—	4	87
制造业	15	—	9	—
住宿和餐饮业	67	—	5	—
租赁和商务服务业	379	8	92	107
合　计	867	8	274	309

3. 分区域属性数据状态

将2018年第一季度海洋文化企业分区县进行统计描述（附表13）：宁波海洋文化企业第一季度的增加量主要集中于鄞州区、海曙区以及江北区，与宁波老三区地理位置相契合。同时，宁波海洋文化企业2018年第一季度增加企业分布极不均衡，分布最高的鄞州区达到了31.69%，宁海县仅3.63%。同时，2018年第一季度海洋节庆会展类的企业增量显示，鄞州区、奉化区以及余姚市拥有新注册的会展类企业，其余区县增加量均为零。

附表 13　宁波市 2018 年第一季度海洋文化企业分区县统计状况

单位：家

区县	海洋文化旅游产业	海洋节庆会展业	海洋文学和工艺品制作	海洋科学教育研究产业	合计	占比（%）
鄞州区	238	5	103	116	462	31.69
海曙区	145	—	59	39	243	16.67
北仑区	69	—	16	29	114	7.82
江北区	133	—	38	44	215	14.75
奉化区	29	2	16	18	65	4.46
镇海区	25	—	18	13	56	3.84
余姚市	32	1	12	19	64	4.39
慈溪市	52	—	8	13	73	5.00
宁海县	37	—	4	12	53	3.63
象山县	107	—	—	6	113	7.75
合　计	867	8	274	309	1458	100.00

将 2018 年第一季度区县新增企业数据按照行业类型进行分类（附表 14）：鄞州区 2018 年第一季度新增海洋文化企业分属于 11 个行业，集中分布于租赁和商务服务业以及文化、体育和娱乐业；海曙区海洋文化企业分属于 12 个行业，集中分布于租赁和商务服务业以及文化、体育和娱乐业；北仑区海洋文化企业分属于 9 个行业类型，集中分布于租赁和商务服务业以及文化、体育和娱乐业；江北区海洋文化企业分属于 10 个行业，集中分布于租赁和商务服务业以及文化、体育和娱乐业；奉化区海洋文化企业分属于 10 个行业类型，集中分布于租赁和商务服务业以及农、林、牧、渔业；镇海区海洋文化企业分属于 11 个行业，集中分布于租赁和商务服务业以及文化、体育和娱乐业；余姚市海洋文化企业分属于 9 个行业类型，集中分布于租赁和商务服务业以及文化、体育和娱乐业；慈溪市海洋文化企业分属于 8 个行业，集中分布于租赁和商务服务业以及文化、体育和娱乐业；宁海县海洋文化企业分属于 7 个行业，集中分布于租赁和商务服务业以及住宿和餐饮业；象山县海洋文化企业分属于 9 个行业类型，集中分布于租赁和商务服务业以及文化、体育和娱乐业。

附表 14　宁波市 2018 年第一季度新增海洋文化企业行业类型构成

单位：家

行业编号	鄞州区	海曙区	北仑区	江北区	奉化区	镇海区	余姚市	慈溪市	宁海县	象山县	合计
1	—	—	1	—	—	1	—	—	—	—	2
2	—	3	—	—	—	—	—	—	—	—	3
3	1	4	—	3	—	1	—	2	—	—	11
4	16	16	1	7	3	—	1	7	—	1	52
5	5	2	—	—	1	—	—	—	1	—	9
6	37	27	4	7	1	6	4	—	6	1	93
7	2	2	—	1	13	2	2	—	—	2	27
8	54	32	8	20	2	7	4	1	3	2	133
9	104	47	24	47	6	9	15	17	10	58	337
10	42	5	10	24	7	6	2	7	—	4	107
11	6	5	—	2	2	2	1	3	2	1	24
12	15	12	5	10	3	1	1	4	14	7	72
13	180	88	60	94	27	20	34	32	14	37	586
14	—	—	1	—	—	1	—	—	—	—	2
合　计	462	243	114	215	65	56	64	73	50	113	1458

注：行业编号 1 ~ 14 分别表示：1. 电力、热力、燃气及水生产和供应业；2. 房地产业；3. 建筑业；4. 教育；5. 居民服务、修理和其他服务业；6. 科学研究和技术服务业；7. 农、林、牧、渔业；8. 批发和零售业；9. 文化、体育和娱乐业；10. 信息传输、软件和信息技术服务业；11. 制造业；12. 住宿和餐饮业；13. 租赁和商务服务业；14. 交通运输、仓储和邮政业。

4. 本季度较重要特征

对 2017 年、2018 年第一季度宁波海洋文化企业数据进行对比分析（附表 15、附图 7）。将 2017 年第一季度海洋文化企业注册资本与 2018 年第一季度海洋文化企业注册资本进行分区县对比：2018 年第一季度宁波海洋文化企业注册资本较 2017 年第一季度下降 30.472 亿元，企业注册数量增长了 99 家，新增企业类型主要集中于小微企业。从所属区县的分类状况分析，镇海区、余姚市以及象山县 3 个区域企业新增数量呈下降的趋势，其余区县都呈现上升走向。

附表 15　宁波市各区县 2017 年、2018 年第一季度海洋文化企业注册数和注册资本变动情况对比

区县	2017 年第一季度企业数(家)	2017 年第一季度注册资本(亿元)	2018 年第一季度企业数(家)	2018 年第一季度注册资本(亿元)
鄞州区	443	25.4002	462	15.9859
海曙区	209	7.6986	243	10.3859
北仑区	97	2.3995	114	5.7278
江北区	137	11.5673	215	7.2308
奉化区	53	4.6453	65	5.1657
镇海区	79	3.0406	56	0.9949
余姚市	72	0.8588	64	3.3124
慈溪市	63	0.7484	73	2.3800
宁海县	52	4.4803	53	0.6190
象山县	154	24.6049	113	3.1695
合　计	1359	85.4439	1458	54.9719

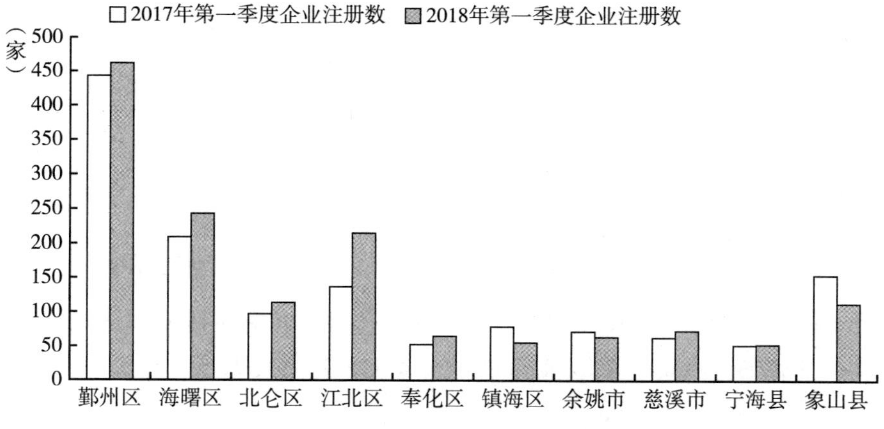

附图 7　宁波市各区县 2017 年和 2018 年第一季度企业注册数量变动

从行业分类情况来看（附表 16），2017 年、2018 年第一季度企业均分属 15 个行业，其中建筑业，交通运输、仓储和邮政业企业增量没有变化，房地产业，文化、体育和娱乐业，制造业以及金融业新增企业数量略微下降，其余行业都呈现数量上升的趋势。其中增加量最多的是教育行业以及科学研究和技术服务业，新增注册企业数均为 39 家，增加量最少的行业为电力、热力、燃气及水生产和供应业，新增注册企业数为 2 家。

附表16　宁波市2017年、2018年第一季度海洋文化企业注册数量及行业变动情况

单位：家

行业属性	2017年第一季度	2018年第一季度	变化量
电力、热力、燃气及水生产和供应业	0	2	+2
房地产业	5	3	-2
建筑业	11	11	0
教育	13	52	+39
居民服务、修理和其他服务业	6	9	+3
科学研究和技术服务业	54	93	+39
农、林、牧、渔业	21	27	+6
批发和零售业	120	133	+13
文化、体育和娱乐业	365	337	-28
信息传输、软件和信息技术服务业	104	107	+3
制造业	50	24	-26
住宿和餐饮业	49	72	+23
租赁和商务服务业	554	586	+32
交通运输、仓储和邮政业	2	2	0
金融业	5	0	-5
合　计	1359	1458	+99

从海洋文化企业分类标准来衡量（附表17），四大门类海洋文化企业季度新增数量均呈现大幅度增加的发展趋势。海洋文化旅游产业同期增加量为24家，海洋节庆会展业类企业增加量为4家，海洋文学和工艺品制作类企业增加量为12家，海洋科学教育研究产业增加量为59家。

附表17　宁波市2017年、2018年第一季度海洋文化企业注册数量及产业变动情况

单位：家

海洋文化产业分类	2017年第一季度	2018年第一季度	变化量
海洋文化旅游产业	843	867	+24
海洋节庆会展业	4	8	+4
海洋文学和工艺品制作	262	274	+12
海洋科学教育研究产业	250	309	+59
合　计	1359	1458	+99

5. 本季度企业的属性汇总

对企业数、从业人数和营业收入额的属性数据进行统计，分别按行业和区县进行罗列（附表 18 至附表 20）。截至 2018 年 3 月 31 日，宁波海洋文化企业数量达 21394 家，从业人数增长到 560007 人，营业收入额达 547. 2947 亿元，区域间不平衡现象仍然显著。各行业中企业集中分布于租赁和商务服务业，文化、体育和娱乐业以及信息传输、软件和信息技术服务业三大行业类型。分行业从业人数集中于租赁和商务服务业共 8536 家，文化、体育和娱乐业 5102 家以及制造业 845 家。营业收入集中于租赁和商务服务业，文化、体育和娱乐业以及房地产业；租赁与商务服务业 2018 年第一季度海洋文化企业营业收入 334. 9766 亿元，而教育行业营业收入仅 0. 3237 亿元，相差超 1000 倍。

附表 18　宁波市 2018 年第一季度海洋文化企业属性数据汇总（行业分类）

行业属性	企业数(家)	从业人数(人)	营业收入(亿元)
电力、热力、燃气及水生产和供应业	18	1419	0. 6374
房地产业	46	3141	44. 7991
建筑业	164	31656	18. 7493
教育	176	1641	0. 3237
居民服务、修理和其他服务业	167	4492	1. 5285
科学研究和技术服务业	1031	33622	12. 6413
农、林、牧、渔业	465	10065	15. 1924
批发和零售业	1911	27799	24. 9216
文化、体育和娱乐业	5102	101888	31. 9085
信息传输、软件和信息技术服务业	1565	54476	17. 1313
制造业	845	58666	25. 2886
住宿和餐饮业	1318	34341	18. 4626
租赁和商务服务业	8536	192605	334. 9766
交通运输、仓储和邮政业	19	3264	0. 3274
金融业	31	932	0. 4066
合　计	21394	560007	547. 2949

附表 19　宁波市 2018 年第一季度海洋文化企业属性数据汇总（产业分类）

海洋文化产业分类	企业数(家)	从业人数(人)	营业收入额(亿元)
海洋文化旅游产业	12818	350011	390.7902
海洋节庆会展业	81	1632	3.0064
海洋文学和工艺品制作	4285	112539	105.2788
海洋科学教育研究产业	4210	95825	48.2192
合　计	21394	560007	547.2947

附表 20　宁波市 2018 年第一季度海洋文化企业属性数据汇总（区县划分）

区县	企业数(家)	从业人数(人)	占比(%)	营业收入(亿元)	占比(%)
鄞州区	7376	177782	31.75	162.9923	29.78
海曙区	3654	89828	16.04	90.0293	16.45
北仑区	1513	45826	8.18	44.2527	8.09
江北区	2253	56400	10.07	51.4148	9.39
奉化区	772	35728	6.38	44.8133	8.19
镇海区	1182	35503	6.34	35.7687	6.54
余姚市	1097	20263	3.62	17.3418	3.17
慈溪市	1172	26165	4.67	26.0354	4.76
宁海县	918	30560	5.46	31.6563	5.78
象山县	1457	41952	7.49	42.9901	7.86
合　计	21394	560007	100.00	547.2947	100.00

宁波海洋文化企业大都属于海洋文化旅游产业，数量达 12818 家，拥有从业人数 350011 人，营业收入达 390.7902 亿元；总体来看，海洋节庆会展业的企业数、从业人数以及营业收入都远远小于其他三类海洋文化产业，成为宁波海洋文化产业发展的契机与良好的切入点。

分区县市对比宁波海洋文化企业从业人数以及营业收入，鄞州区均居于首位，成为宁波海洋文化产业的领军发展区域、海洋文化产业 GDP 的重要组成部分。良好的产业发展不光要对优势产业进行扶持与鼓励，更重要的是要对劣势产业以及发展落后区域进行重点帮扶，以完善宁波产业结构与促进区域发展。

二　总结与建议

（一）宁波市海洋文化产业季度统计报告

海洋文化产业是中国经济发展的新增长点，培育海洋文化产业对于提高国家和沿海地区海洋文化产业的综合竞争力、优化区域产业结构具有重要的战略价值与现实意义。

宁波丰富的海洋文化资源，为宁波海洋文化乃至海洋经济的发展提供了丰厚的基础。快速发展的宁波经济，也为宁波海洋文化繁荣创造了良好的条件，象山县渔文化成为宁波海洋文化的典型代表。截至 2018 年 3 月 31 日宁波市拥有海洋文化企业数量达 21394 家，以海洋文化旅游类企业为主导，从业人数达 560007 人，季度营业收入 547.2947 亿元。但其中产业发展不平衡现象也极为严重，并逐年凸显，其中海洋文化旅游企业数量所占比例逐渐增高，达到了 59.91%，而海洋节庆会展企业数量仅仅只占 0.38%。相对应的企业营业额以及从业人数也同样存在上百倍的数量级差距。短板是产业发展的主要切入点、创新点与新增长点，看到短板补短板才能使产业结构更加完善与综合发展，拥有合理的产业结构在面对外界的经济发展冲击时才能更加沉着应对。

（二）推进海洋文化产业季报统计工作的时代需求与基础数据集成挑战

统计工作的作用在于摸清家底更好地谋划未来，缺乏国家相关统计规范情景下引入大数据方法研制区域海洋文化产业季度统计报告，能够厘清区域海洋文化产业发展动态，为当地产业发展方向提供科学合理政策。

（1）海洋文化产业统计是衡量国家以及区域海洋经济发展水平的特殊指标。国家和地区的海洋文化产业结构怎样、发展快慢、经济发展的优劣等方面都是通过统计数据量化反映出来的。统计数据成为区域海洋文化经济发展的标尺，以及发展速度的衡量标准。

（2）海洋文化产业统计数据是政府海洋经济社会管理的依据。政府海洋经济社会行政管理的决策等若干环节，需要真实的、现状的统计数据开展综合分析和专题研究。因此，海洋文化产业月报、季报等的研究与编制成为国家海洋监测与经济社会政策执行的科学基础，有利于提高政府行政水平。

研制海洋文化产业季度统计报告遇到了诸多困难与挑战，化解问题的经验如下。

（1）县（市、区）海洋文化产业统计文档资料欠缺，需要整合相关业务部门数据并甄别与完善。海洋文化产业作为新兴产业，国家尚未进行官方定义与统计规范安排，现行行政架构下更未明确主管部门。根据海洋文化产业统计范畴界定，将涉及旅游、文广（或宣传）、海洋、经信和工商等政府行政组成部门，为此本研究主要基于工商行政系统企业名录及其基本信息，并参照国家海洋经济第一次调查方案，依据旅游、海洋和文广的年度或季度工作报告进行补充或甄别海洋文化企业名录。此外，采集企业业务属性指标数据时，需要根据国民经济行业分类规范对海洋文化企业进行归类，并利用抽样调查方式进行电话调查、地方年鉴数据挖掘、入户调查等，解决工商行政部门拥有海洋文化企业属性指标数据的缺失或更新困难。汇总海洋文化企业属性指标数据时，存在众多小微型企业属性指标数据缺乏，仅能进行抽样调查数据类比预估汇总。

（2）统计工作过程需要在预调查、研究基础上设计分地区类型和分企业规模类型的调查方案，尤其是海洋文化企业主要属性指标的相关数据采集。我国各部门相关涉海文化企业的部门业务统计数据，存在质量参差不齐、指标要素不全、统计数据时段不合适、统计方法（行业归属、数据口径、抽样方法等不一致）等问题。面对这些问题，区域海洋文化季报编制的统计工作一定要尽可能地根据区域海洋文化企业分布预估和企业规模结构特征，做好预调研和相关企业属性指标数据采集方法备选预案，确保数据采集过程接近真实且企业愿意接受调查等。

（3）海洋文化产业季度报告研制受经费限制，以利用已有统计（或部门）资料整合为主，补充调查为辅，对所辖区域内海洋文化企业开展统计监测，未来应强化部门协调与宣传保障。海洋文化企业名录核校过程，存在底册企业信息变化大、部分企业实际经营地与注册地不一致以及市（区）机关数量多、协调难等困难，必须采用多种形式的二次排摸，全面更新涉海文化企业名录库。一是在此基础上开展专题调查，调查数据将直接反映一个地区海洋文化产业的总体规模，直接决定整个调查工作的成败；从面临的形势来看，专题调查要求更高，难度更大，各地工作难度存在不平衡性。未来应紧扣季报编制目标，落实“查全、查实、查清”要求，保证数据质量。二是尽量协调政府有关行政部门通力配合，提高企业属性指标调查质量，可以采用视频会议培训明方法、告路径，提升调查实际效果。三是加强宣传发动，要有针对性地开展宣传活动，取得社会各方面的关注、支持和配合，营造良好的舆论氛围。

B.12
2018年海洋文化大事记

王佳宁*

一 重要法规

福建省《关于加快推进全域生态旅游实施方案》发布

2018年6月8日，福建省政府办公厅转发了《关于加快推进全域生态旅游实施方案》的通知。该《方案》提出大力发展海洋旅游，培育近海邮轮航线，发展海钓、帆船、游艇等旅游产品，打造滨海旅游度假区。

福建省《福州市海上丝绸之路史迹保护条例》出台

2018年8月24日，福州市出台《福州市海上丝绸之路史迹保护条例》，将于2018年10月1日起施行。该《条例》是全国第二部"海丝"史迹保护的地方性法规，共计32条，对福州海丝史迹的管理体制、名录制度、保护规划和措施等方面进行了规范。

山东省《大力推进全域旅游高质量发展实施方案》出台

2018年9月28日，山东省委、省政府印发《大力推进全域旅游高质量发展实施方案》。该《方案》着重提出，培育海洋旅游聚集带，助力经略海洋战略。

《广东省海岛旅游发展总体规划（2017—2030年）》印发

2018年11月21日，广东省自然资源厅、广东省文化和旅游厅共同印发

* 王佳宁，福州大学硕士研究生，福建省海洋文化研究中心助理。

了《广东省海岛旅游发展总体规划（2017—2030年）》。《规划（2017—2030年）》对今后一段时期广东省14个沿海地级市的195个海岛旅游做了部署。

二　学术会议

第四届南海合作与发展国际研讨会在北京举行

2018年3月27日至28日，第四届南海合作与发展国际研讨会在北京举行。与会专家围绕“构建蓝色伙伴关系、促进南海合作与发展”主题，从南海资源共同开发、环境污染与应对、生态保护、航行自由、“南海行为准则”磋商、南海合作机制构建等方面，进行了广泛而深入的交流研讨。

“21世纪海上丝绸之路岛屿经济分论坛”在海南省博鳌市举行

2018年3月28日，21世纪海上丝绸之路岛屿经济分论坛在海南博鳌亚洲论坛国际会议中心举行。来自中国、泰国、挪威、马耳他、菲律宾等国家的嘉宾围绕“合作的新时代：岛屿经济的包容性发展”展开了探讨。

《海洋经济蓝皮书》发布会暨“向海经济研讨会”在广西北海市举行

2018年4月12日，由中国海洋大学、第四海洋研究所主办的2018年《海洋经济蓝皮书》发布会暨“向海经济研讨会”在广西北海市举行。“中国经济蓝皮书”的重要组成部分——《海洋经济蓝皮书：中国海洋经济发展报告（2015～2018）》正式对外发布。该书是由原国家海洋局和中国海洋大学共同组建的“中国海洋经济形势分析与预测”研究团队推出的重要研究成果总结，也是对我国海洋经济进行分析预测的年度报告。

首届数字中国建设峰会在福建省福州市海峡国际会展中心开幕

2018年4月22日，首届数字中国建设峰会在福建省福州市海峡国际会展中心开幕。中共中央总书记、国家主席、中央军委主席习近平发来贺信，向峰会的召开表示衷心的祝贺。同时指出本届峰会以“以信息化驱动现代化，加快建设数字中国”为主题，展示我国电子政务和数字经济发展最新成果，交流数字中国建设体会和看法，进一步凝聚共识，必将激发社会各界建设数字中国的积极性、主动性、创造性，推动信息化更好造福社会、造福人民。

“2018年国际海洋科技与项目合作推介交流会”在北京举行

2018 年 5 月 17 日，由国家海洋局宣教中心和中国国际贸易促进会北京市分会携手多个海洋国家官方机构联合举办的“2018 年国际海洋科技与项目合作推介交流会”在北京成功举行。交流会围绕“‘一带一路’海洋产业合作”“涉海企业走出去战略”等议题展开，我国涉海知名企业与德国、加拿大、法国、韩国、东盟等国代表进行了广泛交流。

“亚洲 - 太平洋地区的合作与参与”国际法研讨会在北京召开

2018 年 5 月 24 日至 25 日，“亚洲 - 太平洋地区的合作与参与”国际法研讨会暨弗吉尼亚大学海洋法和海洋政策中心第 42 届年会在北京召开。

本届年会为期 2 天，与会专家学者围绕聚焦区域合作、海洋环境的保护和保全、航行自由、海峡治理、航运、搜寻与救助、可持续渔业、未来合作展望等 8 项议题进行研讨。

《国家海洋创新指数报告2017 ~ 2018》召开专家咨询会

2018 年 6 月 15 日，《国家海洋创新指数报告 2017 ~ 2018》在青岛召开专家咨询会。该《报告》从三个层面对区域海洋创新进行评估。评估显示，2016 年，我国 11 个沿海省份海洋创新能力水平可分为四个梯次；从五个经济区来看，区域海洋创新能力较强的地区依次为珠江三角洲经济区、长江三角洲经济区和环渤海经济区的大部；从三个海洋经济圈来看，我国海洋经济圈呈现北部、东部较强，而南部较弱的特点。

首届江苏滩涂文化论坛在江苏省南通市举办

2018 年 7 月 22 日，首届江苏滩涂文化论坛暨2018 中国海洋工程咨询协会海洋文化分会年会在江苏省如东县举办。论坛主题为“新时代、新海洋、新要地”，围绕促进滩涂资源可持续开发利用与保护、推进滩涂文化传承与发展进行了深入讨论和交流。

“2018年平潭国际旅游岛研讨会”召开

2018 年 8 月 8 日，“2018 年平潭国际旅游岛研讨会”召开，吸引两岸近50 位专家学者和 500 多名嘉宾参加。研讨会以“共筑海洋梦 · 开启新时代”为主题，聚焦旅游业发展热点问题，探讨海岛旅游发展理念。

“2018中国（北部湾）海洋经济和文化旅游发展论坛”在广西防城港市举行

2018 年 8 月 17 日，“2018 中国（北部湾）海洋经济和文化旅游发展论坛”在广西壮族自治区防城港市举行。来自政、学、研、企等各界的 500多人参加会议，共同研究探讨海洋经济和文化旅游发展的未来方向和变革之道。

“2018东亚海洋合作平台青岛论坛”在山东省青岛市开幕

2018 年 9 月 6 日，以“经略海洋，共建共享”为主题的“2018 东亚海洋合作平台青岛论坛”在青岛世界博览城正式开幕。来自中日韩、东盟及欧美非等 50 多个国家和地区的近 400 位嘉宾与会，探讨建立蓝色伙伴关系网络，进一步深化平台合作机制，广泛促进区域海洋经济、科技、人文、环保等领域交流合作，共同构建东亚海洋命运共同体。

2018年“夏季达沃斯论坛”在天津市举行

2018 年 9 月 18 日至 20 日，夏季达沃斯论坛在天津举行，这是达沃斯论坛第六次在天津举行，来自全球100多个国家和地区的2000多位嘉宾参加。

此次论坛主题为“在第四次工业革命中打造创新型社会”。围绕主题专家组提出了12项议题，包括自贸港建设、湾区经济等涉海议题。在“从自贸试验区到自贸港：中国全方位开放的深化与创新”议题中，与会嘉宾将展开深入探讨，提出相关政策建议。

第二届“21世纪海上丝绸之路”中国（广东）国际传播论坛在广东省珠海市开幕

2018年9月19日，第二届“21世纪海上丝绸之路”中国（广东）国际传播论坛在珠海开幕，为期3天。本届论坛以“新时代、新丝路、新形象”为主题，结合广东未来发展着力点，共商“21世纪海上丝绸之路”合作发展的道路。同时在开幕式上，广东省正式对外发布《中国广东企业“一带一路”走出去行动报告2018》。

“海洋文化发展与海洋强国建设研讨会”在南京大学举行

2018年9月26日，由自然资源部海洋宣传教育中心、江苏省海洋与渔业局、南京大学文化与自然遗产研究所联合举办的海洋文化发展与海洋强国建设研讨会在南京大学举行。此次研讨会着重就如何开展海洋文化基础及应用研究、决策咨询，如何进一步提升海洋文化调查、宣传教育水平，如何深入开展海洋文化的理论与实践研究进行了研讨。

“海洋研学读本编写研讨会”在福建省泉州市召开

2018年9月27日，海洋研学读本编写研讨会在泉州海洋环境监测预报中心（福建崇武海洋科普馆）召开。

海洋研学是海洋知识普及的一种重要方式，是海洋文化教育的重要内容。此次研讨会是海洋领域首次召开的海洋研学与文化教育专题学术研讨会，由中国海洋学会联合海洋文化教育联盟、福建省泉州市教育局、泉州市海洋与渔业局共同主办。

“儒商大会2018·现代海洋产业论坛”在山东省济南市举行

2018年9月28日至30日，由山东省发展改革委、山东省海洋与渔业厅共同主办的山东“儒商大会2018·现代海洋产业论坛”在济南市举行。论坛以“经略海洋，走向深蓝”为主题，旨在搭建海洋领域科技交流、产业合作、文化交流的平台，促进海洋领域的创新、投资、合作。

“第三届曹妃甸海洋发展大会”在河北省唐山市召开

2018年10月12日，“第三届曹妃甸海洋发展大会”在河北省唐山市召开。会议认为，新形势下要坚持依海富国、以海强国、人海和谐、合作共赢，以科技创新为引擎，充分发挥陆海统筹对海洋强国建设的战略支撑作用，为新时期海洋经济高质量发展和生态文明建设提供更多及时、科学、有效的技术支撑和决策依据。

“一带一路中韩海洋合作国际学术研讨会”在北京举行

2018年10月24日，“一带一路中韩海洋合作国际学术研讨会”在北京举行。与会学者围绕中韩“一带一路”海洋合作的人文历史基础、“一带一路”建设中韩海洋合作路径、中韩共建“一带一路”的战略意义三个议题展开交流和讨论。

“2018中国海洋经济论坛”在浙江省宁波市举行

2018年10月19日至21日，由中国海洋学会、宁波大学、中国海洋大学共同主办的“2018中国海洋经济论坛”在浙江省宁波市举行。本次论坛聚焦“贯彻新发展理念，建设现代化海洋经济体系”主题，从多个视角探讨当前海洋经济发展中存在的重点难点问题，总结海洋经济发展中的经验与不足，促进学界内外共同关注、研究海洋强国战略与海洋经济发展、海洋资源利用与海域综合管理机制创新、海洋环境保护与海洋经济绿色循环发展等议题。

“全国海洋牧场建设工作现场会”在山东省烟台市召开

2018年10月25日，“全国海洋牧场建设工作现场会”在山东烟台召开。会议指出，到2025年，我国将创建178个国家级海洋牧场示范区；力争到2020年，海洋渔业现代化建设取得明显进展；到2035年，基本实现海洋渔业现代化。我国将重点在近海“一带”和黄渤海区、东海区、南海区“多区”推进海洋牧场建设。

“第七届世界海洋大会”在山东省威海市举行

2018年10月29日，以“共创智慧海洋，共建生态文明”为主题的“第七届世界海洋大会”在威海开幕。本届大会期间，来自世界40个涉海国家和地区的近200位专家、学者和企业家参加主题论坛、海洋经济论坛、海洋经济创新发展高端对话、海洋国际人才和项目对接洽谈会以及20场平行的专题研讨会，内容涉及海洋生物技术、海事法、可持续的海洋能源、海洋工程、船舶技术等议题。

2018年“中孟蓝色经济合作论坛”在孟加拉国首都达卡举行

2018年10月29日，中孟蓝色经济合作论坛暨2018孟加拉海洋空间规划海外技术培训班毕业典礼在孟加拉国首都达卡举行。中孟双方有意向建立海洋空间规划联合研究中心，中心的建立将便于中国专家对孟指导，以及集中孟加拉国的优势海洋科研力量发展蓝色经济。

2018年“中国国际海洋牧场大会”在辽宁省大连市举行

2018年10月29日至31日，以“生态资源绿色共享”为主题的“中国国际海洋牧场大会”在辽宁省大连市举行。会议旨在推进我国现代海洋牧场事业科学发展，全面展示国家级海洋牧场示范区建设成果，促进海洋牧场建设技术交流和合作。

“2018年豪华客滚船和绿色珠江邮轮峰会”在广州市南沙区举办

2018 年 10 月 30 日，“2018 年豪华客滚船和绿色珠江邮轮峰会”在广州市南沙区举办。来自政府相关部门、中国船舶行业协会以及船舶行业各大科研机构的学者和专家集聚一堂，共同畅谈广州海洋科技工业的发展，积极献计发展本土豪华邮轮建造。

“2018海洋事务高端论坛”在福建省厦门市举行

2018 年 11 月 2 日，由厦门大学、中国海洋发展基金会、福建省海洋与渔业局共同主办的 2018 海洋事务高端论坛在厦门举行。来自菲律宾、柬埔寨、马来西亚、泰国、文莱、印度尼西亚等国以及国内的专家、学者和海洋管理人员，围绕海岸带可持续发展能力建设这一议题进行了深入探讨。

“21世纪海上丝绸之路文学发展论坛”在广东省广州市举行

2018 年 11 月 12 日，“21 世纪海上丝绸之路文学发展论坛”在广州开幕。本次论坛由广东省作家协会和广州市人民政府新闻办公室主办。论坛上，与会国家和地区文学组织负责人、作家代表达成一致共识，宣读了《“21 世纪海上丝绸之路”文学合作发展倡议书》。

“第五届 APEC 蓝色经济论坛”在浙江省宁波市举行

2018 年 11 月 13 日，“第五届 APEC 蓝色经济论坛”在浙江省宁波市举行。论坛由 APEC 海洋可持续发展中心主办，主题为“区域蓝色经济发展模式”。论坛设置了“区域蓝色经济发展政策与规划”“区域蓝色经济发展实践与示范”“自然资源管理与蓝色经济发展”“区域蓝色经济发展企业参与”四个专题。围绕这些专题，与会嘉宾进行了深入讨论与交流，并提出了《APEC 蓝色经济发展途径宁波倡议》。

2018年“第九届海商法国际研讨会”在上海市举行

2018 年 11 月 15 日，第九届海商法国际研讨会在上海开幕。本届研讨会以“新时代海商法理念、体系和制度的发展、变革和创新”为主题，围绕现代海商法重构与中国《海商法》修改、“一带一路”建设与经济全球化和贸易自由化中的海商法保障、海洋环境保护与航运可持续发展的新法律问题、极地航运与海上安全的法律问题、海事争议解决的制度创新等 10 个议题进行探讨交流。

“第六届亚洲海洋安全论坛”在海南省海口市举行

2018 年 11 月 15 日，以“海洋法的新发展与亚太及北极地区的海洋政策”为主题的“第六届亚洲海洋安全论坛”在海南省海口市举行。会议指出中国应以“泛南海经济合作圈”构想为载体，以“21 世纪海上丝绸之路”建设为抓手，推动环南海海洋旅游、海上设施联通、海洋事务、人文社会等领域的交流与合作，为南海问题的最终解决创造良好的环境，进而实现南海地区的长治久安。

“第六届中国－东南亚国家海洋合作论坛”在广西北海市举办

2018 年 11 月 16 日至 17 日，由自然资源部、广西壮族自治区人民政府共同主办的“第六届中国－东南亚国家海洋合作论坛”在广西北海市举办。本届论坛是规模最大、参加人数最多的一届，并首次在海洋合作主题的基础上增设了海洋和渔业招商引资项目集中签约、海洋和渔业产业投融资、项目推介等环节，就重大项目、产能开发、贸易金融、市场交流、旅游文化等多个方向开展了广泛交流。

“第三届世界妈祖文化论坛”在福建省莆田市开幕

2018 年 11 月 18 日，第三届世界妈祖文化论坛在福建莆田湄洲岛开幕。论坛由文化和旅游部、自然资源部、中国社会科学院、澳门特区政府、福建省人民政府主办。60 个国家和地区的政府官员、专家学者以及世界各地妈祖文化机构代表汇聚一堂，以“妈祖文化、海洋文明、人文交流”为主题进行了深入探讨与交流。

2018年“海洋经济发展论坛”在山东省济南市举办

2018 年 12 月 1 日，以“全面深化改革下的经略海洋之路”为主题的海洋经济发展论坛在山东省济南市举办。论坛邀请有关海洋行政管理人员、涉海专家、学者等，就海洋经济创新发展、海洋资源交易机制、全球海洋治理、海洋军民融合发展四个议题展开深入探讨。

“中国水产与海洋科学高峰论坛”在福建农林大学举行

2018 年 12 月 10 日，由福建农林大学主办的“中国水产与海洋科学高峰论坛”在福建农林大学举行。论坛以“水产与海洋科学创新发展”为主题，旨在研讨水产与海洋科学前沿进展、水产与海洋科学领域发展动态，以期促进水产与海洋相关学科发展、提高水产与海洋科学研究水平、更好地服务于“一带一路”建设和福建海洋强省建设。

“海洋发展战略论坛（2018）”在北京召开

2018 年 12 月 27 日，自然资源部海洋发展战略研究所在北京举办“海洋发展战略论坛（2018）”。本年度论坛主题为“新时代海洋强国建设”，聚焦“十四五”期间加快建设海洋强国的思考及战略任务等重大问题，围绕海洋强国与能力建设、海洋强国与全球海洋秩序演变、海洋强国与国际法规则、近代海洋大国兴衰和印度海洋战略等进行讨论。

三　研究机构

福建海上丝绸之路发展智库在福建省福州市成立

2018 年 1 月 22 日，由福州大学、中国社会科学院国家全球战略智库、晋江市人民政府联合组建的福建海上丝绸之路发展智库在福建省福州市正式成立。该智库为非营利性研究机构，其目标是建设成为具有决策影响力、学术影响力、社会影响力和国际影响力，以“海上丝绸之路”为核心研究领域的中国特色新型智库。

海上丝绸之路沿线邮轮旅游城市联盟在海南省博鳌市成立

2018 年 4 月 9 日，中国 - 东盟省市长对话会在海南省博鳌市举行，各方同意成立 21 世纪海上丝绸之路沿线邮轮旅游城市联盟。与会代表签署了《共同倡议》，表示愿在平等互惠、互利共赢的原则基础上，开展全方位邮轮旅游合作，构建 21 世纪海上丝绸之路无障碍邮轮旅游合作机制，促进邮轮旅游共同发展。

山东兴建智慧海洋大数据共享支撑平台

2018 年 5 月 8 日，山东智慧海洋大数据共享支撑平台日前启动建设。海洋大数据是“智慧海洋”工程的核心。该平台由青岛海洋科技与技术国家实验室牵头，十余家领域内优势企业协同合作，青岛、烟台、威海等 7 地市政府共同支持，拟由一个总平台和若干子平台组成，计划 2019 年建成。

海洋大数据产业联盟在北京成立

2018 年 6 月 14 日，北京星天科技有限公司等 8 家国内从事海洋信息化技术和产品研究、开发、应用和服务的企业、科研院所和机构签署协议，共同组建海洋大数据产业联盟，合力打造海洋大数据产业链式平台。海洋大数据产业联盟以“平等自愿、优势互补、资源共享、合作共赢”为原则，各相关企业和机构将聚合业界优质资源，凝聚企业核心竞争力，通过产业联盟的模式，为促进海洋信息化行业模式优化、海洋大数据业务平稳可持续发展、企业创新联动建设等方面贡献力量。

海上丝绸之路金融总部基地在海南省三亚市揭牌

2018 年 6 月 16 日，海上丝绸之路金融总部基地在三亚亚太金融小镇揭牌成立。该基地以搭建要素交易平台为核心工作，聚焦证券、基金、交易所、保险等金融产业，致力构建创新金融聚集区。

国际海洋科普联盟在山东省青岛市成立

2018 年 7 月 3 日，国际海洋科普联盟在山东省青岛市成立并启动运行。联盟将搭建全球范围的海洋知识交流、讨论、传播和共享平台，推动海洋科学知识的普及，促进公众认识海洋、关心海洋。

广东省将建设“江门市海上丝绸之路数据库”

2018 年 8 月 3 日，由广东省江门市五邑图书馆申报的“江门市海上丝绸之路数据库”建设项目获得 2018 年国家数字图书馆推广工程建设任务的立项。该项目将主要以门户网站形式，向大众呈现江门海上丝绸之路的各类数据，市民可通过网络媒介更加方便快捷地了解相关历史。

深圳市海洋文化艺术研究会在深圳大学正式揭牌成立

2018 年 8 月 25 日，深圳市海洋文化艺术研究会在深圳大学 3 号艺栈美术馆正式揭牌成立。深圳市海洋文化艺术研究会是国内首家海洋文化艺术研究机构，将助力粤港澳大湾区的海洋文化发展建设，在海洋文化历史文献、艺术创作、体育赛事、书籍出版以及“海洋艺术 + 科技”的跨界研发等领域开展一系列学术研究及项目活动。

国内首家海洋文化教育联盟在黑龙江省哈尔滨市成立

2018 年 9 月 18 日，由哈尔滨工程大学牵头，联合相关涉海高校、海洋科研院所、海洋类文博馆、科普馆、海洋意识教育基地共同发起的海洋文化教育联盟在哈尔滨成立，这是国内首家以海洋文化教育为主旨的学术联盟。联盟旨在为海洋文化教育发展搭建交流平台和联系的纽带，推动成员单位深度合作和资源共享，力求创新海洋文化教育模式，提升海洋文化教育意识，增强海洋文化育人社会功效。

福建省厦门市海洋文化产业协会成立

2018 年 9 月 29 日，厦门市海洋文化产业协会成立。79 位会员单位代表和来自全国的 30 多位海洋领域的专家学者参加了第一届会员大会。

该协会是由厦门市海洋与渔业局主管的，福建省首个从事海洋文化及相关行业研究、生产、宣传、服务并依法登记成立的社会团体。协会将逐步开展包括建立国内首个海洋文化专家库，开办海洋文化讲堂，开辟大、中、小学生的校外课堂，组织海洋文化的政策和理论研究等工作。

“21 世纪海上丝绸之路大学联盟”在厦门大学成立

2018 年 10 月 20 日，作为第四届中国“互联网 +”大学生创新创业大赛重要活动之一，“21 世纪海上丝绸之路大学联盟”成立大会暨校长论坛在厦门大学举办。该联盟由来自 17 个国家和地区的 60 多所高校组成，包括英国谢菲尔德大学、法国索邦大学、澳大利亚墨尔本大学、新西兰惠灵顿维多利亚大学、新加坡南洋理工大学等。

国内首个少年海洋科学院在山东省青岛市正式成立

2018 年 10 月 26 日，国内首个少年海洋科学院在青岛正式成立。科学院将以青少年海洋教育为主要教学目标，为国家培养更多适应未来海洋事业需要的人才。来自 5 所国家级海洋单位的院士和专家，将以少年海洋科学院特聘顾问的身份，为孩子们提供丰富的海洋教育课程，引导他们去探寻浩瀚海洋的奥秘。

国家文物局水下文化遗产保护中心北海基地在山东省青岛市启用

2018 年 11 月 6 日，国家文物局水下文化遗产保护中心北海基地（简称北海基地）在青岛市即墨区蓝色硅谷启用。北海基地将作为集水下考古调查、勘探、发掘、保护、展示、研究、学术交流、人才培养于一体，统筹黄渤海海域，面向全国乃至世界的国家级水下文化遗产保护基地，将引领与推动黄渤海海域的水下文化遗产保护。

全国首个海洋科技大数据平台在湛江发布

2018 年 11 月 23 日，全国首个海洋科技大数据平台“海上云——国家海洋科技大数据综合平台”，在 2018 年中国海洋经济博览会海洋大数据发展论坛上正式发布。这标志着我国第一个专注于海洋科技成果转化和海洋数据资产运营的大数据平台诞生，为我国海洋经济发展插上了数字化的翅膀。

海丝（“南海Ⅰ号”）研究中心在广东海丝馆揭牌

2018 年 12 月 12 日，由广东阳江市政府与中山大学合作共建的海上丝绸之路（“南海Ⅰ号”）研究中心在广东海丝馆揭牌。中心主要依托广东海丝馆馆藏“南海Ⅰ号”及其出水文物资源，重点围绕古代沉船保护、海洋考古、“一带一路”历史文化等研究领域开展科学研究及产学研合作。

四　风俗庆典

“郑和海洋文化周”在马六甲举行

2017 年 12 月 30 日至 2018 年 1 月 6 日，由中国驻马来西亚大使馆、马六甲郑和朵云轩艺术馆以及马来西亚多个华人社团和文化团体共同举办的“郑和海洋文化周”在马来西亚古城马六甲的郑和朵云轩艺术馆举行。

中国·田横祭海节在山东省青岛市即墨区举行

2018 年 3 月 16 日至 18 日，中国·田横祭海节——北方最大的民俗祭海仪式在青岛市即墨区田横岛省级旅游度假区举办，活动以祭海典礼、歌舞晚会、美食展销为主。中国·田横祭海节源自田横岛省级旅游度假区周戈庄村渔民的“上网”习俗，2008 年被列入国家级非物质文化遗产保护名录，获得首届节庆中华奖“最佳公众参与奖”。

第七届海南文昌南洋文化节在海南省文昌市举办

2018 年 4 月 1 日，以“共叙故乡情·同圆中国梦”为主题的 2018 年第七届海南文昌南洋文化节如期举办。来自 18 个国家和地区的文昌籍侨胞、36 家海外社团的侨界代表、14 位国内社团代表、30 多家国内的企业和商会代表等 200 余人齐聚一堂，共话桑梓、共叙乡情、共谋发展。

2018年青岛崂山鲅鱼节在山东省青岛市沙子口国家中心渔港举行

2018 年 4 月 13 日，品鲅鱼、传孝道——2018 年青岛崂山沙子口鲅鱼节启动仪式在沙子口国家中心渔港举行。

福建省湄洲岛隆重纪念妈祖诞辰1058周年

2018 年 5 月 8 日妈祖诞辰 1058 周年纪念日当天，以“同谒妈祖　共享平安”为主题的纪念活动，在妈祖故里——湄洲岛妈祖祖庙广场隆重举行，携手两岸妈祖信众弘扬妈祖文化。

2018年“6·8”世界海洋日主场活动在浙江省舟山市举行

2018 年 6 月 8 日至 10 日，2018 年世界海洋日暨全国海洋宣传日和第十届中国海洋文化节主场活动在浙江省舟山市举行。这是自然资源部首次主办的海洋日主场活动，主题为“奋进新时代，扬帆新海洋”。同时，在活动式中揭晓了 2017 年度海洋人物评选结果。

江苏省连云港市第三届海洋文化节开幕

2018 年 6 月 8 日，连云港市第三届海洋文化节开幕。本届海洋文化节的主题是“海洋新时代，生态海州湾”，旨在通过一系列宣传活动，进一步弘扬连云港海洋文化，推动海洋知识普及教育。

2018年世界海洋日广东主会场活动在珠海市举行

2018 年 6 月 12 日，2018 年世界海洋日暨全国海洋宣传日广东省主会场活动在珠海举行。广东省的海洋日活动以“奋进新时代、扬帆大湾区”为主题。

第二十届中国舟山国际沙雕节开园

2018 年 7 月 20 日，第二十届中国舟山国际沙雕节在浙江省舟山市朱家尖南沙开园。本届沙雕节以“情系沙雕二十年”为主题，用独特的沙雕艺术展示包括海洋文化、中外风土人情、经典电影、历史故事等多主题的沙雕作品。

“2018中国·岚山头第四届渔文化民俗旅游节”在山东省日照市开幕

2018 年 7 月 25 日，“2018 中国·岚山头第四届渔文化民俗旅游节”在山东日照开幕，现场上万人一同感受祭海、敬海、爱海、护海的传统风俗。

第十届青岛国际帆船周·青岛国际海洋节在山东省青岛市奥帆中心举行

2018 年 8 月 10 日至 19 日，第十届青岛国际帆船周·青岛国际海洋节在青岛奥帆中心举行。本次帆船周以“传承奥运，扬帆青岛；帆船之都，乘峰启航”为主题，涵盖帆船普及、海洋科技、青少年帆船交流、旅游商贸休闲等特色内容。

第四届潭门赶海节在海南省琼海市开幕

2018 年 8 月 11 日，以“遇见美好·潭门新发现”为主题的第四届潭门赶海节在海南省琼海市潭门镇开幕。赶海节从 8 月 11 日起至 8 月 26 日结束，为期 16 天。三大主体活动配合七大亮点内容，给数十万游客带来一场前所未有的赶海文化盛宴。

2018国际海岸生活节在山东省烟台市开幕

2018 年 8 月 11 日，由山东省烟台市旅游发展委员会主办的“仙境海岸，鲜美烟台”2018 国际海岸生活节在烟台开幕。本次国际海岸生活节以“海岸”为主题，以“生活”为牵引。

第二届南海（茂名博贺）开渔节在广东茂名滨海新区举行

2018 年 8 月 17 日至 20 日，第二届南海（茂名博贺）开渔节在广东茂名滨海新区举行。本届开渔节倡导“护渔”理念，开幕式上安排了放流活动，强调保护海洋、保护生态、适度捕捞。

第四届中国海洋岛渔场开渔节在大连市开幕

2018 年 9 月 1 日，第四届中国海洋岛渔场开渔节在大连开幕。当地商会和渔民团体组织了丰富的民俗文化节目展演和民间祭海仪式。

第二十一届中国（象山）开渔节在浙江省象山市开幕

2018 年 9 月 16 日，第二十一届中国（象山）开渔节——中国农民丰收节系列活动拉开序幕。本届开渔节被纳入中国农民丰收节系列活动，以“祈平安、庆丰收、促振兴”为主题，继续倡导善待海洋就是善待人类自己的海洋保护理念，共举办 21 项系列活动。

2018厦门国际海洋周在福建省厦门市拉开帷幕

2018 年 11 月 2 日，由自然资源部、厦门市人民政府、厦门大学等共同主办，以“共建共享，携手推进海洋可持续发展”为主题的 2018 厦门国际海洋周在福建省厦门市拉开帷幕。

2018年北京市学生海洋文化节开幕

2018 年 11 月 3 日，由海军政治工作部、北京市教委等单位共同主办的

“2018 年北京市学生海洋文化节”，在北京市第十二中学附属实验小学拉开帷幕。此次活动以“走向深蓝，守护海疆”为主题，围绕加强海洋科普教育和推广海洋科技教育展开。

第八届国际放生节在浙江省洞头市举行

2018 年 11 月 17 日，以“养海护生、感恩海洋”为主题的第八届国际放生节在浙江洞头国际放生台举行，来自社会各界的 2000 多名人士共同将 10 万尾鱼苗放流大海。

五　相关赛事

全球海洋经济创业大赛总决赛在浙江省舟山市启幕

2018 年 1 月 15 日，首届中国浙江舟山群岛新区全球海洋经济创业大赛总决赛在舟山启幕。来自全球的海洋经济创业精英携带着 46 个项目齐聚岛城，在两天内一决高下，获得前 3 名的将赢得百万元的创业资助。

第二届中国舟山全球海洋经济创业大赛在浙江省杭州市开幕

2018 年 7 月 26 日，第二届中国舟山全球海洋经济创业大赛的“人工智能”行业赛在浙江杭州开赛，来自全球各地的 20 个项目展开了现场角逐。此次创业大赛旨在引进和支持人工智能高层次人才来舟山创新创业，助推舟山经济转型升级。

全国海洋航行器设计与制作大赛在湖北省武汉市开幕

2018 年 8 月 11 日，第七届全国海洋航行器设计与制作大赛在武汉开幕，来自全国 51 所院校的 568 件作品展开角逐。

第五届中国环渤海帆船拉力赛在大连市闭幕

2018 年 8 月 26 日，第五届中国环渤海帆船拉力赛于大连星海湾码头闭幕。大连佳海－海事大学帆船联队获得冠军，上届冠军大连峰汇麦昂逊帆船队和上海交大凌驾风云帆船队分别获得亚军和季军。

2018年全国航海模型锦标赛在山东省青岛市开赛

2018 年 10 月 21 日，由国家体育总局航空无线电模型运动管理中心、中国航海模型运动协会、山东省体育局、青岛西海岸新区管理委员会主办的 2018 年全国航海模型锦标赛在山东青岛西海岸新区开赛，吸引了来自全国 24 个省、市及香港的 28 支代表队近 400 名航模爱好者参加。

“青岛港·2018青岛海上马拉松”在山东省青岛市举行

2018 年 11 月 11 日，“青岛港·2018 青岛海上马拉松”鸣枪开跑，2 万名中外选手在全长 36.48 公里的青岛胶州湾大桥上奔跑比拼。

2018渔业科技国际创新大赛在山东省青岛市举办

2018 年 11 月 16 日，2018 渔业科技国际创新大赛暨青岛市海洋科技成果推介会在青岛国际博览中心顺利举办，来自国内外的企业代表、专家学者、投资机构、超市电商、政府官员等 300 余人参与盛会。

六　旅游展览

第56届国际船舶展在加拿大温哥华举办

2018 年 1 月 17 日，第 56 届国际船舶展在加拿大温哥华开幕。本次展览为期 5 天，共有来自世界各地的 250 多家参展商参展。

海上丝绸之路沉船与贸易瓷器大展在宁波博物馆开展

2018 年 1 月 19 日，“CHINA 与世界——海上丝绸之路沉船与贸易瓷器大展”在宁波博物馆开展。此次展览精选了来自全国 22 个文博单位共计

300 余件（套）古代贸易瓷器及相关展品，为广大观众展现自唐到清海上丝绸之路的壮阔图景。

“上海海昌海洋公园全球发布盛典”在上海举行

2018 年 3 月 26 日，“上海海昌海洋公园全球发布盛典”在沪举行。本次发布会首度披露了上海海昌海洋公园区域规划内容及极具特色的海洋度假酒店，更推出了海昌海洋公园的自主 IP 形象“七萌团”，同时海昌海洋公园正式启动“2018 海昌孤独症儿童月”。

中国（海南）南海博物馆正式对社会公众开放

2018 年 5 月 2 日，位于海南省琼海市潭门中心渔港的中国（海南）南海博物馆正式对社会公众开放。开馆之际，该馆推出“八百年守候——‘华光礁 I 号’沉船特展”，上万件出水文物亮展，再现了南宋时期南海海洋文明盛况。

海上丝绸之路沉船与贸易瓷器大展在上海中国航海博物馆开幕

2018 年 5 月 8 日，由中国航海博物馆、南京市博物总馆、宁波博物馆共同主办的“CHINA 与世界——海上丝绸之路沉船与贸易瓷器大展”在上海中国航海博物馆开展。

本次展览为期 3 个月，以沉船和贸易瓷器为双主线，汇聚了全国 22 家文博机构的 240 余件（套）文物精品，集中展示了海上丝绸之路的灿烂文化和丰富内涵。

中国（福州）国际渔业博览会在福建省福州市开幕

2018 年 6 月 1 日，海峡（福州）渔业周 · 中国（福州）国际渔业博览会与亚太水产养殖展览会在福建福州开幕。19 个重点项目现场签约，总金额超过 210 亿元，涵盖临海产业、交易中心建设、投资合作、船舶制造、海洋旅游、水产养殖、互联网平台建设、水产购销等产业。

2018平潭国际海洋旅游与休闲运动博览会开幕

2018年6月22日至24日，2018平潭国际海洋旅游与休闲运动博览会在福建平潭举办。此次博览会围绕海洋旅游和休闲运动两大主题。

“东西汇流——十三至十八世纪的海上丝绸之路”展览在香港海事博物馆举行

2018年8月14日至11月11日，“东西汇流——十三至十八世纪的海上丝绸之路”展览在香港海事博物馆举行。展览展出逾200件由内地及香港收藏的南宋至清初时期的出土文物，以及香港最新水下考古发现。

第十三届上海国际渔业博览会在上海开幕

2018年8月29日，第十三届上海国际渔业博览会（World Seafood Shanghai）在上海新国际博览中心顺利开幕。

展会以“舌尖上的海味”海鲜为食材，围绕“健康、新鲜、创新”的主题，结合资深名厨现场面对面烹饪讲解、现场品鉴，让现场观众品味“舌尖上的海鲜美食”。

第十届中国（海南）国际海洋产业博览会在海南省国际会展中心开幕

2018年9月28日，由中国国际贸易促进会主办，海南省商务厅、海南省国际贸易促进会联合承办，海南省海洋与渔业厅、各市县政府共同协办的第十届中国（海南）国际海洋产业博览会在海南省国际会展中心开幕。本届博览会以“筑梦海丝，共绘蓝图”为主题，吸引了近300家国内外企业参展。

“海上丝绸之路——中国史迹聚珍”展览在江苏省南京市展出

2018年9月28日至11月28日，由海上丝绸之路保护和联合申遗城市联盟办公室、南京市海丝申遗办公室主办的“海上丝绸之路——中国史迹聚珍”展览在南京龙江船厂遗址、郑和墓等海丝遗产地巡回展出，旨在进一步推动海上丝绸之路遗产保护，促进海丝文化遗产的宣传和传播，提升公众知晓度和社会影响力。

2018年广东21世纪海上丝绸之路国际博览会在广东省东莞市开幕

2018 年 10 月 26 日，21 世纪海上丝绸之路国际博览会在广东省东莞市开幕。展会旨在打造落实国家“一带一路”倡议的精品工程，树立“做生意、谈合作，到广东”的国际形象。

2018中国海洋经济博览会在广东省湛江市开幕

2018 年 11 月 22 日，由自然资源部和广东省政府共同主办的 2018 中国海洋经济博览会在广东湛江开幕。本次博览会主题为“蓝色引领、合作共享”，共有来自 70 多个国家和地区的近 2500 家企业、协会、科研院所和经贸团体参加这次博览会。

中国古代航海科技展在上海航海博物馆展出

2018 年 12 月 22 日，由中国航海博物馆主办的“风好正扬帆：中国古代航海科技展”在上海航海博物馆展出。

中国古代航海科技展是我国博物馆界首次以“航海科技”为主题举办的展览。展览汇聚了中国古代航海科技相关藏品 100 余件（套），其中有橹、舵、帆、锚、榫钉、舷缝、水密隔舱、逆风调戗、陆标导航、牵星过洋、指南针、航海图等。

七　文艺展演

首部海洋题材大型舞台剧《平潭映象》在福建省福州市公演

2018 年 1 月 9 日，由知名舞蹈艺术家杨丽萍导演的首部海洋题材大型舞台剧《平潭映象》，在福建大剧院全球公演。浓郁的两岸民俗风情、新东方美学艳惊四座，为观众奉上了一场“海味十足”的视觉盛宴。

海上丝绸之路文化之旅系列活动在广东省广州市启动

2018年8月29日，“丝路花语——海上丝绸之路文化之旅”系列活动在广州启动。按照活动计划，广州市相关文化机构将于9月赴斯里兰卡、马来西亚及塞浦路斯开展推介活动和文艺展演，届时南越王宫博物馆组织的“辽阔的南海——广州与海上丝绸之路”专题展览也将在海上丝绸之路沿线多地开展。

八　海丝史迹

厦门延绳钓被列入厦门市思明区非物质文化遗产代表性项目

2018年4月19日，延绳钓（放绲）渔法被列入厦门市思明区非物质文化遗产代表性项目。延绳钓是厦门港渔民一种古老的海洋捕鱼技法，俗称放绲。从船上向海里释放一根几百米到几千米不等的干绳，并在干绳上设置带有鱼钩的支绳。渔民们通过观察季节、天气、风向、海水温度、水色、潮汐变化，选择不同钓钩，只钓大鱼，不伤小鱼。

江苏省南通市如东县发现掘港唐宋国清寺遗址

2018年7月20日，南京大学文化与自然遗产研究所和江苏省如东县人民政府联合召开新闻发布会，初步确认在如东发现的掘港唐宋国清寺遗址，是我国长江下游到沿海罕见的唐宋寺庙遗存，填补中国南方唐宋寺庙文化资料的不足甚至空白，也是海上丝绸之路中日交流的新证据。

《〈更路簿〉与海南渔民地名论稿》出版

2018年8月，由华南师范大学地理科学学院刘南威、张争胜合作编著的《〈更路簿〉与海南渔民地名论稿》一书由海洋出版社出版。该书刊登了20篇华南师范大学研究团队撰写的学术论文，重点解读了《更路簿》国家级非物质文化遗产和南海诸岛渔民地名及其文化内涵。

葡萄牙发现载有明朝瓷器沉船残骸标

2018年9月初，考古学家在探索葡萄牙沿海地区时发现一艘约有400年历史的沉船残骸。据报道，这艘船是从印度载香料返航途中沉没，船上发现了明代瓷器。

浙江海洋大学留学生参演“跳蚤舞”获国家级非遗会演金奖

2018年11月10日，浙江海洋大学老师孙靓指导的“跳蚤舞”《斗趣》获得了“非遗·中国——2018全国民族文艺会演”金奖。“跳蚤舞”最早由福建传入，清乾隆年间在浙江舟山流传。“跳蚤舞”起初是海岛迎神赛会、喜庆丰收时表演的一种民间民族舞蹈，后发展成每年农历腊月廿三民间祭灶神仪式舞蹈，以示送旧迎新，祈求消灾免祸，故民间又称“跳灶舞”。

Contents

I General Report

Abstract: Maritime culture has now become an important driving force for the economic and social growth in the coastal areas in China, and also an important discourse system in contemporary Chinese society. First, Maritime culture has driven the social and economic development of coastal areas, while Maritime festivals, exhibitions and tourism have become new sources of social and economic growth. Second, international cooperation on Maritime culture is also a new trend. Third, Maritime culture triggers discipline integration. In addition, many traditional disciplines are connected by Maritime culture, forming new subject clusters and research directions. It will take a long time to raise public awareness about ocean and Maritime culture, leading to its prosperity. Institutional framework, dissemination strength and change of knowledge system are required, and we also need to review of the traditional thinking on sea prohibition. We summarizes the development process of China's Maritime culture construction and analyzes the overall development of China's Maritime culture in 2018. Maritime culture research have got rich achievement, and the Maritime culture industry (mainly coastal tourism) is booming. Research on Maritime history and archaeology is extensive, while the cultural inheritance activities of Mazu the sea goddess are widely held. The construction of sea – related museums is developing rapidly, and Maritime protection activities are in full play. The misunderstandings of Maritime culture research is analyzed, and relevant policy Suggestions are given for the development of Maritime culture in 2020.

Keywords: Maritime Culture; Maritime festivals; Maritime exhibitions; Maritime tourism

Ⅱ Sub-reports

B. 2 China's Ocean Culture Development Report

Ning Bo, *Guo Jing* / 023

Abstract: In 2018, the Belt and Road and the Marine Silk Road became hot spots among ocean culture research, and the related research results showed a "blowout". The ocean culture research is not only extended in theory, but also deepened in practice. In theory, from focusing on the macro-research to the meso-scale and micro-level research, and from the standard research into the comparative research gradually. This enriches more comprehensive understandings of ocean culture, and drives the study from the outside to the inside to research the essence of ocean culture. The research on ocean ecological culture is particularly fruitful in 2018. It is more optimistic in practice, which aims at calling on the society to pay more attention to the research of ocean culture, turns to discuss practical problems in accordance with local conditions and problems. For example, how to integrate ocean cultural resources in the industry, how to transform ocean cultural resources into ocean cultural products, and how to strengthen the education of ocean culture etc. These theoretical and practical explorations provide gratifying growth points and starting points for improving the ocean culture research, and innovating the research directions of ocean culture, and constructing the discipline system of ocean culture.

Keywords: The Belt and Road; Marine Silk Road; Ocean Culture; Ocean Ecological Culture

B. 3　2019 Coastal Tourism Development Report

Su Yongjun / 041

Abstract: In the 21st century, the coastal area gradually evolved into the "world's largest tourist destination". It can be seen from the statistics that the development of coastal tourism in 2017 has played a pivotal role in China's tourism and is a key factor in the development of China's tourism industry. Unreasonable structure of tour products, prominent contradiction in the development, and natural environmental factors have obvious constraints on coastal tourism development. Drawing on the experience of foreign coastal tourism development, the article puts forward a series of suggestions to promote the sustainable development of coastal tourism.

Keywords: coastal area　coastal tourism　tourism products　coastal tourism management

Ⅲ　Special Topics

B. 4　Special Report on Archaeology of Maritime Silk Road of China

He Yun'ao, *Chen Simiao* / 062

Abstract: This special report reveals the historical background of modern Maritime Silk Road Archaeology, from the port ruins, by combing the historical process of the Chinese Maritime Silk Road archaeological history since the 1970s, major archaeological discoveries over the years, and the main achievements of the 2018 Chinese Maritime Silk Road archaeology. Buddhist ruins, underwater archaeology, urban ruins and other aspects show important research results of Maritime Silk Road Archaeology, with a view to assisting the exchange of marine culture and the research, protection and utilization of the maritime Silk Road archaeology.

Keywords: Maritime Silk Road; Marine Archaeology ; Marine Culture; Marine Heritage; Underwater Archaeology

B. 5 Special Report on China's Marine History in 2019

Yang Qin / 094

Abstract: Thirty years on, guided by the trend of new historiography such as globalization and overall history, the studies of maritime history in China have promoted academic innovation and subject construction, which have injected new vitality into the Chinese history studies. At the same time, facing the needs of national development and of the times, the studies of maritime history actively have made suggestions for the national marine strategy and the construction of the Belt and Road. In 2018, the studies of maritime history in China have been warming up, which had a strong record of research and showed a vigorous development trend. It was listed as one of the top ten academic hotspots in China in 2018. We will continue to vigorously strengthen the marine history research and expand research areas, to innovate theoretical methods and to promote multidisciplinary cooperation. Constructing a system of marine history with Chinese characteristics is also the time requirement and historical mission of the studies of Chinese marine history.

Keywords: The studies of maritime history in China; Vigorous development; Academic hotspot

B. 6 Inheritance and Development of Sea – God Mazu of Chinese Traditional Marine Culture

ke Li, *Huang Shaoqiang* / 110

Abstract: Mazu culture is not only a characteristic of Chinese traditional culture, but also a culture combined with marine culture and marine civilization. This paper summarizes the inheritance and development of Mazu culture in 2018, including sacrifice ceremony and pilgrimage, temples' construction, folk culture, academic research, literary creation and charities, which presents the characteristics of Mazu culture in many fields, omnibearing and cross -level. This paper points out the close relationship between Mazu culture and Chinese marine culture. In the study, it found that little attention has been paid on the localization research in the process of Mazu cultural diffusion, and there is a lack of systematic theoretical construction of the subject. The phenomenon and interpretation of Mazu culture have not yet been embedded in the social background of the development of Chinese marine culture. In view of the above points, the report puts forward the countermeasures and suggestions of expanding the modern communication network of Mazu culture, perfecting the subject system, theoretical construction and establishing the world Mazu cultural exchange center.

Keywords: Mazu Culture; Marine Culture; Inheritance and Development

Abstract: With the strategy development of China' s national maritime power and the vision of the "Belt and Road" initiative, the construction of China's maritime museums has ushered in a comprehensive development period, and at the same time, the maritime museum' s exchange between China and abroad has reached a new level. This paper reviews the cooperation among Chinese and foreign maritime museums in 2018, analysed several joined projects, such with the UK' s National Maritime Museum and other maritime museums, under the theme of "telling story of Maritime Silk Road", "focusing on masterpieces" and "presenting underwater archaeology". Listed the achievements of exhibition exchange among maritime museums at home and abroad, as well as introduced relevant Chinese maritime collections overseas.

Keywords: foreign exchange, maritime museums, maritime culture

Ⅳ Case Topics

Abstract: South China Sea museum established a goal of building the museum at the beginning of the construction, which is to base on local resource advantages, impel colleges and universities to transform and develop, and facilitate the construction of maritime power. It has consciously connected the training of talents in colleges and universities and the cause of national Marine conservation and development with the excavation, arrangement and utilization of local cultural resources, and carried out a series of effective activities for the inheritance, protection, development and construction of local characteristic culture. After several years of rapid development, the culture of the South China Sea museum has gradually established and formed by Dominant resource culture as the main body, such as Marine culture, history and national culture, considering island ecological culture, red culture and overseas Chinese cultural. This pavilion has distinctive features, and the collection exhibition is of great value, which both highly fit in with the the national strategy of sea power and the promotion of "One Belt And One Road" strategy. At present, South China Sea culture museum is continuing to follow the development requirements of national, local and universities, taking the initiative to strengthen the application and development function of local dominant culture, and making great efforts to build a high - quality brand function museum.

Keywords: South China Sea culture museum; colleges and universities local resources

B. 9 The Case Introduction of Blue Ribbon Ocean Conservation Association in Experiences during 11 Years

Yang Fuyu / 161

Abstract: Ocean conservation is the major topic influencing different social levels in China, while NGOs can help and develop governments, enterprises and individuals to settle up a defense of ocean protection and balance between differences from shareholders and complexity from managing which will give rise to "tragedy of the commons". Sanya Blue Ribbon Ocean Conservation Association (BROCA) had accumulated successful experiences during development in 11 years: there is cooperative, supportive and believable relationships with governments each other; actively participation in international and national projects, from experts in universities and researchers, proceeds and had achieved fruitful results and social influence; the teenagers, the youth and the public have been organized as clubs to enhance ocean conservation consciousness and civic literacy; organizational activities and spare time in local military are abundant from the view of ocean conservation with cooperation which helps to develop the images both the South China Sea and Chinese military facing toward world further. BROCA will ally with different social fields continuously in the future, push forward and support oceanic conservation of China in international cooperation, academic research professionalization, influence enlargements and volunteer management normalization.

Keywords: Blue Ribbon, NGO, Ocean Conservation

S 基本子库
UB DATABASE

中国社会发展数据库（下设 12 个子库）

全面整合国内外中国社会发展研究成果，汇聚独家统计数据、深度分析报告，涉及社会、人口、政治、教育、法律等 12 个领域，为了解中国社会发展动态、跟踪社会核心热点、分析社会发展趋势提供一站式资源搜索和数据分析与挖掘服务。

中国经济发展数据库（下设 12 个子库）

基于"皮书系列"中涉及中国经济发展的研究资料构建，内容涵盖宏观经济、农业经济、工业经济、产业经济等 12 个重点经济领域，为实时掌控经济运行态势、把握经济发展规律、洞察经济形势、进行经济决策提供参考和依据。

中国行业发展数据库（下设 17 个子库）

以中国国民经济行业分类为依据，覆盖金融业、旅游、医疗卫生、交通运输、能源矿产等 100 多个行业，跟踪分析国民经济相关行业市场运行状况和政策导向，汇集行业发展前沿资讯，为投资、从业及各种经济决策提供理论基础和实践指导。

中国区域发展数据库（下设 6 个子库）

对中国特定区域内的经济、社会、文化等领域现状与发展情况进行深度分析和预测，研究层级至县及县以下行政区，涉及地区、区域经济体、城市、农村等不同维度。为地方经济社会宏观态势研究、发展经验研究、案例分析提供数据服务。

中国文化传媒数据库（下设 18 个子库）

汇聚文化传媒领域专家观点、热点资讯，梳理国内外中国文化发展相关学术研究成果、一手统计数据，涵盖文化产业、新闻传播、电影娱乐、文学艺术、群众文化等 18 个重点研究领域。为文化传媒研究提供相关数据、研究报告和综合分析服务。

世界经济与国际关系数据库（下设 6 个子库）

立足"皮书系列"世界经济、国际关系相关学术资源，整合世界经济、国际政治、世界文化与科技、全球性问题、国际组织与国际法、区域研究 6 大领域研究成果，为世界经济与国际关系研究提供全方位数据分析，为决策和形势研判提供参考。

法律声明

“皮书系列”（含蓝皮书、绿皮书、黄皮书）之品牌由社会科学文献出版社最早使用并持续至今，现已被中国图书市场所熟知。“皮书系列”的相关商标已在中华人民共和国国家工商行政管理总局商标局注册，如LOGO（ ）、皮书、Pishu、经济蓝皮书、社会蓝皮书等。“皮书系列”图书的注册商标专用权及封面设计、版式设计的著作权均为社会科学文献出版社所有。未经社会科学文献出版社书面授权许可，任何使用与“皮书系列”图书注册商标、封面设计、版式设计相同或者近似的文字、图形或其组合的行为均系侵权行为。

经作者授权，本书的专有出版权及信息网络传播权等为社会科学文献出版社享有。未经社会科学文献出版社书面授权许可，任何就本书内容的复制、发行或以数字形式进行网络传播的行为均系侵权行为。

社会科学文献出版社将通过法律途径追究上述侵权行为的法律责任，维护自身合法权益。

欢迎社会各界人士对侵犯社会科学文献出版社上述权利的侵权行为进行举报。电话：010-59367121，电子邮箱：fawubu@ssap.cn。

社会科学文献出版社